UNGARISCHE BIBLIOTHEK
Für das Ungarische Institut an der Universität Berlin
herausgegeben von JULIUS VON FARKAS

Zweite Reihe

8.

Ungarns landwirtschaftsgeographische Gestaltung

Von

Arno Winkler

Mit 6 Bildern, 3 Isothermenkarten, 1 Profil und 23 Kartogrammen

1938

Walter de Gruyter & Co.

vormals G. J. Göschen'sche Verlagshandlung — J. Guttentag, Verlagsbuchhandlung — Georg Reimer — Karl J. Trübner — Veit & Comp.

Berlin

Archiv-Nr.: 640 157.

Inhaltsverzeichnis.

Die Hinweise auf Quellen, Karten und Schrifttum stehen in Klammern; die erste Ziffer bezeichnet die Nummer des Schriftenverzeichnisses, die zweite Ziffer nach dem Schrägstrich die Seitenzahl der angeführten Schrift. Hochgestellte Ziffern beziehen sich auf Anmerkungen.

Vorwort.

Die Anregung zu vorliegender Untersuchung erhielt ich auf einer Reise durch das Königreich Ungarn, welche ich der Unterstützung durch das Kuratorium der Wirtschafts-Hochschule Berlin verdanke.

Die Fülle der Beobachtungen, die ich auf ausgedehnten Wanderungen sammelte, ließ mich die eigenartigen wechselweisen Beziehungen zwischen Land und Volk bewußt werden und reizvoll erscheinen, ihnen gerade auf landwirtschafts-geographischem Gebiet größere Aufmerksamkeit zu schenken.

Die Natur der ungarischen Landschaft ist so seltsam und abweichend von der anderer, wenn auch ähnlicher, Landschaften, und das ungarländische Volk ist so scharf geprägt, daß es langer wissenschaftlicher Beschäftigung bedarf, um beide, Natur und Volk, abwägen zu können.

Da die Natur des Landes nur die M ö g l i c h k e i t e n zur wirtschaftlichen Gestaltung bietet, muß sie eingehend erforscht werden. Der menschliche Wille, der letzten Endes allein die Wirtschaftslandschaft formt, muß wissen, wo er ansetzen kann, wie weit er von der Natur abhängig ist, wie weit er sich ihr anpassen muß. Aber er selbst, d. h. das Volk, das die Landschaft aufgenommen und sie umgestaltet hat, muß ebenso in seinen Wesenszügen erkannt werden.

Die planvolle Arbeit des Menschen am Boden zur Beschaffung pflanzlicher und tierischer Bedarfsgüter (Landwirtschfaft) kann nur im Rahmen der Wirtschaftslandschaft und diese nur innerhalb der Kulturlandschaft verstanden werden. Trotzdem ist sie ein Ganzes und muß in ihrer Ganzheit zuerst gesehen werden. Dann ist es nötig, sie zu gliedern, um sie wieder als Ganzes zu sehen und zu verstehen.

Ein Vergleich der eigenen Beobachtungen mit dem Schrifttum ergibt, daß eine derartige Untersuchung und Darstellung, wie sie hier als zweckmäßig erkannt wurde, nicht besteht. Ich hoffe von ihr, daß sie nicht nur eine Stoffsammlung ist, sondern auch darüber hinaus geeignet, Zusammenhänge aufzudecken und die dinglich-zeitlich-räumliche Entwicklung und Gestaltung der ungarischen Landwirtschaft zu verstehen.

Wer Ungarn und die ungarische Nation kennt, wird verstehen, daß mein Dank nicht nur dem Kuratorium der Wirtschafts-Hochschule Berlin gilt, sondern auch zahlreichen amtlichen und nichtamtlichen Stellen im Königreich Ungarn. Das ahnenreiche, heldenhafte und zukunftsgläubige Volk der Magyaren weckt in jedem Landfremden Liebe und Verehrung zum ungarischen Boden und vertieft rückwirkend die Liebe zur eigenen Heimat.

Nicht zuletzt gilt mein Dank den Herren Prof. Dr. Tiessen und Prof. Dr. Julius von Farkas, in deren Instituten ich arbeiten durfte, besonders Herrn Prof. Dr. Julius von Farkas für die Aufnahme der Arbeit in der „Ungarischen Bibliothek".

Berlin, im Mai 1938.

Dr. Arno Winkler.

I. Methodische Einführung.

A. Gegenstand der Untersuchung.

1. Landwirtschaftsgeographie.

In der Landwirtschaftsgeographie wird die Landwirtschaft als dingliche Erfüllung einer natürlichen oder politischen Landschaft aufgefaßt. Die Landwirtschaftsgeographie will die dinglich-zeitlich-räumlichen Unterschiede der Landwirtschaft beschreiben, ursächlich erklären und ihren Einfluß auf den natürlichen Zustand der Erdräume nachweisen (9/102; 20/8).

2. Ungarn.

Im Verbande der österreichisch-ungarischen Monarchie bildete das Königreich Ungarn nach dem sogenannten Ausgleich vom Jahre 1867 einen staatsrechtlich selbständigen und gleichberechtigten Teil des Reichs (64/222). Die „Länder der Heiligen Krone Ungarns", zu denen Ungarn, Siebenbürgen (64/232; 26/4), Fiume, Kroatien, Slavonien und Dalmatien gehörten, nahmen einen geographisch geschlossenen Raum ein. Ostalpen, Karpaten, Transsylvanische Alpen und Dinariden umschlossen das Einbruchsbecken der ungarischen Ebene, die einen geographichen Ausgang zum Wiener Becken und einen politischen Gang zum Adriatischen Meere hatte.

Der Vertrag von Trianon hat das Königreich Ungarn zerschlagen. Das Land, das seit dem Jahre 1920 diesen Namen führt, deckt sich weder mit der ungarischen Ebene, noch mit der magyarisch sprechenden Bevölkerung, noch mit einer wirtschaftlichen Ganzheit. Seine Begrenzung wurde nach dem wirtschafts- und wehrpolitischen Willen der z. T. neu gegründeten Nachbarstaaten gezogen.

Unter Ungarn (Magyarország) wird hier der Landesteil des Königreichs Ungarn (Magyarbirodalom, d. i. der „Länder der heiligen Krone Ungarns") nach seinem Bestande vom Jahre 1870 und 1895 und das Königreich Ungarn (Csonka Magyarország) nach seinem politischen Umfang vom Jahre 1928 verstanden[1]).

3. Innerpolitische Einteilung Ungarns.

Ungarn wird seit Gründung des Königreichs Ungarn im Jahre 1001 in Munizipien als Selbstverwaltungskörper eingeteilt. Ihr Wirkungsbereich kann sich auf mehrere Gemeinden erstrecken (Komitate = Grafschaften = Gespanschaften) oder auf einzelne Städte, die Munizipalrecht besitzen (64/250, 275). Anzahl und Begrenzung der Munizipien haben in der Geschichte gewechselt.

Das Statistische Amt erfaßte den Landesteil Ungarn im Jahre 1870 in 52 Komitaten mit einer Raumgröße von 214 509 qkm (ohne ungarische Militärgrenze).

Bis zum Jahre 1895 wurden Komitate verwaltend und statistisch zusammengefaßt, Einschluß- und Ausschlußgebiete bereinigt, so daß sich die Zahl der Komitate auf 48 erniedrigte. Die Raumgröße wurde mit 225 066 qkm angegeben. Vereinigt wurden die Komitate Abaúj und Torna; aus den Komitaten Közep-Szolnok und Kraszna wurde das Komitat Szilágy errichtet und Kövar vidék zu Szatmár geschlagen bei geringer Veränderung der Grenze gegen Siebenbürgen. Der größere Teil von Zarand kam zu Hunyad-Siebenbürgen, der kleinere zu Arad. Die Einschlüsse und Ausschlüsse von Hajdu und Szabolcs wurden derart bereinigt, daß zwei flächenhaft einheitliche Komitate erschienen, wobei Hajdu einschließlich Stadtgebiet von Debrecen an Raumgröße gewann, Szabolcs verlor. Die Komitatsinseln im Donau-Theiß-Becken wurden zu den Komitaten Pest-Pilis-Solt-Kiskun und Jász-Nagykun-Szolnok bereinigt. Dabei kam Kiskun zu Pest, (im folgenden als Abkürzung für Pest-Pilis-Solt-Kiskun), Nagykun und das südliche Heves zu Jász (für Jász-Nagykun-Szolnok gebraucht). Heves verlor außerdem einen Gebietsteil im Nordosten an Borsod. Daraus erklärt sich der große Gebietsverlust von Heves. Zum Komitat Bács gehörte 1895 auch Tschajkisten. Die ungarische Militärgrenze wurde in den Jahren 1872/1873 bis 1881 auf Torontál (Pancsova), Temes und Krassó-Szörény aufgeteilt. Die sonstigen Veränderungen in der Flächengröße der Komitate zwischen 1870 und 1895 sind auf Grenzberichtigungen und neue Landvermessungen zurückzuführen (7/29).

Durch den Vertrag von Trianon verloren die „Länder der Heiligen Krone Ungarns" etwa Zweidrittel an Flächeninhalt. Das restliche Ungarn (Königreich Ungarn = Csonka Magyarország = verstümmeltes Ungarn) gliedert sich seitdem in 25 Komitate, und zwar in acht unversehrte Komitate, zehn Rumpfkomitate und sieben vereinigte Komitatsreste.

Statistisch wurden die Komitate im Jahre 1895 in folgenden sechs Landesteilen zusammengefaßt:

1. linkes Donau-Ufer (Gebirgsland, Oberungarn),
2. rechtes Donau-Ufer (West-Ungarn),
3. Donau-Theiß-Becken (Zwischenstromland),
4. rechtes Theiß-Ufer (Gebirgsland),
5. linkes Theiß-Ufer (östliches Alföld),
6. Theiß-Maros-Becken (südöstliches Alföld, Banat).

Im Jahre 1928 gliedert die Statistik Rumpf-Ungarn in drei Landesteile:

1. West-Ungarn (Dunántúli dombosvidék = Hügelland jenseits der Donau)
2. Alföld (große Ebene),
3. Nördliches Hügelland (Eszaki dombosvidék).

Auch die Anzahl der Städte mit Munizipalrecht hat im Laufe der Jahre gewechselt. In der Statistik werden sie erst seit 1895 besonders ausgeworfen. Ihrer Größe und landwirtschafts-geographischen Bedeutung entsprechend werden bei der Untersuchung folgende Stadtgebiete berücksichtigt: Baja, Debrecen, Hódmezövásárhely, Kecskemét, Szeged und Stuhlweißenburg (Székesfehérvár). Es bleiben an größeren Stadtgemeinden unberücksichtigt und mit den zugehörigen Komitaten vereinigt: Ödenburg (Sopron), und folgende Stadtgemeinden werden für das Jahr 1895 zu ihren Komitaten gerechnet, weil sie für das Jahr 1928 in die verlorenen Gebiete fallen, also nicht vergleichbar sind: Maria Theresienstadt (Szabadka), Neusatz (Ujvidék), Zombor, Arad, Versec, Pancsova, Kaschau (Kassa) und Szatmár-Németi.

B. Ziel der Untersuchung.

Unweit von Budapest liegt die deutsche Gemeinde Budaörs. Ihre Felder, Obstgärten und Weinberge besetzen die Hänge und Stufen der Kalkhöhen. Obstgärten und Weinberge zeigen verschiedene Stufen der Entwickelung. Neben verlassenen Weinbergstreppen und alten Obstbäumen liegen Weinberge mit hochstämmigen Reben für die Erzeugung von Trinkwein, Weinberge mit kurzgehaltenen Reben für Erzeugung von Tafeltrauben; an die Stelle der Obstbäume sind Pfirsichbäumchen getreten; neben Weinbergen mit Pfirsichbäumen als Zwischenkultur liegen reine Pfirsichgärten.

Am Tokajer Gebirgsstock überraschen nicht die Weinberge, sondern verfallene Häuschen auf verlassenen Treppen und große Pingen, die der Steinbruchsgroßbetrieb in die Hänge geschlagen.

Über die Donau-Theiß-Platte ziehen Flugsanddünen in nordwest-südöstlicher Richtung. In nächster Nähe der Städte, z. B. Nagykörös und Kecskemét, sind sie mit Weingärten bepflanzt. Mit der Entfernung von der Stadt werden die Rebstöcke jünger, Körnermais mit Melonen als Zwischenfrucht und Weizen besetzen die Dünen. Dann treten Akazienwaldinseln auf; Sodabodenflecke glänzen in der Sonne; Sodateiche füllen die Mulden zwischen den Dünen. Kleingrundbesitz ist von Bauernwirtschaften mit Dreifelderwirtschaft und von Großgrundbesitz mit Viehweidewirtschaft abgelöst worden.

Donau und Theiß sind begradigt und eingedämmt worden. An Stelle des Weidelandes, das alljährlich überschwemmt wurde, sind Äcker und Neusiedlungen getreten. Das Sumpfland zwischen dem linken Donauufer und dem Höhenrand Baja—Budapest hat an Ausdehnung verloren oder ist stellenweise vollständig verdrängt worden. Im Raum Kalocsa—Dunapataj—Kiskörös sind die Sicheldünen mit Weingärten, Roggen-, Mais- und Weizenfeldern bedeckt. Neusiedlungen sind entstanden. Dazwischen liegen Sodaseen, Sodaböden und Weidegebiete; Kanäle durchziehen die Landschaft.

Auf der Mérgespußta, nordwestlich von Szeged, bestimmen Zwergbetriebe das Bild der Landschaft. Teiche und Seen, welche die Karte von 1925 noch zeigt, sind nicht mehr vorhanden oder nur in kümmerlichen Resten. Auf dem trockenen Boden weiden Rinder, Schweine, Schafe, Enten und Gänse. Dünen und flache Mulden streichen von Nordwesten nach Südosten. In der älteren Zeit der Besiedlung wurden einfache Gehöfte auf die Dünen gesetzt wie auf Wurten. Rüben- und Roggenfelder greifen fingerartig in die grasbewachsenen Fluren auf Sodaboden. Eine jüngere Zeit bepflanzte sie mit Weingärten. Dazwischen liegen Gemüse- und Maisfelder; Melonen, Kürbisse und Paprika leuchten grün und rot auf. Heute ist das Gebiet durch eine Motorkleinbahn mit Szeged verbunden und dadurch wirtschaftlich an das Absatzgebiet angeschlossen. (Nach eigenen Beobachtungen im Jahre 1934.)

Das ungarische Volkslied besingt die Schönheit der Pußta Hortobágy und rühmt sie als fettes Kanaan voll Brot und Wein. Klima und Boden, die Herrschaft verschiedener Hirtenvölker nach der Völkerwanderung, die Türkenreiche im 16./17. Jhdt., die Regelung der Flüsse, besonders der Theiß, im 18./19. Jhdt. haben diese Landschaft zur baumlosen Grasflur umgewandelt, zur Pußta, d. h. zur Öde und Leere, die der Viehweidewirtschaft dient (102/264 ff.; 170b). Seit Mitte des 20. Jhdts. wird die Graslandschaft der Pußta von den Rändern aus wieder zurückgedrängt durch Weizen- und Maisfelder, Weingärten und Akazienwaldinseln. Im Sommer 1891 fuhr Franz Woenig auf einer Lokomotive der im Bau befindlichen Bahn Debrecen—Füzesabony durch Maisfelder in die Pußta. Für die Wanderung durch die „Steppe“, wo er die Steppenflora studieren wollte, erhielt er gute Ratschläge: „die Steppe hat gegenwärtig für den Wanderer nur zwei Gefahren: das Wasser und die Steppenhunde“. Wohl weiden auch heute noch die großen Rinderherden der Stadt Debrecen auf der Pußta Hortobágy, aber kein Hund springt mit lautem Wutgeheul dem Wanderer an die Brust; rotberockte Mädchen sammeln wohl Champignons, aber niemand die sodahaltige Erde (57/47 f., 50, 51, 59, 53). Die Pußta Hortobágy von heute ähnelt einem Naturschutzgebiet.

Wer heute Ungarn bereist, findet auf verhältnismäßig kleiner Fläche unter gleichen natürlichen Gegebenheiten die verschiedensten Formen der Landwirtschaft, die verschiedensten Betriebsformen und demgemäß die verschiedensten Landschaftsbilder nebeneinander und ineinander verflochten. Inmitten der Wirtschaftslandschaft sind die Naturverbände (Wald-, Gras- und Ödland) inselartig erhalten geblieben, Aber sie werden vom Kern des Wirtschaftslandes, dem Fruchtland, verdrängt und zu fruchtlandfähigem Land umgestaltet.

Im Fruchtland begegnen sich Gartenbau, Forstwirtschaft, Pflugbau und Viehweidewirtschaft als Wirtschaftsformen; die Betriebssysteme der freien, Fruchtwechsel-, Koppel- und Dreifelderwirtschaft können als „Thünensche Kreise“ verfolgt werden. Arbeitsarme und arbeitsreiche Betriebsformen, Zwerg-, Bauern- und Großbetriebe liegen nebeneinander. Wein-, Gemüse-, Roggen- und Weizen-Maisbaulandschaften mit verschiedenen Erzeugungszielen, ländliche Wirtschaftsgebäude (Tanya), Altsiedelungen mit wehrhaftem, kreisrundem Grundriß neben Neusiedelungen mit Gitter-Schachbrettgrundriß, zwanglose Flurstreuung neben geometrisch aufgeteilten Feldplänen bestimmen jeweils das Landschaftsbild.

Wer alle diese Beobachtungen mit älteren Darstellungen vergleicht, wird finden, daß der Wirtschaftsraum Ungarn und seine gesamte dingliche Erfüllung und damit auch das Antlitz der Landschaft in den letzten fünfzig Jahren große Wandlungen erfahren haben muß. Alle Bestandteile der Wirtschaftslandschaft sind — vielleicht stärker als anderswo — in Bewegung gewesen und noch Veränderungen unterworfen.

Ziel der Untersuchung ist: Die Landwirtschaft Ungarns soll als raumfüllende Erscheinung des Landes entwickelungsgeschichtlich beschrieben, ursächlich verstanden und in ihren Wirkungen auf das Landschaftsbild verfolgt werden.

Beschrieben werden die dinglichen, räumlichen und zeitlichen Unterschiede und Veränderungen der landwirtschaftlichen Arbeit. Zur Erklärung werden die naturgeographischen, die volklichen und die wirtschaftlichen Kräfte aufgesucht. Die Wirkungen der landwirtschaftlichen Arbeit auf das Landschaftsbild werden in der Beschreibung der (landwirtschaftlichen) Wirtschaftslandschaften gefunden.

Die entwicklungsgeschichtliche Beschreibung hat den Zweck, die naturgeographischen Räume und ihre Ausstattung für die Gestaltung zu Wirtschaftsgebieten richtig bewerten zu können. Jene sind stetiger und starrer als diese, die durch den Wirtschaftsmenschen dauernd verändert werden, so daß sich Beweglichkeit und Wandelbarkeit, Entwickelung und Zeitgebundenheit als ihre wesentlichsten Eigenschaften hervorheben. Es kann nur beschrieben werden, was geschehen ist, nicht was geschehen soll[2]).

Auf Vergleiche mit anderen Landwirtschaftsgebieten wird hier verzichtet; sie liegen nicht im Thema. Durch die Schriften, die solche Vergleiche aufnehmen, zieht sich wie ein roter Faden die Klage über die Rückständigkeit der ungarischen Landwirtschaft. Diese Wertung entstammt einer doppelten unrichtigen Betrachtungsweise. Einmal: Die Landwirtschaft Ungarns wird von einem außer ihr liegenden Standpunkte betrachtet, entweder vom westeuropäischen oder vom amerikanischen. Damit werden Gedanken hineingetragen, die ihr selbst fremd sind. Die Weizenlandschaften Kanadas oder Britisch-Indiens, Frankreichs oder Dänemarks können wertmäßig nicht mit der Weizenlandschaft Ungarns verglichen werden; denn sie unterliegen grundverschiedenen naturgeographischen Voraussetzungen und wirtschaftlichen Kräften. Jede Wirtschaftslandschaft aber ist der Ausdruck des inneren Wesens von Boden, Volk und Wirtschaft und muß aus sich heraus als eigenlebige Ganzheit verstanden werden. Zum zweiten: bei Wertvergleichen wird die Ergiebigkeit (Rentabilität), der Reinertrag für die Unternehmung, als Maßstab genommen und nicht die Wirtschaftlichkeit (Produktivität), die Stellung in der Gesamtwirtschaft des naturgeographischen und politischen Landes (gesamtwirtschaftlicher Reinertrag). Hier kann die ungarische Landwirtschaft ebenso rückständig wie fortschrittlich genannt werden, genau so wie jede andere.

C. Art der Untersuchung.

Im Kern der Untersuchung steht der Tatbestand: die Aufnahme der Standorte der Wirtschaftspflanzen und Wirtschaftstiere (dingliche Erfüllung). Diese Aufnahme erfolgt nach

Erzeugnissen getrennt, zeitlich und räumlich, und wird auf Einzelkarten dargestellt.

Die Auswahl der Erzeugnisse richtet sich nach ihrer mengenmäßigen und gütegemäßen Wichtigkeit und nach dem Stand der statistischen Aufnahme (S. 9).

Die zeitliche Gliederung begnügt sich mit Querschnitten durch die zeitliche Reihe von 1870 bis 1928, denn es sollen nicht wiederkehrende, sondern dauernde, gefügeverändernde Wandlungen nachgewiesen werden. Um nicht in den Fehler der „Jubiläumsstatistik“ (24/124) zu verfallen, sind für diese Querschnitte die Jahre 1870, 1895 und 1928 gewählt worden. Das Jahr 1870 ist durch die Geschichte der ungarischen Statistik begründet (S. 9f.). Volks-Zählung (1869/70), Anbaustatistik (1869/70) und Viehzählung (1870) liegen zeitlich eng beisammen und sind vergleichbar. Das Jahr 1895 wurde gewählt, weil hier die große landwirtschaftliche „Konskription“ stattfand (S. 10), die ihrer Bedeutung wegen nicht umgangen werden konnte, trotzdem die nächste Volkszählung in das Jahr 1900 fiel. Würde jetzt der Zeitraum von 25 Jahren innegehalten werden, so käme der nächste Querschnitt in das Jahr 1920 zu liegen; es erscheint als zweites Nachkriegsjahr wirtschaftlich und politisch zu unruhig, um dauernde Veränderungen erkennen zu können. Darum wurde auch nicht ein kürzerer Zeitraum gewählt (1913), auch nicht die Jahre 1929 und folgende. Es wurde das Jahr 1928 genommen, einmal aus den oben angeführten Gründen, zum andern, weil nach ihm eine wirtschaftliche Wende liegt. Das Jahr 1928 erlaubt es noch, die wirtschaftsgeographisch wirksamen Kräfte herauszuarbeiten. Zwar fällt auch dieses Jahr in die Nachkriegszeit, in der die europäischen Staaten ihre landwirtschaftliche Erzeugung unterstützten (protektionierten), aber mit dem Jahr 1929 beginnt der weltwirtschaftliche Notstand, der allgemein bis 1932 dauerte, technische, wirtschaftliche und politische Ursachen hatte, und der in die Planwirtschaft und gelenkte Wirtschaft überführte. Damit aber begann die Loslösung von naturgeographischen und wirtschaftlichen Bedingungen und die Bindung an politische Notwendigkeit.

Die räumliche Gliederung erfolgt innerhalb der Jahre 1870, 1895 und 1928 nach politischen und naturgeographischen Landschaften. Die politischen Landschaften (Komitate) sind zwangsläufig und damit erststellig durch den Aufbau der Statistik gegeben. Sie müssen zu naturgeographischen Landschaften (geschlossenen Gebieten oder Inseln) mit wirtschaftsgeographischen Grenzen verarbeitet werden.

Die statistische Erfassung der Standorte führt zu Abstufungen, die als Kerngebiete und Randgebiete bezeichnet werden. Unter Kerngebieten sind die Gebiete stärksten Anbaus und stärkster Viehhaltung je Erzeugnis zu verstehen, also die wirtschaftlich wichtigsten Gebiete, deren Landschaftsbild durch eben diese Erzeugnisse bestimmt wird. Von ihnen zu den Randgebieten besteht ein deutliches Gefälle. Die Erzeugnisse, die in Randgebieten auftreten, können wohl für die jeweilige Landschaft bedeutungsvoll sein, indem sie die Wirtschaft ergänzen und Möglichkeiten der Noch-Verbreitung angeben. Für das Gesamtbild aber bedeuten sie Abstufungen. Diese werden durch das Maß der bestmöglichen naturgeographischen oder wirtschaftlichen Bedingungen oder beider bestimmt (17/113).

Die Standorte der Wirtschaftspflanzen werden nach der Größe der Erntefläche angegeben, die für die drei Jahre aus Katastral-Joch in Hektar umgerechnet wurden (1 Kat.-Joch = 0,575 ha). Der Ernteertrag (Erntemenge, Hektarertrag) wurde darum nicht genommen, weil er als Gewichtsmaß dem Flächenmaß, nach welchem die naturgeographische und politische Landschaft gemessen wird, nicht gleichsinnig ist oder weil er erst aus der Erntefläche errechnet ist (Hektarertrag). Außerdem ist der Ernteertrag von Jahr zu Jahr empfindlicher und schwankender gegen irgendwelche Einflüsse als die Erntefläche. Ferner zeigt die bildliche Darstellung, daß die Verwendung der Erntemenge die räumlichen Unterschiede in anderem Sinne wiedergibt[3]).

Die Größe der Erntefläche wird nach reinen, tatsächlichen (absoluten) Zahlen bearbeitet. Sie haben vor den Beziehungszahlen (relativen) den Vorzug, daß sie, wie oben gesagt, in einem engeren Verhältnis zur Fläche stehen und dem Ziel der Untersuchung entsprechen. Die Bezugnahme auf die Getreidefläche, die landwirtschaftliche Nutzfläche oder auf die Einwohnerzahl gibt nicht die Veränderungen der Erntefläche oder Erntemenge wieder, sondern diese ist abhängig von den Veränderungen dieser Bezugsgrößen und taucht in ihnen unter (gibt z. B. die Volksdichte wieder).

Dasselbe gilt sinngemäß für die Standorte der Wirtschaftstiere; auch sie werden nach tatsächlichen Stückzahlen bearbeitet.

Für die Untersuchung der Ernteflächen der Wirtschaftspflanzen und der Stückzahl der Wirtschaftstiere und ihre in sich einheitliche Darstellung auf Karten sind die tatsächlichen Zahlen nach dem Verfahren der „Einheitslinien“ verrechnet worden. Ihre Berechtigung aus ihren Vorzügen hat Ernst Tiessen ausführlich dargelegt (10, 13, 18). Punkt und Kugelbildverfahren konnten schon deshalb nicht angewendet werden, weil sie die Feststellung von Einzelheiten, die Auszählung, nicht gestatten[4]).

Auf die dinglich-räumlich-zeitliche Aufnahme der Standorte der einzelnen Wirtschaftspflanzen und Wirtschaftstiere (Analyse) folgt die Zusammenschau (Synthese), die durch das „Verhalten der Standorte“ vorbereitet wird und im Erkennen von Landwirtschaftsgebieten gipfelt. Während bisher die landwirtschaftlichen Erzeugnisse einzeln betrachtet wurden, sollen sie jetzt in ihren Beziehungen zu einander, in ihrer Verbindung miteinander und zum geographischen Raum gesehen werden. Natur, wirtschaftliche Zustände und Ziele setzen dem Raum und der menschlichen Arbeitskraft Grenzen. Die Erzeugnisse können sich nicht frei und nach eigenen Gesetzen entfalten, sondern sie sind voneinander und vom geographischen Raum abhängig. Die Wirtschaftslandschaft wird nicht durch zusammengezählte Anbaupflanzen (Und-Verbindungen) gekennzeichnet (z. B.: es werden Weizen, Mais, Hafer, Hanf, Tabak, Paprika angebaut), sondern durch das Zusammenspiel der statistisch erfaßten Wirtschaftspflanzen (z. B. Weizen-Mais-Landschaft, d. h. Weizen überwiegt Mais, und beide zusammen haben alle anderen Anbaupflanzen derart verdrängt, daß diese dem Landschaftsbild keine wesentlichen Züge geben).

Es ist nicht beabsichtigt, die räumlich-zeitlichen Unterschiede der Standorte und Landwirtschaftsgebiete erklären zu wollen. Sie sollen nur landwirtschaftsgeographisch aus der naturgeographischen, volklichen und wirtschaftlichen Erfüllung des Raumes verstanden werden. Die aufgedeckte geographische und wirtschaftsgeographische Ursächlichkeit soll nicht zur Erkenntnis von Gesetzmäßigkeiten führen, sondern zum Verständnis eines bestimmten Wirtschaftsraumes aus Abhängigkeit und Anpassung von und an die Kräfte, die Bewegungs- und Spannungserscheinungen, also Veränderungen verursachen. Der Beantwortung dieses bedingten Warum? liegt auch keine Idee (z. B. Fortschritt) oder ein „Schicksal" zugrunde, die sich in den tatsächlichen Veränderungen verwirklichen.

Dem Verständnis soll zunächst der Überblick über Land, Volk und Wirtschaft dienen.

Zur naturgeographischen Erfüllung des Landes gehören die geographischen Tatsachen (Faktoren), die als geographische Kräfte wirken. Auf eine landeskundliche Beschreibung Ungarns wird verzichtet; denn die Geographie des Landes ist bekannt (siehe Schriftenverzeichnis). Es werden nur Klima und Boden, die wichtigsten Voraussetzungen und am stärksten wirkenden Kräfte auf die landwirtschaftsgeographische Gestaltung, beschrieben, und zwar nach den Quellen, und für die Bedingtheit verarbeitet.

Der gegenwärtige Zustand kann nur aus dem Werden der volklichen und wirtschaftlichen Erfüllung des Landes verstanden werden.

Die Völker, welche den Raum geschichtlich besetzt haben und halten, haben ihn auch gestaltet, und zwar nach ihrer Eigenart, ihrem wirtschaftlichen Verhalten, ihrer räumlichen, politischen und wirtschaftlichen Herrschaft.

Die wirtschaftliche Erfüllung des Landes wird, obwohl sie eine Wirksamkeit der Völker ist, besonders und als Ganzes betrachtet. Für das Verständnis in dem gezogenen Rahmen kommen die Ordnung der Bewirtschaftung des Bodens, die Geschichte der Flußregelungen und die Entwicklung der Eisenbahnen in Betracht.

Die Darstellung der Tatsachen (Aufnahme der Standorte) wird von den Ursachen streng getrennt, um jeden der beiden Teile rein und klar herausarbeiten zu können (12/252; 14/6, 8). Nach ihrer inneren Verknüpfung entsprechen sie sich in ihrer Gliederung (III. und IV.). Zur Erleichterung wird in Teil IV auf vorhergehende Seiten verwiesen. Bei dem Nachweis der Ursachen wird nicht gleichmäßig verfahren (nach dem Schema), sondern diese werden nach ihrer Wirkungskraft abgestuft.

D. Quellen, geographische Karten, Schrifttum.

1. Die Arbeit verwertet zunächst die Beobachtungen, die Verfasser auf einer Reise durch Ungarn im Jahre 1934 sammelte.

Damit soll gesagt werden, wie auch von anderer Seite darauf hingewiesen wurde (8/35; 16/5; 22/103, 105), daß die Beobachtung auch für die Wirtschaftsgeographie unerläßlich ist. Diese Beobachtungen werden bei der Beschreibung der Wirtschaftslandschaft, der Wirtschaftspflanzen und Wirtschaftstiere und bei der Erklärung der landwirtschaftsgeographischen Gestaltung besonders verwertet, wozu noch die Unterstützung durch eigene Aufnahmen kommt.

2. Die Vorläufer der amtlichen ungarischen Statistik (6) waren private Statistiker, Mathias Bél, Martin v. Schwartner und A. von Fényes, die in umfangreichen Werken auf Grund persönlicher und halbamtlicher Aufnahmen den Zustand Ungarns statistisch, geographisch und geschichtlich beschrieben haben (53). Im Jahre 1848 wurde das erste ungarische statistische Amt als eine Abteilung des Ministeriums des Innern unter A. von Fényes errichtet. Die ungarische Akademie der Wissenschaften gliederte sich im Jahre 1860 eine statistische Kommission an, die unter Leitung von Karl Keleti statistische Mitteilungen veröffentlichte. Im Jahre 1869 wurde auf Vorschlag Karl Keletis die „gesetzliche Inartikulierung der obligatorischen Einlieferung der Daten" durchgesetzt, und damit war die Errichtung eines statistischen Zentralamtes als selbständige Behörde gegeben (6/21 ff.). Es wurde durch den König am 18. April 1871 als Königliches Ungarisches statistisches Landesamt errichtet. Seitdem gibt es folgende Veröffentlichungen heraus: Jahrbuch, Amtliche Statistische Mitteilungen, statistische Vorträge für den Lehrkursus, außerordentliche Druckwerke und graphische Beilagen; seit 1897 auch monatliche statistische Veröffentlichungen.

Eine allgemeine Volkszählung fand im November 1785 unter Joseph II. statt. Danach wurden in Ungarn 7 044 462, im Bereich der Militärgrenze 650 000 Personen gezählt (6/157). Die erste amtliche Volkszählung wurde 1850/51 durchgeführt (Ungarn 7 864 262). Sie gilt nach Ergebnis wie Methode als ebenso mangelhaft wie die folgende vom Jahre 1857 (106/460; 6/1 ff.). Die Volkszählung vom Jahre 1869 nahm die Nationalitäten nicht auf. Das geschah erst wieder in den folgenden Zählungen, die alle zehn Jahre stattfanden: 1880, 1890, 1900. Hier sind die Volkszählungen der Jahre 1869/70, 1900 und 1930 verwendet worden.

Die Landwirtschafts-(Agrar-)Statistik wurde 1868 aufgenommen und dauernd verbessert. Im Statistischen Jahrbuch für Ungarn, 1. Jahrgang 1872, wird zum ersten Mal für das Jahr 1868 die bebaute Fläche nach Komitaten ausgewiesen und die Erntemenge berechnet. Im Jahre 1869 werden auch Güte und Menge der Fechsung angegeben. Hier ist der Winteranbau vom Jahre 1869 und der Sommeranbau vom Jahre 1870 ausgewertet worden; ohne Militärgrenze. Die Aufnahmeverfahren haben in den folgenden Jahren gewechselt. Darum sind die einzelnen Jahre nicht streng untereinander vergleichbar, z. B. wird entweder die besäte oder die abgeerntete Fläche angegeben. Den Angaben über Erntemenge und Ernteertrag, auch den über die Ernteflãche u. a. kommt dieselbe Wahrscheinlichkeit zu wie in anderen Ländern. Die durch „Elementarschäden" beschädigte Fläche wurde seit 1874 aufgenommen (6/199). Anfangs wurde nur die mit Brotfrüchten bestellte Fläche gezählt (1868), später sind auch die Nebenwirtschaftspflanzen aufgenommen worden, aber räumlich unvollkommen. Daraus erklären sich die Lücken in der folgenden Darstellung. Für den Viehbestand wurden die Zählungen der Jahre 1870, 1895 und 1920 ausgewertet; für 1870 auch der Bestand der Militärgrenze. Größte Sorgfalt wurde bei der „landwirtschaftlich-statistischen Konskription vom Jahre 1895" beobachtet. Sie gilt allgemein als zuverlässig. Ihre Vergleichbarkeit leidet wieder darunter, daß die Verfahren gewechselt haben und verfeinert wurden, um die Genauigkeit zu steigern. Außerdem wurde die Aufnahme auf Erscheinungen ausgedehnt, die bisher übergangen wurden, und darum mit früheren Zuständen nicht zahlenmäßig zu vergleichen sind.

3. Die Grundkarten für die Jahre 1870, 1895 und 1928 sind phototechnisch im gleichen Maßstab, etwa 1 : 1 850 000, hergestellt. Als Grundlage für die Abgrenzung der Komitate des Jahres 1870 dienten die Karten in Stielers Handatlas (41; 42), verglichen mit den graphischen Beilagen im Statistischen Jahrbuch für Ungarn (26). Die Einschlüsse und Ausschlüsse (Enklaven und Exklaven), die sich noch auf diesen Karten finden und die erst im Jahre 1876 abgeschafft wurden, sind weggelassen worden. Die Gebiete der Militärgrenze sind zwar eingezeichnet, aber auf den Einheitskarten nur soweit berücksichtigt worden, wie das auch die Statistik für das Jahr 1870 getan hat (für Wirtschaftstiere). Da die Gebiete der Stadtgemeinden weder in der Statistik für 1870 noch auf den geographischen Karten ausgewiesen werden, sind sie auch hier nicht eingezeichnet.

Die Grundkarte für das Jahr 1895 wurde nach Kogutowicz gezeichnet (40), die dort fehlenden Grenzen der Stadtgemeinden, soweit sie berücksichtigt werden (S. 2), wurden aus der amtlichen Karte Rumpf-Ungarns übertragen (39). Diese bildete auch die Grundlage für die Grundkarte des Jahres 1928. Das Stadtgebiet von Budapest wurde auf keiner Karte eingetragen, statistisch ausgesondert und auf den Einheitskarten nicht berücksichtigt, da es als Großstadtgebiet eine Sonderstellung einnimmt und weder mit den Komitaten noch den anderen Stadtgemeinden vergleichbar ist.

Die Karten über den Stand der Eisenbahnen der Jahre 1870 und 1895 wurden nach Matlekovits gezeichnet, der den Bau der Einzelstrecken nach Jahren angibt (1841—1897) (58). Diese Arbeit war recht schwierig, konnte durch andere Quellen nicht ergänzt werden, mußte aber erstmalig geleistet werden, um den Einfluß der Eisenbahn in ihrer Entwickelung auf die landwirtschaftsgeographische Gestaltung nachzuweisen.

Für die Ortsaufnahme wurden die amtlichen Kartenwerke benutzt (39). Die alte Spezialkarte ist schwarz und gestrichelt, die neue Spezialkarte und die Umgebungskarten sind mehrfarbig und mit Höhenschichtlinien gehalten. Die Karten im Maßstab 1 : 75 000 entsprechen nach Inhalt und Form der Karte des Deutschen Reiches im Maßstab 1 : 100 000 (50).

Für geologische Grundtatsachen wurde die Karte von Louis Lóczy benutzt, die Alt-Ungarn enthält; für bodenkundliche Untersuchungen stand die Karte von Peter Treitz zur Verfügung (46; 103; 105; 99).

4. Das allgemeine wie besondere Schrifttum über Ungarn ist sehr reich. Es sind daran weniger deutsche als ungarische, deutsch-ungarische und deutsch-österreichische Geographen beteiligt. In vorliegender Arbeit konnten die Schriften aus Ungarn nur soweit berücksichtigt werden, als sie allgemein lesbar (Statistik, Karten, Tabellen) oder magyarisch geschrieben sind und deutsche Auszüge entweder im Anhang oder in deutschen Zeitschriften bringen; die rein magyarisch geschriebenen Veröffentlichungen konnten nicht benutzt werden.

Die „Ungarischen Jahrbücher" (1) und die „deutschen Auszüge ungarischer wissenschaftlicher Zeitschriften" (4) bedeuten eine erfreuliche und wissenschaftlich höchst wertvolle Einrichtung für den deutsch-ungarischen Kulturaustausch.

Unter den Gesamtdarstellungen ist bis 1900 Matlekovits (58) heute noch am umfassendsten und zuverlässigsten.

Eine neuere geographische Darstellung bringt Prinz (77). Bei aller Güte wäre ihr zu wünschen gewesen, daß ihr ein größerer Raum zur Verfügung gestanden hätte.

Die wirtschaftsgeographischen Verhältnisse werden gut und ausführlich von Rungaldier (71) dargestellt. Für die abgetretenen Gebiete sind Hassinger und Machatschek (69; 72) heranzuziehen.

Die eingehenden Beschreibungen der ungarischen Verhältnisse in „Les Négotiations de la Paix Hongroise", Budapest 1920, konnten leider nicht eingesehen, es konnte daraus nur die ethnographische Karte von Paul Teleki benutzt werden (44).

Die Arbeiten der Balaton- und Alföldkommission (seit 1909) und die Veröffentlichungen in den „Mitteilungen der Königlichen Ungarischen Geographischen Gesellschaft" (Földrajzi Közlemények) wurden nach Bedarf herangezogen.

Das Sammelwerk von Berzeviczy (64) ist umfassend, aber für deutsches Gefühl und auch wissenschaftlich zu einseitig gehalten.

Das Werk von Lóczy (63; 65) wurde in französischer und englischer Sprache so stark gekürzt, daß nur ein Überblick übrig blieb.

Die Arbeiten des wirtschaftsgeographischen Instituts der Universität Budapest, h. v. Paul Teleki, konnten selten benutzt werden.

Die Ausbeute aus deutschen geographischen Zeitschriften ist sehr gering.

Klima und Boden wurden aus den angeführten Quellenwerken bearbeitet.

Für die volklichen Verhältnisse kommen außer den statistischen Quellen deutsche Bearbeitungen in Betracht (106; 108; 110; 116; 117).

Zur Geschichte Ungarns wurden außer den angegebenen Sammelwerken besonders Szekfü und Teleki (112; 115) benutzt und mit allgemeinen deutschen Geschichtswerken verglichen.

Sehr reichhaltig ist das Schrifttum über das Deutschtum in Ungarn. Außer der Gesamtdarstellung von Hoeniger seien hier nur Isbert, Klocke und das Handwörterbuch des Grenz- und Auslanddeutschtums genannt (111; 121; 130; 118; 119).

Zu den grundlegenden Werken über die landwirtschaftlichen Verhältnisse gehören die Arbeiten von Ditz und Szasz (143; 149). Jener nennt seinen Bericht zwar „volkswirtschaftlich"; er enthält aber außerdem eine Fülle geographischer und wirtschaftsgeographischer Darlegungen, kennzeichnet die ungarische Landwirtschaft um die Mitte des 19. Jhdts. und liest sich ausgezeichnet. Dieser betrachtet die Landwirtschaft vom Standpunkte der Betriebs- und Wirtschaftslehre.

Mit einzelnen Wirtschaftspflanzen beschäftigen sich Keleti, Galszécs und Pollatsek (176; 178; 180). Die Bücher von Wessely und Drucker[5]) waren leider nicht zugänglich.

Außer den beiden Standwerken von Penck und Vujevic (134; 135) konnten für die Regelung der Flüsse Hieronymi, Cholnoky und Cvijic (133; 136; 137; 141a) herangezogen werden.

Bei der Auswahl des Schrifttums wurde überhaupt Wert darauf gelegt, Quellenbeiträge und Sonderschriften zu erhalten.

5. Die geographischen Namen werden nach der Karte von Kogutowicz (40) und Csonka Magyarország (39) geschrieben. Wenn neben einem ungarischen Namen ein deutscher Name im lebendigen Gebrauch ist, wird auch dieser genannt.

II. Land, Volk, Wirtschaft.

A. Geographische Erfüllung des Landes.

1. Klima.

a) Vorbemerkung.

Es soll hier keine allgemeine Beschreibung des Klimas Ungarns folgen (S. 8). Abgesehen davon, daß sie sich auf einen kümmerlichen Auszug beschränken müßte, wäre sie für vorliegende Arbeit überflüssig und zwecklos; denn die großen Züge der Verbreitung des Anbaus sind vom Klima abhängig, das ist selbstverständlich. Zweckdienlich allein wäre eine wissenschaftliche Klimabeschreibung für die Landwirtschaft, die den Einfluß des „bodennahen“ Klimas (95) auf Pflanzenbau und Tierhaltung nachweisen und die feineren Unterschiede auf kleinem Raum erkennen ließe. Die Pflanzen sind der unmittelbaren Wärme (Sonnenstrahlung) ausgesetzt, während die Thermometerablesungen Schattenwärme angeben. Diese wird mehrere Meter über dem Erdboden gewonnen, wo sich keine oder nur bestimmte Teile der Pflanzen in einzelnen Monaten befinden. Wärmemessungen in Lebenshöhe der Zuckerrüben, Kartoffeln, Getreidesaat sind unbekannt. Die Wärme des Bodens, die für das Nahrungswasser und die Möglichkeit seiner Aufnahme in den einzelnen Wachstums- und Ruhemonaten der Pflanzen wesentlich ist, sowohl an der Oberfläche wie in Tiefe der Wurzeln, ist nicht gemessen worden. Wenn auch die Schwankungen der Wärme in den Monaten gegeben sind, fehlt ihre Beziehung zum Pflanzenwachstum: die Empfindlichkeit der Pflanzen gegen Schwankungen, wie auch die Bestwärme (Optimum), die die Wachstumszeit bestimmt. Mittlere Jahreswärme und mittlere jährliche Regenmenge sind bedeutungslos gegenüber der jahreszeitlichen Verteilung und der Anzahl der Regentage in den Monaten. Das Maß der Austrocknung des Bodens durch Winde und die Feuchtigkeit im Lebensbereich der Pflanzen sind unbekannt (19/4. Bd. 17 ff.).

Hier sollen nach den vorhandenen Quellen die für die Landwirtschaftsgeographie wesentlichen Erscheinungen der Klimaräume herausgehoben werden. Die Darstellung geht selbständig vor und ist an die Art und den Umfang der Beobachtungen gebunden und kann nicht restlos befriedigen. Sie hält sich aber an die einzelnen Landschaften und führt ihre Beschreibung folgerichtig durch.

Róna (92/22) unterscheidet auf Grund der Oberflächenform und des Einflusses der Adria:

1. Gebiete des Landklimas: Flachland (große und kleine ungarische Ebene, Alföld), Gebirgsland (Oberungarn und Siebenbürgen),

2. Gebiete des Übergangsklimas: West-Ungarn, Kroatien, Slavonien;
3. Gebiete des Seeklimas: Küstengebiete.

Gemäß der Begrenzung der Arbeit stehen Flachland, Oberungarn und West-Ungarn zur Betrachtung.

b) Flachland (großes und kleines Alföld).

aa) Luftwärme.

1. Monatliche Schwankungen der Luftwärme. In der ungarischen Ebene treten März und Oktober mit den größten mittleren Monatsschwankungen heraus: das mittlere Maximum beträgt im März 18° C, das mittlere Minimum — 7° C; die Werte für Oktober sind 24° C und 0° C. Das ergibt eine mittlere Schwankung von 25° C im März und 24° C im Oktober, die innerhalb der Monate zugleich die höchsten Schwankungen darstellen (92/23 f.) Weder April noch Oktober (abgesehen von Kälterückfällen im Mai und Juni und Kältevorfällen im September) sind sicher frostfrei. März kann noch sehr kalt sein, doch mit starker Erwärmung enden; umgekehrt Oktober: er kann noch große Wärme haben, aber auch Frosttage. Im April und September sind die Schwankungen wesentlich geringer[6]). Es können demnach im Mittel sechs Monate als frostfrei gelten: April bis September. Réthly (97a/13, 25) beschränkt sie auf das südöstliche Alföld. In diese Monate fällt dann auch die ununterbrochene Wachstumszeit[7])[8]).

Für die Sommermonate (Juni, Juli, August) ist die hohe Tagesschwankung der Luftwärme von 19 und 20° C wesentlich. Heiße Tage und kühle Nächte, heiße Sommer (Juli 22° C) und kalte Winter (Januar — 3° C) kennzeichnen das Klima des Alfölds als mildes Landklima.

Entsprechend der Bewölkung, die im August am geringsten, im Dezember am stärksten ist (92/56), hat der Juli die längste Sonnenscheindauer, der Dezember die kürzeste. Die Gesamtdauer für die Ebene gibt Róna (92/57) mit rund 2000 Stunden im Jahr an. Die wirkliche Sonnenscheindauer (89/2. Bd., 345) ist im nördlichen Teil des Flachlandes kürzer als im südlichen.

Im allgemeinen sind die Wärmeverhältnisse in den Landschaften des Alfölds als Folge des gleichförmigen Oberflächenbaus ziemlich gleichmäßig. Der nördliche Teil ist im Juli um 1° C kälter als der südliche.

2. Jahreszeitliche Verteilung der Luftwärme (86/91—95). Während die Januar-Isothermen nordsüdlich verlaufen und nach Osten umbiegen, ziehen die April-, Juli- und Oktober-Isothermen in westöstlicher Richtung. War der Verlauf der Isothermen während der Wintermonate von dem Einfluß des adriatischen Meeres und der natürlichen Gliederung des Landes bestimmt, so überwiegt in den übrigen Monaten das Verhalten der Ebene gegenüber der Bestrahlung.

Im April liegt der größte Teil der großen Ebene innerhalb der 11° C-Isotherme; nur den südlichsten Teil trifft die 12° C-Isotherme,

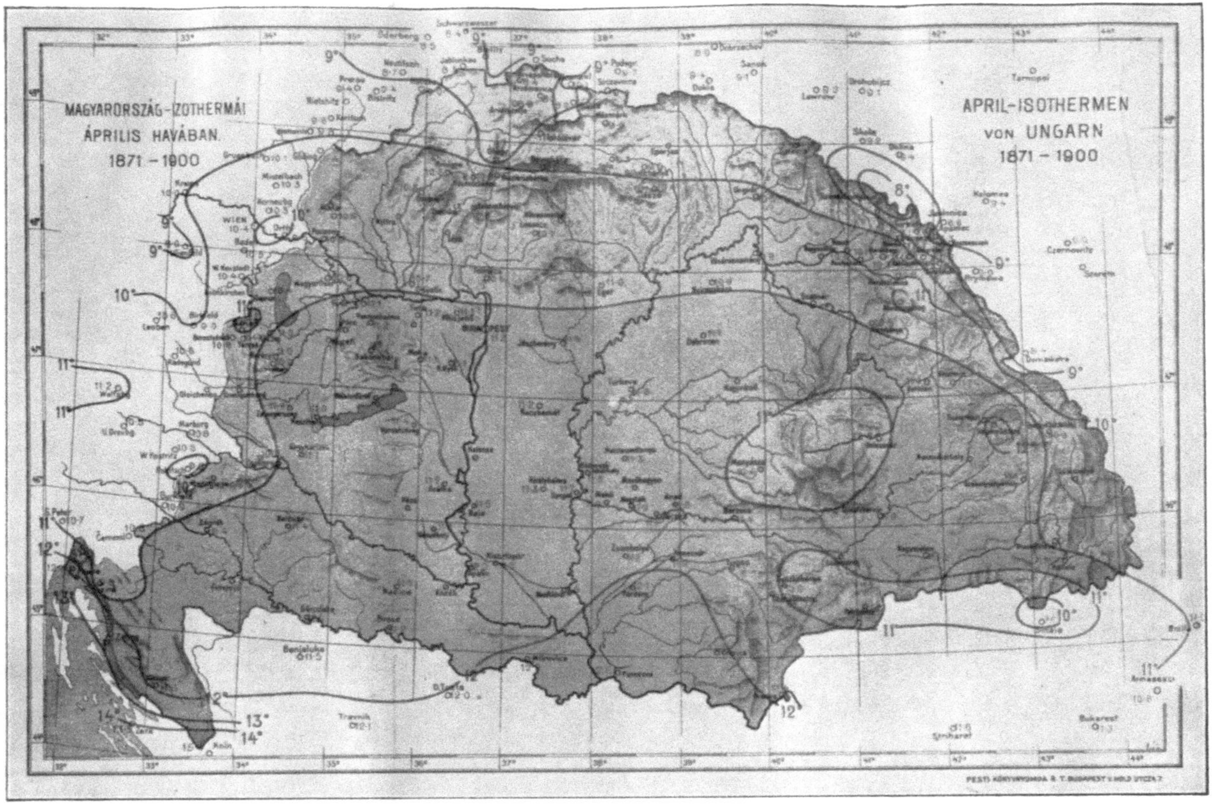

Quelle: Lit. Nr. 86. Mit Genehmigung des M. kir. orsz. Meteorológiai és Földmágnességi Intézet, Budapest.

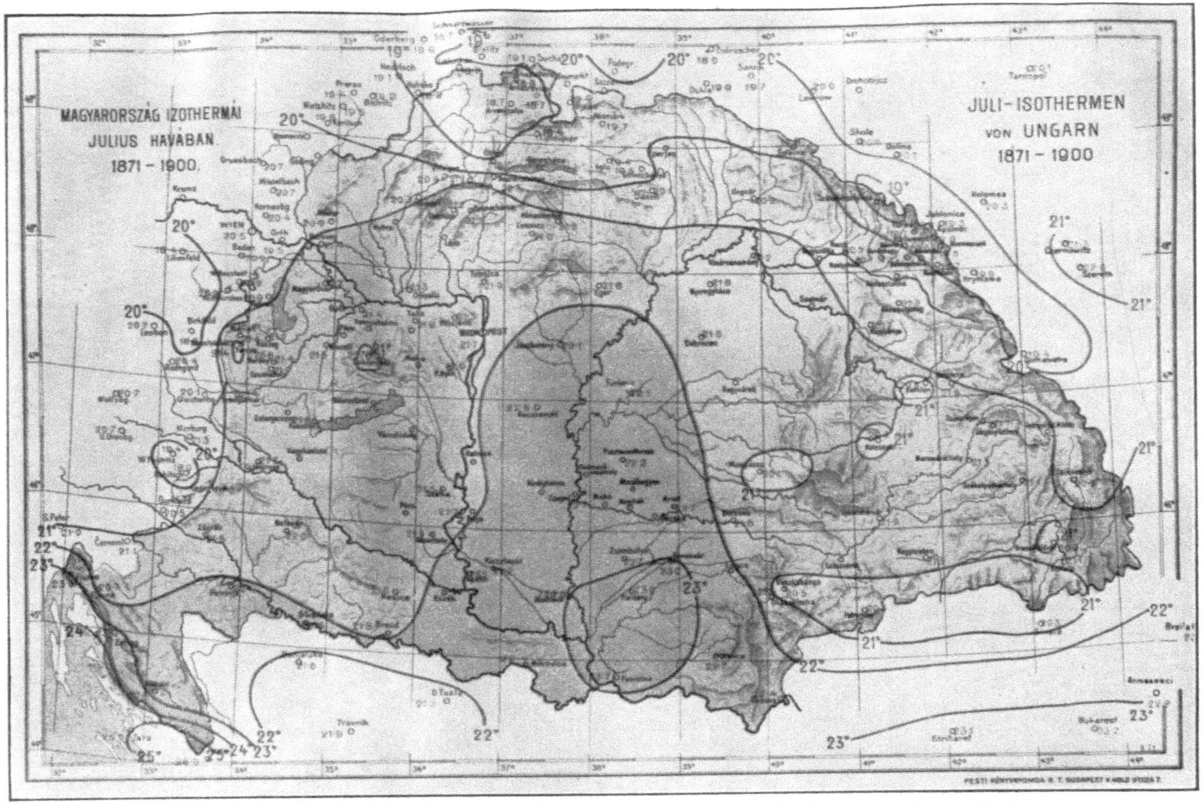

Quelle: Lit. Nr. 86. Mit Genehmigung des M. kir. orsz. Meteorológiai és Földmágnességi Intézet, Budapest.

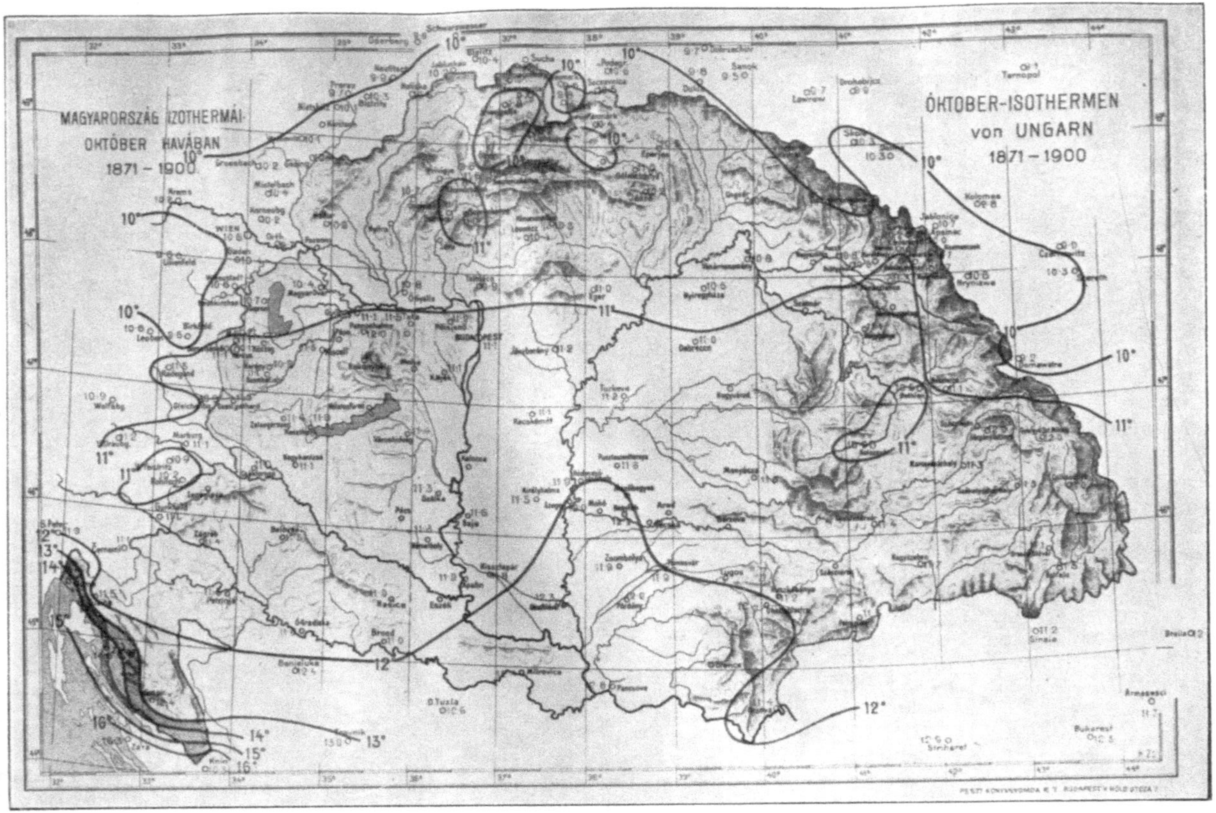

Quelle: Lit. Nr. 86. Mit Genehmigung des M. kir. orsz. Meteorológiai és Földmágnességi Intézet, Budapest.

deren nördliche Ausbuchtung fast bis Hatzfeld (Zsombolya)—Temesvár reicht (Komitate Torontál und Temes). D. h. die große Ebene ist schon im April stark erwärmt, und zwar im südlichen Teil stärker als im nördlichen[9]).

Dieser Unterschied der Wärmeabnahme von Süden—Norden hat sich bis Juli schärfer ausgeprägt: das südliche und mittlere Alföld umschließt die 22° C-Isotherme, deren nördliche Ausbuchtung bis an die Südhänge der Mátra reicht. Der südlichste Teil, die Komitate Torontál und Temes, liegt in einer Insel der 23° C-Isotherme, die im übrigen nur die Küste streift. Der restliche, besonders östliche und nordöstliche Teil der Ebene liegt wie der größte Teil des Landes zwischen der 21° C- und 22° C-Isotherme. Wesentlich bleibt die große Erwärmung des Alfölds, die auch auf die angrenzenden Räume wirkt.

Das Bild der Oktober-Isothermen ähnelt dem der April-Isothermen: die 11° C-Isotherme buchtet im nordöstlichen Alföld ein wenig nach S aus, und die nördliche Ausbuchtung der 12° C-Isotherme erreicht Szeged und erweitert sich nach Westen und Osten.

Zusammenfassung: Die jahreszeitliche Verteilung der Luftwärme über dem Flachland während der Monate April bis Oktober wird gekennzeichnet durch: Die Luftwärme nimmt von Süden nach Norden ab; im April und Oktober ist das Flachland stark erwärmt; die südlichen Gebiete werden mengenmäßig bevorzugt, und zwar im Oktober räumlich größere als im April; das mittlere und südliche Alföld ist im Juli stark überhitzt.

3. Die Luftwärme der Jahre 1870, 1895 und 1928: Es war beabsichtigt, die klimatischen Bestandteile der Jahre, für die hier die landwirtschaftlichen Verhältnisse vergleichend untersucht werden, besonders zu betrachten. Die wesentlichen Merkmale der einzelnen Jahre, die in den aus langjährigen Beobachtungen errechneten Mittelwerten verloren gehen, sollten wiedergewonnen werden, um sie mit Anbau und Ernteerträgen vergleichen zu können. In diesem Sinne ist die Durchführung nicht möglich.

Wenn Angaben für das Jahr 1870 vorhanden sind (86; 26/8 ff.), könnten sie nicht vergleichend herangezogen werden. Sie sind ungleichwertig infolge verschiedenartiger Thermometeraufstellungen, verschiedener Beobachtungszeiten und vielleicht auch Ablesungsfehlern.

Im Jahre 1895 (28/12 ff.) erreichte das absolute Maximum an vier ausgewählten Orten der Ebene im März nicht das mittlere Maximum von 18° C (S. 14) und im Oktober nur in Baja dasjenige von 24° C; das absolute Minimum lag im März unter dem mittleren Minimum, das absolute Minimum im Oktober über dem mittleren Minimum. Trotzdem hier ungleiche Werte (absolute und mittlere) verglichen werden, kann darauf geschlossen werden, daß das Jahr 1895, besonders der Herbst etwas wärmer war, als durchschnittliche Jahre. Darum waren die Schwankungen aus diesen Werten im März größer, im Oktober geringer und die Wachstumszeit etwas länger.

Auch die Tagesschwankungen der Luftwärme während der Sommermonate (S. 14) erreichten nicht die Mittelwerte (28/12 ff.; 86/124 f.).

Die jahreszeitliche Verteilung der Luftwärme im Jahre 1895 ist außer den allgemein gültigen Unterschieden (S. 14 f.) durch folgende Abweichungen vom wahren Temperaturmittel gekennzeichnet (89/2. Bd. 384—389; 28/12 ff.). Im April entsprach die Luftwärme den Mittelwerten; im Oktober war sie über dem kleinen Alföld niedriger, über dem großen Alföld höher als die Mittelwerte. Während nach den Mittelwerten der Oktober im westlichen und östlichen Teil der großen Ebene kühler, im mittleren und südlichen Teil wärmer ist, war er im Jahre 1895 durchgehends wärmer. Darum erhielt die große Ebene vom April bis Oktober 1895 auch größere Wärmebeträge als nach den Mittelbeträgen der Jahre 1871—1900; auch das daraus gezogene Mittel war 1895 größer. Dagegen erhielt das kleine Alföld geringere Wärmemengen. Auch hieraus geht hervor, daß das Jahr 1895, besonders der Herbst, in der großen Ebene wärmer war, als es nach Mitteln aus langjährigen Beobachtungen sein sollte.

Für das Jahr 1895 seien hier noch die Wärmebeträge für die beiden Hauptwirtschaftspflanzen, Weizen und Mais, angegeben, und zwar für die Zeit Aussaat—Ernte, um später das Maß der Anpassung beurteilen zu können. Für Weizen[10]) weisen sowohl während der längeren (Oktober bis Juni) als auch während der kürzesten (März bis Juni) Wachstumszeit die Komitate Torontál, Csongrád und Arad die höchsten Wärmebeträge auf, was mit der allgemeinen Bevorzugung des südlichen Alfölds übereinstimmt. In Westungarn folgen die Komitate Zala und Baranya, im Gebirgsland der südliche Teil des Komitats Ung. Die geringsten Wärmebeträge werden in den nördlichen Gebirgskomitaten Árva, Zips, (Szepes), aufgebracht. Das mittlere und kleine Alföld können als bevorzugt gelten.

Für ungarischen Mais[11]) sind die Wärmebeträge während der Zeit April bis Oktober berechnet worden. Sie ergeben mit geringen Abweichungen dasselbe Bild.

Bei der geringen Dichte der Beobachtungsorte muß diese Übersicht sehr grob genannt werden, zumal einzelne dieser Orte eine bevorzugte Lage haben; aber im allgemeinen wird sie durch die Betrachtung des Verlaufs der April-, Juli- und Oktober-Isothermen gestützt. Vor allem aber sollte hervorgehoben werden: die Wärmemengen, die die einzelnen Gewächse während ihrer Wachstumszeit erhalten, müssen mit denen verglichen werden, die sie beanspruchen, um ihren Standort und ihre Anpassung zu erklären (17/114).

Die Luftwärme des Jahres 1928 unterscheidet sich nicht wesentlich von den Mittelwerten. Die Schwankungen (35/1 ff.) im März betrugen rund 27° C, die im Oktober rund 23° C. Die Tagesschwankungen (35/1 ff.) während der Sommermonate waren ungewöhnlich hoch. Die jahreszeitliche Verteilung der Luftwärme (89/2. Bd. 384—389; 35/1 ff.) ist mit den Mittelwerten ohne weiteres nicht vergleichbar, da die Thermometeraufstellung gewechselt hat. Aus dem Vergleich der Endbeträge, der Mittel und der durchschnittlichen Luftwärme des Jahres geht aber hervor, daß das Jahr 1928 wärmer war, als der Durchschnitt angibt. Schon der April setzte mit hohen Wärmegraden ein, Juli und August waren sehr heiß, während der Herbst kälter war. Das südliche Alföld scheint erheblich wärmer gewesen zu sein als das nördliche.

Aus dem Vergleich der Luftwärme einzelner Jahre mit langjährigen Mittelwerten geht hervor, daß ihre Abweichungen von diesen ein wesentliches Merkmal sind. Der unregelmäßige Eintritt der Jahreszeiten würde bei einer Gegenüberstellung mehrerer Jahre noch deutlicher werden. Umso notwendiger erscheint es, die Klimabestandteile der zu betrachtenden Jahre heranzuziehen, um ihren Einfluß auf die landwirtschaftlichen Verhältnisse einwandfrei nachzuweisen.

bb) Niederschläge.

1. Verteilung der jährlichen Niederschlagsmenge: Es steht zunächst eine Regenkarte von Ungarn zur Verfügung (93), welche die Beobachtungen von 1190 Orten der Jahre 1901—1910 verarbeitet. So reichhaltig sie auch ist, kann sie hier doch nicht verwendet werden, weil sie einmal die Jahre der vorliegenden Untersuchung nicht enthält, zum andern, weil Héjas selbst einwendet, daß sie kein Bild der durchschnittlichen Verteilung gibt und außerdem das Jahr 1904 ungewöhnlich niederschlagsarm war (93/5 ff.). Sie kann hier nur zum Beweis für trockene Jahre herangezogen werden. Als Grundlage der Betrachtung soll darum die ältere Karte von Anderko (89/II.) dienen, dessen Angaben auch Róna im zweiten Bande seiner Klimalehre benutzt. Dieser Karte liegen zwar gleichartige Reihen, aber weniger Beobachtungsorte als der Karte von Héjas zugrunde. Darum fällt die Zeichnung der Linien gleicher Niederschlagshöhe großzügiger aus.

Das Flachland (große und kleine Alföld) erhält im Jahr durchschnittlich bis zu 700 mm Niederschlag. Im Bereich dieser Linie liegen Inseln von 600 mm; das sind das Kleine Alföld und die Theißniederung zwischen Miskolc und südlich Szeged, die auch die Platte von Kecskemét oder die Komitate Heves, Pest-Pilis-Solt-Kiskun und den Nordteil von Bács-Bodrog einschließt.

Róna[12]) hält die Ansichten über die dem Alföld eigene Dürre für übertrieben. Das Alföld ist kein Muster eines Trockenklimas örtlicher Natur. Selbst über den trockensten Flächen fallen in niederschlagsarmen Jahren nicht unter 500 mm Regen. Hier kann die oben genannte Regenkarte von Héjas dienen: die wahrscheinlich trockenste Fläche liegt an der mittleren Theiß (93/5 f.).

Die jährlichen Niederschlagsmengen des Flachlandes verteilen sich auf 97 Tage (von 0,5 mm an gerechnet) (92/61). Zwischen Januar und April liegen nicht selten Trockenzeiten von zwei bis drei Wochen Dauer (92/25).

Ähnlich wie bei der Verteilung der Luftwärme tritt auch hier zwischen dem nördlichen und südlichen Alföld ein Unterschied hervor: über jenem ist die jährliche Regenmenge um 100 mm größer als über diesem (92/24).

2. Jahreszeitliche Verteilung der Niederschläge: Wesentlich für das große Alföld ist eine stark ausgeprägte regelmäßige Wiederkehr (Periodizität) der Niederschläge (89/2. Bd. 428 ff.; 28; 35). Der Höchstbetrag fällt im Juni, ein geringerer im Oktober (zweites Maximum); August und September sind vergleichsweise trocken (92/24), d. h. die Menge der Niederschläge wächst vom Kleinstbetrag im Februar zum Höchstbetrag im Juni, nimmt dann wieder ab, aber der Oktober ist regenreicher als die vorherigen Monate.

Vom März bis Juni fallen bedeutend mehr Niederschläge als vom Juli bis September. Im nördlichen Alföld sind die Unterschiede der Regenmengen vom März bis Juni und vom Juli bis Oktober geringer als im südlichen Alföld; d. h. die größere Niederschlagsmenge des nördlichen Alfölds ist gleichmäßiger verteilt als die kleinere des südlichen. Im nördlichen Alföld ist der Juli regenreicher als der Mai, im südlichen umgekehrt. Im Norden ist der August regenreicher als im Süden, und der September trocken, im Süden weniger.

Anderko (89/2. Bd. 392, 403, 406, 407) hat auch Niederschlagskarten für die Jahreszeiten gezeichnet. Im Frühling verläuft die 150-mm-Linie ähnlich der 600-mm-Linie des Jahres, umfaßt aber ein etwas größeres Gebiet, besonders nach Nordosten und Osten. Der größte Teil des Gebiets fällt unter die 175-mm-Linie, die ähnlich der 700-mm-Linie verläuft. Das kleine Alföld mit 150 mm, in Westungarn die Mittelgebirge mit 200 mm und die Ausläufer der Ostalpen mit 175 mm heben sich inselartig heraus. Den Westrand der ungarischen Karpaten, des Banatergebirges und den Südrand des ungarischen Erzgebirges begleitet die 175-mm-Linie.

Im Sommer erhält das mittlere Alföld (Theißniederung) und das kleine Alföld 175 mm Niederschläge. Das größte Gebiet fällt unter 200 mm, das Mecsekgebirge unter 225 mm.

Die Herbstniederschläge gleichen denen des Frühlings.

3. Die Niederschläge der Jahre 1895 und 1928: Ein Vergleich der Niederschläge verschiedener Jahre ergibt (89/2. Bd. 428 ff.; 28; 35), daß (auch unter Berücksichtigung der wenigen Beobachtungsorte und der verschiedenen Thermometeraufstellungen) sowohl der Gesamtbetrag für die Monate März bis Oktober als auch die Verteilung auf die einzelnen Monate ganz verschieden ausfallen. Gerade dieser Unterschied in den Niederschlägen rechtfertigt die Betrachtung der einzelnen Jahre.

Im Jahre 1895 waren Juni und Oktober, besonders im südlichen Alföld, auch März niederschlagsreicher als im Mittel. Im südlichen Alföld regnete es im Juli sehr wenig, und der September war durchgehends sehr trocken.

Die Niederschläge verteilten sich (28/12 ff.)

1. in O-Gyalla	(111 m)	auf	146	Tage,	von	März	—	Juni	auf	55	Tage
2. in Debrecen	(129 m)	„	116	„	„	„	—	„	„	37	„
3. in Baja	(111 m)	„	132	„	„	„	—	„	„	48	„
4. in Szeged	(95 m)	„	141	„	„	„	—	„	„	51	„
5. in Pancsova	(76 m)	„	116	„	„	„	—	„	„	45	„
6. in Arad	(134 m)	„	125	„	„	„	—	„	„	45	„

Aus dem Vergleich der Gesamtbeträge geht hervor, daß das Jahr 1895 jedenfalls nicht trocken, sondern eher als gut durchfeuchtet bezeichnet werden kann. Das bekräftigt auch ein Vergleich der Jahresmengen der Niederschläge[13]).

Im Jahre 1895 erhielt das Gebirgsland sowohl während der längeren (Oktober—Juni) als auch während der kürzesten (März bis Juni) Wachstumszeit des Weizens[14]) die höchsten Niederschlagsmengen. Dann folgte Westungarn. Das kleine und große Alföld, und hier wiederum der südliche und östliche Teil, erhielt die kleinste Menge der Niederschläge. Gering waren auch die Mengen, die in den nördlichen Gebirgstälern fielen.

Die Berechnung der Niederschlagsmengen während der Wachstumszeit des ungarischen Mais[15]) (April—Oktober) kann das Ergebnis nicht wesentlich ändern.

Im Jahre 1928 erhalten nicht immer Juni und Oktober, sondern Mai und November, auch September die Höchstmenge der Niederschläge. März, Juli, Oktober, auch August sind auffallend trocken, September feucht; das Jahr selbst ist trocken[13]).

Im Jahre 1928 verteilen sich die Niederschläge (35/1 ff.):

1.	in Kalocsa (108,7 m)	auf 118 Tage,	von März—Juni	auf	48 Tage.
2.	„ Szeged (84,6 m)	„ 108 „	„ „	„	36 „
3.	„ Debrecen (129 m)	„ 125 „	„ „	„	50 „

cc) Luftwärme und Niederschläge.

1. Nachdem die Luftwärme den Höchstbetrag erreicht hat, nimmt sie in der zweiten Hälfte des Jahres gleichmäßig ab; die Niederschläge dagegen steigern sich noch einmal zu einem zweiten, wenn auch geringeren Hochbetrag.

2. Während der Juli der heißeste Monat ist, fallen die meisten Niederschläge schon im Juni, der Mai ist regenreich.

3. Die starke Erwärmung im April und Oktober trifft auf reiche Niederschläge ab März und im Oktober.

4. März bis Juni sind warm und feucht; dagegen August und September wohl noch warm, aber trocken.

5. Das südliche Alföld ist wärmer und trockener, das nördliche Alföld kühler und feuchter.

6. Die Niederschläge sind im nördlichen Alföld jahreszeitlich gleichmäßiger verteilt als im südlichen.

7. Im Juli ist das nördliche Alföld stark erwärmt, aber trockener als das südliche.

8. Nach Verteilung der Luftwärme und Niederschläge erscheint das nördliche Alföld bevorzugter als das südliche: Wachstumszeit und Reifezeit sind dort länger, die Erntezeit kann später eintreten als im Süden.

9. Da die Niederschläge schon im Juni den Höchstbetrag erreichen, die Winter wenig feucht, aber verhältnismäßig mild sind, ist im gesamten Flachland die Wachstums- und Reifezeit kurz (März-April-Juni), aber dem Anbau von Wintergetreide förderlich, zumal die Oktoberniederschläge regelmäßiger eintreffen als die Frühjahrs-

regen und die letzten Frosttage. Die große Trockenheit der Monate August und September ist dem Anbau allgemein hinderlich.

10. Die mehrjährigen Schwankungen der Luftwärme und Niederschläge sind sehr groß. Damit ist auch der Eintritt der Jahreszeiten sehr verschieden. Die hohen monatlichen Schwankungen der Luftwärme im März und Oktober und in den Sommermonaten können je nach der Empfindlichkeit der Anbaupflanzen für deren Auswahl und Sortenwahl maßgebend sein.

11. Das Jahr 1895 war wärmer und feuchter, das Jahr 1928 wärmer, aber trockener als im Mittel langjähriger Beobachtungen.

12. Während der Wachstumszeit von Weizen und Mais ist das südliche Alföld sehr warm, aber trockener als der südliche Teil in Westungarn. Im Gebirgsland fallen die höchsten Niederschläge bei vergleichsweise niedrigster Luftwärme. Westungarn erscheint nach Luftwärme und Niederschlagsverteilung günstiger.

c) Westungarn.

aa) Luftwärme.

1. Monatliche Schwankungen der Luftwärme: Entsprechend seiner allgemeinen Eigenart als Übergangsgebiet zwischen Gebirgsland und Flachland, Land- und Seeklima, sind die Schwankungen innerhalb der Monate geringer, die Winter milder, die Sommer kühler, die frostfreie Zeit vom April bis Oktober beständiger als im Alföld unter gleicher Breitenlage.

Nach der Oberflächengestaltung müssen sich in den einzelnen Landschaften Unterschiede ergeben, die für die landwirtschaftsgeographische Gestaltung von Bedeutung sind (Bakony Wald, Vértesgebirge, Mecsekgebirge). Der Einfluß des Plattensees (Balaton) erstreckt sich nur auf die nächste Umgebung (92/26 ff.).

2. Jahreszeitliche Verteilung der Luftwärme: Im April umrahmt die 11° C-Isotherme Westungarn mit Ausnahme des westlichen Grenzsaumes, der unter dem Einfluß der Ostalpenausläufer unter die 10° C-Isotherme zu liegen kommt. Eine Wärmeinsel (11° C-Isotherme) liegt bei Máriafalva westlich Güns (Köszeg) im Komitat Eisenburg (Vas). Es herrschen demnach im größten Teil Westungarns gleiche Verhältnisse wie im Alföld.

Im Juli liegt Westungarn zwischen der 21° C- und der 22° C-Isotherme. Die Erhitzung ist nicht so groß wie im Alföld. Kälteinseln lagern im Bakony Wald und bei Tarcsa, südlich der oben erwähnten Wärmeinsel.

Im Oktober gleichen die Verhältnisse dem des nördlichen Alfölds: Westungarn liegt im Bereich der 11° C-Isotherme.

Zusammenfassung: Im April und Oktober ist Westungarn ähnlich stark erwärmt wie das Alföld, der Juli ist kühler als jenes; räumliche Unterschiede ergeben sich durch die Oberflächenformen.

3. Die Luftwärme der Jahre 1870, 1895 und 1928: Für die Angaben des Jahres 1870 gilt dasselbe wie oben (S. 15) gesagt.

Im Jahre 1895 (28/12 fl.; 86/130 fl.) werden im März und Oktober die mittleren Maxima des Alfölds erreicht; das mittlere Minimum wird im März überschritten, im Oktober ziemlich gehalten. Darum sind die Schwankungen im Westen im März am größten, im Südosten (Fünfkirchen-Pécs) geringer als die mittlere Schwankung. Das Frühjahr scheint kälter, der Herbst wärmer gewesen zu sein, noch begünstigt durch geringere Schwankungen.

Die Tageschwankungen der Luftwärme während der Sommermonate sind im Westen geringer, im Südosten größer (28/12 ff.).

Soweit aus den wenigen Angaben (89/2. Bd. 384—389; 28/12 ff.; 35/1 ff.) zu erkennen ist, scheint die Luftwärme von Mai bis September im Jahre 1895 größer als im Mittel gewesen zu sein; was mit den obigen (S. 16) Ergebnissen übereinstimmen würde.

Im Jahre 1928 ist das Maximum des März (35/1 ff.) im Vergleich zu dem des Jahres 1895 größer, das Minimum fällt verschieden aus. Darum sind die Schwankungen in Keszthely gleich denen von 1895, die in Fünfkirchen (Pécs) größer. Im Oktober liegen die Verhältnisse umgekehrt. In den Sommermonaten (35/1 ff.) sind die Schwankungen der Luftwärme des Jahres 1928 bedeutend größer als die des Jahres 1895. Die jahreszeitliche Verteilung der Luftwärme im Jahre 1928 ist infolge mangelhafter Angaben schwer vergleichbar.

bb) Niederschläge.

1. Die Verteilung der jährlichen Niederschlagsmenge wird von der Oberflächengestaltung bestimmt. Das Flachland erhält durchschnittlich 700 mm Niederschlag, die letzten Ausläufer der Ostalpen und das Gebiet des Mecsekgebirges 800—900 mm, Bakony Wald 800 mm im Jahr.

Der Vergleich mit der Karte von Héjas (93) zeigt, daß sich innerhalb dieser Linien feinere Verteilungen finden, so im Raum des Pilisgebirges, im Komitat Eisenburg (Vas) u. a.

2. Jahreszeitliche Verteilung der Niederschläge: Die stark ausgeprägte regelmäßige Wiederkehr (Periodizität), die für das Flachland wesentlich war (S. 18), findet sich auch in Westungarn wieder (89/2. Bd. 428 ff.; 28; 35). Aber der Höchstbetrag fällt unregelmäßig auf Mai, Juni und Juli, während der zweite Höchstbetrag immer auf Oktober fällt.

Vom März bis Juni fallen auch hier mehr Niederschläge als vom Juli bis September. Da August und September weniger trocken sind, verteilen sich die Regenmengen vom Juli bis Oktober gleichmäßiger als im Alföld. Der Juli ist noch sehr feucht.

3. Die Niederschläge der Jahre 1895 und 1928: Auch hier (vergl. S. 18 f.) fällt sowohl der Gesamtbetrag für die Monate ganz verschieden aus (89/2. Bd. 428 ff; 28; 35).
nate ganz verschieden aus (89/2. Bd. 428 ff.; 28; 35).

Im Jahre 1895 waren die Niederschläge höher als im Mittel, was sich entsprechend auch auf die einzelnen Monate verteilt. Besonders März, Juni, Juli waren regenreich.

Die Niederschläge verteilten sich (28/12 ff.):

in Güns (Köszeg, 280 m)	auf 110 Tage,	vom März—Juni auf	48 Tage,
„ Ung. Altenburg (Mag.-Óvár, 129 m)	„ 129 „	„ „ „ „	52 „
„ Fünfkirchen (Pécs 253 m)	„ 117 „	„ „ „ „	43 „

Das Jahr 1928 (35) erscheint auch hier trocken. Die Niederschläge verteilten sich (35/1 ff.):

in Steinamanger (Szombathely, 213,6 m)	auf 127 Tage,	vom März—Juni auf	51 Tage,
„ Keszthely (132,5 m)	„ 132 „	„ „ „ „	53 „
„ Fünfkirchen (154,8 m) (Pécs)	„ 124 „	„ „ „ „	52 „

cc) Luftwärme und Niederschläge:

1. Das Doppelspiel von Luftwärme und Niederschlag verläuft ähnlich dem im Flachland, nur mengenmäßig geringer (S. 19 f.).

2. Die räumlichen Unterschiede, die sich aus der Oberflächengestaltung ergeben, sind mannigfaltig, aber für Luftwärme und Niederschläge gleichlaufend und gleichsinnig.

3. Da im jahreszeitlichen Ablauf die Gegensätze gemildert, die monatlichen Schwankungen geringer, die Monate August und September warm und feucht sind, verläuft das Doppelspiel gleichmäßiger und ausgeglichener.

4. Die räumliche Verschiedenheit verursacht eine räumlich verschiedene Ausdehnung der Saat-, Reife- und Erntezeit.

d) Gebirgsland.

aa) Luftwärme.

1. Monatliche Schwankungen der Luftwärme: Im stark bewegten Gebirgsland der Karpaten sind die monatlichen Schwankungen der Luftwärme auf kurze Entfernungen sehr verschieden, aber im allgemeinen in den Tälern infolge kalter Winter und kühler Sommer nicht so groß wie im Alföld. Sie sind im Oktober größer als im März, weil der Oktober wärmer ist. Spätfröste sind im Mai und Frühfröste im September zu erwarten. Die größten monatlichen Schwankungen haben in Selmecbánya Mai und Oktober.

2. Jahreszeitliche Verteilung der Luftwärme: Im April liegt der südliche Teil zwischen der 10° C- und 11° C-Isotherme, der nördliche Teil zwischen der 9° C- und 10° C-Isotherme. Die 9° C-Isotherme buchtet in den Komitaten Árva und Liptó stark nach Süden aus; über dem Nordosten lagert eine Kälteinsel; das Gebirgsland im Komitat Krassó-Szörény nimmt an der Erwärmung des Südens teil (11—12° C-Isotherme). Wesentlich bleibt, daß die Luftwärme von Süden nach Norden abnimmt und daß sich Kälteinseln bilden.

Im Juli ist die Dreiteilung des Gebirgslandes offensichtlicher als im April. Die 21° C-Isotherme reicht im Norden bis in die Fátrahöhen und läuft im Osten am inneren Gebirgshang entlang. Außerhalb dieser Isotherme nimmt die Luftwärme rasch ab. Die 20° C-Isotherme kommt in den Westkarpaten der 21° C-Isotherme sehr nahe und folgt im Osten mehr dem äußeren Rand der Karpaten; die Komitate Árva und Liptó sind wiederum kühler: 19° C-Isotherme. Die Komitate Krassó-Szörény aber nehmen an der Erwärmung des südlichen Alfölds teil (zwischen 22° C- und 23° C-Isotherme).

Im Oktober verläuft die 11° C-Isotherme ähnlich derjenigen im April; d. h. infolge der Verzögerung der jahreszeitlichen Erwärmung durch die Höhenlage ist der größte Teil des Gebirgslandes im Oktober wärmer als im April. Der Osten bleibt kühler; Kälteinseln umschließen Selmecbánya, Komitat Árva und Zips (Szepes). Die Komitate Krassó-Szörény begrenzt die 12° C-Isotherme des südlichen Alfölds.

Zusammenfassung: Im Gebirgsland (Westkarpaten) nimmt die Luftwärme von Süden nach Norden ab. In den Westkarpaten werden die südlichen Höhen von der Erwärmung der großen Ebene stärker beeinflußt als die Osthänge der Ostkarpaten. Die Komitate Krassó-Szörény sind wärmer als ihnen ihrer Höhenlage nach zukäme.

3. Die Luftwärme der Jahre 1895 und 1928: Im Jahre 1895 waren die Schwankungen (28/12 ff.) der Luftwärme z. B. in Selmecbánya im März kleiner als im Mittel, weil das Maximum kleiner war, im Oktober größer, weil sowohl Maximum als Minimum das Mittel überschritten. Die Schwankungen im Juni und Juli[102]) waren dort größer, im August kleiner als im Mittel. Im jahreszeitlichen Ablauf erhielt in Árva jeder Monat mehr Wärmemengen als im Mittel; in Selmecbánya waren April und Oktober kühler, aber die Gesamtbeträge auch größer als im Mittel (89; 28; 35; 86).

Im Jahre 1928 zählten die vergleichbaren Orte zu den verlorenen Gebieten.

bb) Niederschläge.

1. Verteilung der jährlichen Niederschlagsmenge: Noch mehr als in Westungarn ist die Verteilung von den Oberflächenformen abhängig, und darum sehr vielgestaltig. Der Höhe entsprechend steigern sich die Niederschlagsmengen von 700 mm (Mátra, Bükk) bis 1300 mm (West- und Ungarische Karpaten). Die Senke zwischen dem ungarischen Erzgebirge und dem ungarischen Mittelgebirge (Komitate Hont, Nógrád, Gömör, Abaúj-Torna) erhält 600 mm. Die 800-mm-Linie begleitet den Südwesthang der ungarischen Karpaten. Im Komitat Krassó-Szörény fällt die 800-mm-Linie an die Westhänge des Banatergebirges. Die Westhänge der Gebirge sind niederschlagsreicher.

2. Jahreszeitliche Verteilung der Niederschläge (89/2. Bd. 428): Die Senke zwischen dem ungarischen Erzgebirge und dem ungarischen Mittelgebirge zeigt deutlich die ausgeprägte regelmäßige Wiederkehr (Periodizität) der Niederschläge in den Monaten Mai—Juni und Oktober. Auch die Westhänge der ungarischen

Karpaten, des Banatergebirges, selbst bevorzugte Täler und Becken der Westkarpaten nehmen an diesem Ablauf teil. Nur in den inneren Tälern (Árva, Waag, Hernád) fällt die Bogenlinie der Niederschläge im Oktober weiter. Aber sie kann in feuchten Jahren auch steigen, wie das Beispiel von Árva im Jahre 1895 bestätigt. Die größere Menge der Niederschläge ist auf die Monate März—Juni und Juli—September im allgemeinen gleichmäßig verteilt.

3. Die Niederschläge des Jahres 1895 (28/12 ff.): In Árva erhielten die Monate März bis Oktober geringere Mengen als im Durchschnitt. März und Oktober waren sehr regenreich, April, Juni, Juli und September sehr regenarm. Im Selmecbánya dagegen stieg die Niederschlagsmenge über die Mittelwerte. Die Höchstmenge fiel nicht im Mai, sondern im Juni; März, Juni, Juli, Oktober waren ungewöhnlich feucht; April, August, September sehr trocken.

Die Niederschläge verteilten sich in (28/12 ff.)
Selmecbánya (621 m) auf 153 Tage, vom März—Juni auf 53 Tage.

cc) Luftwärme und Niederschläge.

1. Geringere Luftwärme und höhere Niederschläge sind neben den räumlich großen Unterschieden wesentlich für die landwirtschaftsgeographische Gestaltung.

2. Die Luftwärme nimmt zunächst von Süden nach Norden ab, die Niederschlagsmenge mit der Erhebung zu.

3. Mit der Höhe verzögert sich der Eintritt der Luftwärme; der Frühling ist kalt und feucht, der Herbst warm und feucht.

4. Die Täler sind im Sommer kühl und feucht, ihre monatlichen Schwankungen der Luftwärme verhältnismäßig gering.

5. Saat-, Reife- und Erntezeit verspäten sich, und die gesamte Wachstumszeit ist infolge von Spät- und Frühfrösten sehr kurz.

6. Die Westhänge des Banatergebirges, Krassó-Szörény, sind nach Luftwärme und Niederschlagsmenge und ihrer jahreszeitlichen Verteilung durch die Nähe des Alfölds begünstigt.

e) Schnee, Hagel, Gewitter.

aa) Schnee.

Angaben über die Schneeverhältnisse sind sehr spärlich und lückenhaft. Im Flachland (Alföld) schwanken die Niederschläge in Form von Schnee von Jahr zu Jahr sehr. Oft fehlt überhaupt eine dauernde zusammenhängende Schneedecke. Im Mittel zählt das Alföld 14, das ungarische Karpatenland 42 Schneetage (92/61). Der erste Schnee fällt gewöhnlich im November, der letzte im März, seltener im Oktober oder Mai (92/25).

Für das Jahr 1928 stehen genaue Beobachtungsergebnisse zur Verfügung (92/61, 25; 35/1 ff.). Die Anzahl der Schneetage war naturgemäß im nördlichen Alföld größer als im südlichen. Debrecen hatte bei gleicher Breiten- und Höhenlage drei Schneetage mehr als Budapest. In Steinamanger (Szombathely) fiel an auffallend wenig Tagen Schnee, im Jahr an 13 Tagen wie in Szeged und Fünfkirchen (Pécs).

Im allgemeinen schneite es im Dezember an den meisten Tagen. Schneetagreich ist der Februar, im Westen auch der März; nur in Debrecen schneite es noch einmal im April.

bb) Hagel.

Das Flachland hat mehr Hagel- als Schneetage: im Mittel 50 bis 55 (92/25). Aber auch diese Zahl schwankt jährlich sehr. So zählte Budapest von 1862—1900 jährlich etwa 73 Hageltage, Kalocsa von 1874—1900 jährlich 41, Szeged von 1871—1900: 56, Nyiregyháza von 1874—1901: 65; in West-Ungarn war die Zahl geringer: Keszthely von 1871—1900: 40; das Gebirgsland war reicher: Árva von 1850 bis 1900: 65, Selmecbánya von 1853—1900: 183 Tage.

Die größte Zahl der Hageltage fällt in den Mai, und verteilt sich im übrigen auf Februar bis Dezember, mit hohen Zahlen vom März bis September (89/356).

Das Jahr 1928 war hagelschlagarm (35/1 ff.). Die Höchstzahl betrug 6 Tage im Süden, je 1 Tag im Norden und Süden.

cc) Gewitter.

Ungarn ist sehr reich an Wärmegewittern, verbunden mit Platzregen. Im Gebirgsland werden im Mittel bis 35 Gewittertage gezählt, im Alföld und in Westungarn bis 28 Tage, im kleinen Alföld bis 25 Tage (92/63; 89/2. Bd. 496).

Die größte Anzahl der Gewittertage fällt in die Zeit vom 31. Mai bis 4. Juni (26 % der Gesamtzahl), und zwar nachmittags gegen 4 Uhr (92/63, 55).

Im Alföld hält der Monat Juni die Spitze mit wenig mehr Gewittertagen als Mai und Juli. In Westungarn wird die Spitze im Juli erreicht; Mai und Juni liegen wenig darunter (88/501—507).

Im Jahre 1928 war das östliche Alföld am gewitterreichsten (35/1 ff.), das südliche gewitterarm, die meisten Gewittertage hatten Mai und Juni, in Debrecen und Kalocsa auch August.

dd) Zusammenspiel von Luftwärme, Niederschlägen, Hagel, Gewitter.

Nach der jahreszeitlichen Verteilung begegnen sich die Höchstzahlen der Niederschlags-, Hagel- und Gewitterlage in den Monaten Mai bis Juni, also vor dem Höchstbetrag der Wärme im Juli. Sie liegen demnach in der Saat-, Reife- und Erntezeit.

f) Naturschäden (Elementarschäden).

aa) Begriff.

Unter Elementarschäden werden Verwüstungen der Saatfläche verstanden, die durch Überschwemmungen, Witterung, tierische und pflanzliche Schmarotzer entstanden sind (31/84); dazu gehören im einzelnen: Überschwemmungen, Dürre, Frost, Hagel, Nebel. Rost, Mäuse, Würmer u. a.

Die Größe dieser Schäden kann für 1870 nicht nachgewiesen werden (S. 15). Für die Jahre 1895 und 1928 sind sie insgesamt und nach Komitaten angegeben (27/115; 34/82). Für das Jahr 1900 ist auch ein Vergleich innerhalb der Arten der Schäden möglich (31/84).

bb) Größe der Elementarschäden.

1. Arten der Schäden im Jahre 1900: Die Verwüstungen betrugen 1,94 % der Saatfläche oder 209 934 ha. Davon entfiel der größte Hundertsatz auf Hagel (29,30 %), Überschwemmungen (27,36 %) und Frostschäden (17,91 %); Mäuse, Würmer und sonstige Schäden waren mit 16,92 % beteiligt, Dürre mit 4,58 % und Rost mit 3,74 %, Nebel mit 0,19 %. So aufschlußreich diese Zusammenstellung ist, es darf nicht übersehen werden, daß die Abgrenzung der Schäden und die Zuordnung zu den einzelnen Arten unsicher ist. Die größte Gefahr bilden Hagel- und Überschwemmungsschäden. Jene sind nicht abzuwenden, nur zu versichern; trotzdem sind sie in hagelreichen Jahren gefürchtet (S. 25). Der große Anteil der Überschwemmungsschäden zeigt, daß sich die Saatfläche in Gebiete gewagt hat, die immer noch nicht gesichert sind (S. 51 f.). Der Anteil der Frostschäden läßt darauf schließen, daß entweder die Witterung der Jahre vom Durchschnitt sehr abweicht oder daß einzelne Wirtschaftspflanzen dem günstigsten Standort und nach Sortenwahl nicht angepaßt sind. Obwohl für die Bekämpfung tierischer Schädlinge viel getan wird, können sie der Saatfläche noch erheblichen Schaden zufügen. Dürreschäden gleichen nach Auftreten und Wirkung den Frostschäden. Sie sind von der veränderlichen Witterung der Jahre abhängig. Aber ihr kleiner Anteil im Jahre 1900, das kein „Dürrejahr" war, beweist, daß die Anpassung der Wirtschaftspflanzen ziemlich groß ist, zumindest größer als an Frostschäden. Für die Zwecke der Landwirtschaftsmeteorologie ist es zu begrüßen, daß Nebelschäden besonders vermerkt werden. Doch wird es im vorkommenden Falle schwer sein, örtlich auftretende Herbstnebel oder Nebel nach Sonnenaufgang, wenn sie nicht eine wesentliche Erscheinung sind, mit Saatschäden zu verbinden. Gewiß wirken sie durch größere Feuchtigkeit, Abkühlung, Abschluß der Licht- und Wärmeeinstrahlung auf die Pflanzen, aber die Dauer ist doch weit kürzer als in nebelreichen Gegenden und die Wirkung nicht sofort sichtbar. Sie können aber mittelbar wirken, indem sie Rostbildung begünstigen und diese tritt in stärkerem Maße auf. Sie wird durch Sortenzucht, Fruchtwechsel und Rostfänger (Ausrottung des Zwischenwirts, der Rost mit Vorliebe auffängt) (180/45 f., 40 f.) bekämpft.

2. Elementarschäden im Jahre 1895 und 1928: Entsprechend den Hauptschäden, die durch Hagel, Überschwemmungen und Frost hervorgerufen werden und für die ihrer Naturausstattung nach die Ebene geneigter ist als das Berg- und Hügelland, wurden im Jahre 1895 das Theiß-Maros-Becken, Donau-Theiß-Becken und linkes Donau-Ufer von Elementarschäden stärker betroffen als rechtes Theiß-Ufer, rechtes Donau-Ufer und linkes Theiß-Ufer[16]). Die feuchte Landschaft Jász leidet mehr unter ihnen als die trockene Landschaft Pest, die feuchtwarmen Landschaften

Preßburg (Pozsony), Ödenburg (Sopron), Bács-Bodrog, Torontál mehr als die kühl-trockenen Somogy, Abaúj-Torna und Szilágy. Auch im Jahre 1928[17]) wurden im Alföld größere Saatflächen verwüstet als in West-Ungarn und im nördlichen Hügelland. Im Alföld wurden besonders stark Szatmár und Csongrád betroffen, in West-Ungarn Ödenburg (Sopron) und Eisenburg (Vas).

Von den insgesamt 0,8 % der verwüsteten Fläche[18]) entfielen 44 % auf Hagel-, 23,4 % auf Dürre- und 20 % auf Frostschäden. Ihnen gegenüber waren die Überschwemmungsschäden sehr gering (1,3 %).

Von den Naturschäden wurden Wintergerste, Winterraps, Winterroggen und Winterweizen am meisten betroffen. Winterweizen, Winterroggen und Wintergerste erlitten die größten Schäden durch Frost und Hagel; Sommergerste durch Hagel, Körnermais und Kartoffeln durch Dürre, Winterraps durch Frost.

2. Boden.

a) Vorbemerkung.

Für die landwirtschaftsgeographische Gestaltung Ungarns ist nicht die Entwickelung des Bodens, der obersten Verwitterungsschicht der festen Erdrinde, aus dem geologischen Untergrund, nicht die Gesteinsaufbereitung durch mechanische und chemische Verwitterung unter dem Einfluß des Klimas, wesentlich. Notwendig ist vielmehr die Kenntnis der gegenwärtigen Verbreitung der landwirtschaftlichen Böden, wie sie sich aus Verwitterung und Verwesung, Verfrachtung, Aufschüttung und aus der wirtschaftlichen Tätigkeit des Menschen ergibt. Über diese Verbreitung unterrichten die Bodenuntersuchungen der ungarischen Agrogeologen[19]).

Der folgenden Beschreibung, welche die räumliche Anordnung der Böden herausarbeiten will, ist die landwirtschaftliche Bodenkarte Ungarns von Peter Treitz zugrunde gelegt (103; 105; 51), einschließlich ihrer Erläuterungen.

Treitz unterscheidet Böden arider Steppengebiete und Böden humider Waldgebiete, deren innerer Bau (Profil) aus der Lebenstätigkeit der Pflanzenwurzeln zu erklären ist. In feuchten Waldgebieten liegen waagerecht verlaufende Wurzeln in 30—60 cm Tiefe, in den Steppengebieten verzweigt sich ein Teil des Wurzelwerks wenig unter der Oberfläche (Nährwurzeln), der andere Teil (Wasserversorger) wächst in größere Tiefen, jedenfalls bis zu den ständig feuchten Bodenschichten: Weizen 4—6 m, Mais 6 m, Wein 6—12 m. Darum steigt das Profil des Waldbodens in drei Stockwerken ab: unter einer oberen Decke von Waldstreu liegt eine ausgelaugte Schicht, der eine mit Salzen und Kolloidstoffen (Stoffe, die nicht oder sehr schwer kristallisieren) angereicherte Schicht folgt (Horizont der Auslaugung und der Akkumulation). Darunter liegt das dritte Stockwerk: das Grundgestein, aus dem die Pflanzenwurzeln die beiden anderen Stockwerke gebildet haben.

Das Profil des Steppenbodens hat zwei Stockwerke: das obere ist eine dunkel bis schwarz gefärbte, im Trockengebieten 60 cm mächtige humose Schicht, entstanden aus rasch verwesten Pflanzenteilen, darunter liegt als zweites Stockwerk eine helle, gelbe oder graue, meist kalkhaltige Schicht, das Muttergestein der humosen Schicht, d. h. Löß. Die Anreicherungs-(Akkumulations-)Schicht fehlt.

Diese beiden Böden, Wald- und Steppenboden, sind durch die wirtschaftliche Tätigkeit des Menschen in Nutzböden umgewandelt worden, und zwar die Waldböden in stärkerem Maße als die Steppenböden. Weidewirtschaft und Getreidebau haben auf den Waldböden den Wasserhaushalt geändert und den Kalkgehalt des Untergrundes nach oben gezogen, bis in die Humusschicht. Diese selbst wird durch den Getreidebau ständig mächtiger. Die hellgrauen Waldböden verwandeln sich in braune Walderde oder in dunkelgraue Ackerböden (100/121; 49/61—64).

b) Flachland (Alföld).

aa) Feuchte Waldgebiete der Hügellandschaft.

Im Osten des Flachlandes, östlich einer Linie Theißknie bei Csap, westlich Nyiregyháza—Debrecen—Nagyvárad liegt ein Gebiet, das größtenteils dem feuchten Waldgebiet der Hügellandschaft, kleinstenteils den trockenen Steppengebieten der Ebenen angehört.

1. Braune Walderde: Der westliche Teil dieses Gebietes ist nach der geologischen Karte (46) mit Flugsand bedeckt, bekannt unter dem Namen der Heide Nyirség (Birkenland), einer höher gelegenen Platte, aus der Sandhügel bis 169 m aufsteigen. Über diese Platte zieht in nordsüdlicher Hauptrichtung ein Gewirr von größeren und kleineren Dünen, zwischen denen abflußlose, torfige und sumpfige Mulden liegen. Nach der Bodenkarte ist das Gebiet mit sandiger brauner Walderde bedeckt, unter der eisenschüssiger Sand und Kies lagert. An den Rändern der Heide sind Lößinseln erhalten geblieben, die in fruchtbare braune Walderde umgewandelt wurden. In diesem Gebiet liegt der östliche Teil des Komitats Szabolcs.

2. Torf: Ein dreieckiges Flächenstück im Flußgebiet Kraszna und Szamos, Komitat Nordwest-Szatmár, ist Torf-, Sumpf- und Sodaboden, dessen Untergrund Schlick und Sand bilden. Das Niederungsmoor ist durch Kanäle entwässert und mit einer grauen, tonigen, unfruchtbaren Bodenschicht bedeckt.

bb) Trockene Steppengebiete der Ebenen.

Zu diesen gehört der restliche Teil des großen und kleinen Alfölds und ein kleiner Teil Westungarns. Sie haben nach Treitz Steppenklima und sind mit Steppenschwarzerden bedeckt.

Die Lößdecke, die das große Alföld in seiner gesamten Ausdehnung und in seinen randlichen Tälern überlagerte, ist durch die aus- und aufspülende (erodierende und akkumulierende) Tätigkeit der Flüsse und durch die tragende Kraft des Windes in größere und kleinere Lößinseln zerteilt worden.

In diesem Gebiet haben sich unter dem Einfluß des Klimas und der menschlichen Tätigkeit folgende Bodenarten ausgebildet:

1. Steppenschwarzerde, im Untergrund Löß: Sie bedeckt im östlichen Teil des Alfölds das Gebiet zwischen der Theiß von Tokaj bis Szeged und der oben genannten Westgrenze der braunen Walderde. Wahrscheinlich reicht sie im Süden bis zur Donau, was aus der Bodenkarte von Treitz nicht zu ersehen ist, da diese nur Ungarn nach 1920 betrachtet. Innerhalb dieses Raumes unterscheidet Treitz zwei Arten: schweren Steppenschwarzboden, schwarz gefärbt, der im Osten (von Tokaj bis Gyula im Süden) verbreitet ist, und leichten Steppenschwarzboden, braun gefärbt, der von Tokaj bis Szeged vorkommt. Das ist der fruchtbarste, nährstoffreichste Boden Ungarns, besonders fruchtbar dort, wo er im ehemaligen Überflutungsbereich der Theiß und ihrer Nebenflüsse liegt.

Die Steppenschwarzerde erreicht in der humosen Schicht eine Mächtigkeit bis zu 80 cm, bei einem Humusgehalt von 4—6 %. In feuchten Gebieten wird das Muttergestein, der Löß, bis zu einer Tiefe von 4—6 m von humosen Stoffen durchsetzt.

Der schwere Steppenschwarzboden enthält 30—20 %, der leichte 20—10 % tonige Teile, beide je 4 % Kalk, der gebunden ist. Die oberste Schicht hat die drei- bis sechsfache Menge an Phosphorsäure als das Muttergestein, trotzdem die Pflanzen Phosphorsäure verbrauchen. Der Überschuß stammt aus den Mineralien des Flugstaubes. Der Wasserhaushalt gleicht dem des Wiesentonbodens (S. 30).

2. Sandige Steppenschwarzerde, im Untergrund Sandmergel: Das Zwischenstromland Donau—Theiß ist — ausgenommen die oben erwähnten Gebiete — mit sandiger Steppenschwarzerde bedeckt, die an sich zu den fruchtbaren Bodenarten gehört. Sie enthält weniger als 15 % tonige Teile.

3. Flugsand-Dünen, im Untergrund kalkhaltiger Sand: Der Wert der sandigen Steppenschwarzerde wird durch junge Sanddünen, die über sie hinwegziehen, gemindert. Ihre oberste Schicht enthält weniger als 1 % Humus. Über die Platte von Kecskemét streichen sie als langwellige und langgedehnte gleichlaufende Hügel (Strichdünen) in nordwest-südöstlicher Hauptrichtung. Cholnoky (98/292) erkennt drei große Gruppen, welche die vorherrschenden Nordwestwinde aus dem Überschwemmungsgebiet der Donau zur Trockenzeit ausgeblasen und auf die altdiluviale Platte verfrachtet haben. Die erste Gruppe hat den östlichen Rand der Platte überschritten, das Theißtal erreicht und lagert nördlich von Csongrád, infolge von Stromverlegungen schon östlich der Theiß; die zweite, die stärkste Gruppe zieht in Richtung Örkény—(Kecskemét)—Maria Theresienstadt (Szabadka); die dritte Gruppe liegt vor dem Westrand der Platte (Soroksár—(Jzsák)—Kiskörös—Baja) und besteht z. T. aus ausgeprägten Sicheldünen (Barschanen), z. B. nördlich Kalocsa.

Außer auf der Heide Nyirség und auf der Platte von Kecskemét liegt ein kleineres Flugsandgebiet im nördlichen Heves, das aus dem Überschwemmungsgebiet der Tarna stammt, und ein größeres im Süden des Komitats Temes, die Heide Deliblát. Uferdünen begleiten stellenweise das linke Theißufer und die Donau (Insel Csepel) (98/292 f.).

4. Wiesenton-Marschboden, im Untergrund Tonmergel liegt zwischen Szamos, Theiß und ihren Zuflüssen. Er ist aus Flugstaub, Schlick und den organischen Teilen der Moore gemischt und enthält 4—6 % Humus, sieht marschschlickig und schwarz aus, ist sehr bindig und gering wasserdurchlässig. Im Sommer trocknet er aus und zerreißt in Vielecke. Im Frühjahr, nach den Niederschlägen des Winters und der Schneeschmelze, ist er am feuchtesten; die Spalten, die sich nur oben geschlossen haben, sind unten mit Wasser gefüllt, das von den Pflanzen während der Wachstumszeit aufgesogen wird. Im Herbst ist er durchfeuchtet und läßt sich leicht bearbeiten. Mißernten folgen auf besonders trockene und heiße Sommer, wenn der Boden 200—300 cm austrocknet und zerreißt.

Im übrigen Alföld begleitet diese Bodenart in breiten zusammenhängenden Bändern die Flußebenen und ihre schlangenartigen Krümmungen (Mäander). In der Höhe von Tiszafüred erreicht das Band etwa 35 km Breite, in den Niederungen der Berettyó zur Körös 10—30 km.

5. Alkaliböden: Nach Treitz ist zwischen dem kalklosen Alkali-Tonboden (Szik)[20]) und dem kalkhaltigen Alkali-Sandboden zu unterscheiden. Den Untergrund bildet unter jenem sodahaltiger Löß, unter diesem sodahaltiger Sandmergel. Der Alkali-Tonboden nimmt größere Flächen ein, und zwar zwischen Theiß und Hortobágy, an der Sebes Körös, im Raume Békés—Csaba—Gyula und zwischen Theiß und Zagyva. Kleinere Flächen sind über das gesamte Alföld verstreut. Der Alkali-Sandboden findet sich im Flugsandgebiet zwischen Donau und Theiß in kleinen, überaus zahlreichen Flächenstücken am Rande oder auf dem Grunde trockener Sodaseen.

Im Bereich dieser Alkaliböden liegen wasserständige Mulden, Sodateiche, und im Hochsommer trockene Mulden, an deren Oberfläche Salze und Soda ausblühen, hauptsächlich Trona (arab., Natron) (Na_2CO_3). Außer Sodaseen kommen auch Salzseen vor: Neusiedler See (Fertö), Palics-See bei Maria-Theresienstadt (Szabadka)[21]) (1. Bild).

Die Alkalien dieses Bodens, besonders dann, wenn sie gehäuft sind oder ausblühen, sind pflanzenfeindlich. Das Natrium dringt 30—40 cm tief in die humosen Schichten ein; dichtet sie ab; es entsteht eine abschließende Ortsteinbank, welche die Pflanzenwurzeln nicht durchbohren können. Der Boden kann dem Anbau zugeführt werden, wenn die Ortsteinbank zertrümmert wird, was eine Aufgabe der Bestrebungen zur Verbesserung des Bodens ist[22]).

6. Boden der Überschwemmungsgebiete der Flüsse: Der Schlick der Donau, Raab (Rába) und Maros ist kalkhaltig, der der Theiß und aller übrigen kalklos. Er wird während der Hochwasserzeit auf angrenzende Gebiete verfrachtet und gilt als sehr fruchtbare Bodenart, die nach Eindeichung und Entwässerung die besten Acker-(Weizen-)Böden gibt. Welche Flächen hier noch gewonnen werden können, geht daraus hervor, daß das gesamte Über-

schwemmungsgebiet der Donau und Theiß auf 370 000 ha geschätzt wird (45/3).

c) Westungarn.

aa) Trockene Steppengebiete der Ebenen.

Auch Westungarn (einschließlich des kleinen Alfölds) ist bis zum Fuß der Ostalpen und ihrer Ausläufer, der kleinen Karpaten, und der Mittelgebirge mit einer Lößdecke überzogen. Die Flüsse haben sie zerschnitten und in eine Unzahl kleinerer Inseln aufgeteilt.

1. Steppenschwarzerde greift über das Alföld nach Westen über und bedeckt eine größere, fast zusammenhängende Fläche im Gebiet des Flachlandes zwischen Mittelgebirge und Donau.

Im kleinen Alföld gehört hierher, soweit auf der Karte von Treitz zu erkennen ist, das Gebiet südlich Komárom bis zum Gebirgsrand.

2. Sandige Steppenschwarzerde bildet Inseln in dem Gebiet der Steppenschwarzerde: Insel Csepel, westlich Duna-Földvár und im Raume Paks—Tolna—Sárviz—Sió.

3. Wiesenton-Marschboden bedeckt einmal einen schwarzen Streifen an der Donau südlich Paks bis zur Mündung der Drau; zum andern das Gebiet zwischen Raab (Rába) und Rabnitz (Rébce).

4. Torfboden, im Untergrund Sandmergel und Wiesenkalk, füllt die Niederungen der nördlichen Sárviz und die Teichgegend südlich des Velencesees.

bb) Feuchte Waldgebiete.

Der größte Teil Westungarns fällt in das Gebiet der feuchten Waldgebiete, die Treitz in das Gebiet der Hügellandschaft mit Steppenwaldklima, das Gebiet des Alpen- und des Gebirgsvorlandes mit Buchenwaldklima und das Gebiet der Gebirge mit Buchenwald- und Nadelwaldklima unterteilt.

1. Braune Walderde, im Untergrund Löß oder Mergel: Sie bedeckt die Ebenen und das Hügelland um Bakonywald und Vértesgebirge, das Hügelland zwischen Plattensee (Balaton) und Mecsekgebirge und das Hügelland im Süden des Mecsekgebirges.

Sie ist eine der Hauptbodenarten Westungarns und durch Umwandlung der Waldböden auf Löß entstanden. Dieser Boden ist kalkhaltig und dunkel gefärbt, fruchtbar und erntesicherer als der Steppenschwarzerdeboden.

2. Sandige braune Walderde, im Untergrund eisenschüssiger Sand und Kies, ist in Nordwest-Ungarn auf kleinere Inseln des Gebirgsvorlandes, sonst auf einen kleinen Raum südlich Szekszárd verteilt.

Dieser Boden ist sehr stark ausgelaugt, sehr wasserdurchlässig und bildet im zweiten Horizont Ortstein.

3. Torfboden, im Untergrund Seeschlick oder Sand, bedeckt die ausgetrocknete Niederung des Neusiedler Sees (Fertö), das Moor

Hanság, und die nichtwasserständigen Niederungen am südwestlichen Plattensee (Balaton).

4. Bleicherden, im Untergrund grauer Ton oder Mergel bedecken größere zusammenhängende Flächen, angrenzend an die genannten Gebiete, und zwar im nördlichen Vorland des Bakonywald-Vértesgebirges und der Ostalpen; im Raume Szegetvár—Kaposvár—Dombóvár greifen sie fingerartig nach Norden in das Gebiet der braunen Walderden.

Diese Bleicherden sind ausgebleichte Lehme und Tone, im Norden und Westen sehen sie hellgrau aus, im Südwesten gelblichgrau, weil sie hier noch jährlich mit Flugstaub überblasen werden. Gerade darum sind sie sehr nährstoffreich und fruchtbar.

5. Bleichsand, im Untergrund eisenschüssiger Kies, findet sich im Alpenvorlande; in größeren Flächen zwischen Güns (Köszeg) —Steinamanger (Szombathely)—Körmend—Sárvár, im Komitat Eisenburg (Vas). Es ist ein ausgebleichter lehmiger Sand mit Kies, arm an Humus.

6. Bleichsand, im Untergrund eisenschüssiger Sand, zieht in nordsüdlichen Streifen durch das Bleicherdegebiet zwischen Nagykanizsa, Kaposvár und Barcs im Komitat Somogy.

d) Gebirgsland.

1. Sehr bunt und auf kleinem Raum mannigfaltig ist der Boden im Mittelgebirge gestaltet, entsprechend den geologischen, klimatischen und pflanzengeographischen Unterschieden. Im Mecsekgebirge überwiegen Steinböden auf Kalkstein; im Bakonywald Steinböden auf Kalkstein und auf Dolomit; im Vértesgebirge Steinböden auf Dolomit; im Tata-Budapestergebirge Steinböden auf Kalkstein, die Täler füllen Bleicherden und Bleichsand; im Graner (Esztergomer) Gebirge Roterden auf jungvulkanischen Gesteinen. Im Ungarischen Mittelgebirge (Börzsönyi, Mátra, Bükk, Hegyalja) herrschen vor: sandige Gesteinsböden auf Quarzsandstein, Roterden auf Andesit, Trachyt und Basalt und Steinböden auf Kalkstein. In den Tälern liegen Bleicherden und Bleichsande; ein Streifen braune Walderde begleitet den Südhang der Mátra, streicht in nordwestlich-südöstlichen Bändern über die Hügel von Gödöllö-Pilis und bedeckt die Höhen nördlich Miskolc, zwischen Sajó und Hernád (2. Bild).

Die Roterden (rote Tone) heißen Nyirok, wenn sie auf Andesit, Trachyt, Basalt und deren Tuffen liegen. Sie sind tiefrot gefärbt und gehen im Süden in Terrarossa über (z. B. im südlichen Mecsekgebirge). Am Plattensee stehen Roterden an, die keine klimatischen Bildungen sind, sondern „Zersetzungsprodukte von geologischen Ablagerungen, welche in tieferen Horizonten der festen Erdkruste entstehen und ganz zufällig (sic!) durch geologische Erdkrustenbewegungen auf die Erdoberfläche gelangen.“

2. In den Westkarpaten (72/169; 51; 49) ist der Boden recht verschieden, je nach dem geologischen Aufbau, der Verwitterung und der Höhenlage. Die Sandsteinzone, ebenso die kristallinischen und kalkigen Böden, haben sandige oder steinige flach-

gründige, für Anbau wenig geeignete Böden. Die Längstäler und tertiären Beckenlandschaften sind mit besseren, tonig-lehmigen Böden bedeckt. Soweit der Boden aus vulkanischem Gestein entstanden ist, ist er fruchtbarer. Im Hügelland des ungarischen Erzgebirges treten Lößinseln auf, die braune Walderde bedecken.

3. Von den Ungarischen Karpaten gilt dasselbe. Es überwiegen die Steinböden, im Vorland liegt braune Walderde.

4. Vorland von Siebenbürgen und des Banater Gebirges: Fingerartig greifen die Höhen des Gebirges in das Flachland vor. Auf dem Übergang zu ihren Gesteinsböden bedecken sandige Steppenschwarzerde, braune Walderde und Bleicherde die Oberfläche. Die breiten Flußtäler der Körös, Maros und Bega füllen Wiesentonboden.

3. Zusammenfassung.

Klima und Boden in den Komitaten.

Oberflächengestalt, Klima und Boden verursachen eine großlandschaftliche Dreigliederung Ungarns in Ebene (großes und kleines Alföld), Berg- und Hügelland (West-Ungarn) und Gebirgsland. Im allgemeinen verteilen sich die kontinentalen Halbtrockengebiete und die Steppen-, Flugsand-, Wiesenton- und Alkaliböden auf das Alföld, die feuchten Waldgebiete und Walderden, Bleicherden, Bleichsande, Steinböden und Roterden auf West-Ungarn und das Gebirgsland. Zwischen West-Ungarn und Alföld besteht nach Klima und Boden ein wesentlicher Unterschied. Die Grenze zwischen beiden zieht nicht die Donau.

a) Alföld.

1. Pest-Pilis-Solt-Kiskun: Das räumlich größte Komitat ist nach Klima und Boden ziemlich gleichsinnig ausgestattet. Es liegt im kühlen und trockenen Teil des Alfölds. Der Juli ist sehr heiß; die monatlichen Wärmeschwankungen sind sehr groß; die Wachstumszeit ist länger als im südlichen Alföld; die Erntezeit fällt später als dort. Den größten Teil des Bodens bedeckt sandige Steppenschwarzerde, die in ihrer Ertragsfähigkeit durch Alkaliböden und Sodateiche gehemmt wird.

2. Jász-Nagykun-Szolnok und Csongrád fallen noch in das niederschlagsarme bis trockene Gebiet Ungarns. Beide sind wärmer als Pest. Infolge der Grenzveränderungen zwischen Heves und Jász (S. 2) deckt sich im Jahre 1895 die Steppenschwarzerde mit Heves; sandige Steppenschwarzerde, Alkaliböden und Wiesentonböden liegen im Komitat Jász. Die Theiß teilt Csongrád in eine östliche Hälfte, wo Steppenschwarzerde überwiegt und in eine westliche Hälfte, wo sandige Steppenschwarzerde von Alkaliboden, Sodateichen und Flugsanddünen unterbrochen wird.

3. Békés und Csanád: Im Süden ist der Oktober sehr warm, der Juli sehr heiß. Den größten Raum nimmt Steppenschwarzerde ein, welche im Norden von Wiesentonboden, Alkaliböden und Torf zerstückelt wird.

4. Szabolcs, Hajdu und Debrecen: Die Sommer sind kühler, die Monate der Wachstumszeit feuchter als in Pest. Die Grenze zwischen trockenen Steppengebieten und feuchten Waldgebieten trennt die Komitate in einen östlichen Teil, in welchem sandige braune Walderde überwiegt (Heide Nyirség) und in einen westlichen Teil, in welchem Steppenschwarzerde neben Alkaliboden auftritt (Pußta Hortobágy) (S. 28).

5. Bács-Bodrog, Torontál, Temes sind wärmer und feuchter als das mittlere Alföld; die Niederschläge verteilen sich ungleichmäßiger über das Jahr. April und Oktober sind sehr warm. Die Luftwärme erreicht im Juli in Torontál und Temes den höchsten Sommerstand Ungarns. In den drei Komitaten überwiegt Steppenschwarzerde neben Wiesentonboden. Zu Temes gehört die Heide Deliblát (S. 29).

6. Heves, Borsod, Zemplén, Ung und Bereg gehören durch ihre nordsüdliche Längserstreckung zwei Klima- und Bodengebieten an. Ihre nördlichen Teile reichen in das Gebirgsklima mit seinen Walderden, Gesteinsböden und Roterden. Süd-Heves und Süd-Borsod sind trocken und haben Anteil an den Bodenarten des Alfölds. Süd-Zemplén, Süd-Ung und Süd-Bereg sind kühler und feuchter. In Süd-Zemplén ist der Boden auf Wiesentone, Steppenschwarzerden, Roterden und Torf verteilt, in Süd-Ung und Süd-Bereg auf braune Walderden.

7. Ugocsa, Szatmár, Bihar und Arad haben im Osten Anteil am wechselvollen Klima des Gebirgsvorlandes, im Westen an dem des Alfölds. Dementsprechend herrschen im Westen braune Walderden, auch Steppenschwarzerden, Alkaliböden und Wiesentonboden; der Osten hat Übergänge von sandiger Steppenschwarzerde zu Gesteinsböden. In den Flußtälern reichen Wiesentonböden noch tief ins Gebirge (Maros).

8. Krassó-Szörény nimmt klimatisch eine bevorzugte Stellung ein, insofern es, vom Klima des Alfölds beeinflußt, wärmer ist, als ihm seiner Höhenlange nach zukommt. Ebene und Hügelland bedecken sandige Steppenschwarzerde, braune Walderde und Bleicherden. Dem Lauf der Flüsse folgend greifen sie fingerförmig in den Steinboden der Höhen ein.

b) West-Ungarn.

9. Preßburg (Pozsony), Wieselburg (Moson) und Raab (Györ) unterscheiden sich im klimatischen Verlauf wenig vom Alföld. Hier liegen die großen Überschwemmungsgebiete der Donau, Waag, Neutra und Raab mit ihren Aufschüttungsböden. Daran schließen sich Böden der Waldgebiete in Raab auch Steppenschwarzerde.

10. Komárom und Gran (Esztergom) gehören zum Übergangsklima Westungarns. Luftwärme und Niederschläge sind jahreszeitlich gleichmäßig verteilt, die monatlichen Schwankungen geringer als im Alföld. Beide Komitate haben im Norden noch Anteil an den Überschwemmungsgebieten der Flüsse.

Im südlichen Komárom liegen Steppenschwarzerde, braune Walderde und Steinböden, im südlichen Gran (Esztergom) sandige braune Walderde, Bleichsand, Steinböden und Roterden.

11. Weißenburg (Fejér) und Tolnau (Tolna): Klimatische Unterschiede ergeben sich durch das Vértesgebirge und die nördlichen Vorhöhen des Mecsekgebirges.

Die trockenen Steppengebiete greifen über die Donau hinüber, so daß beide Komitate nicht nur am Klima der feuchten Waldgebiete beteiligt sind. Im nördlichen Weißenburg bedecken Steinböden mit Dolomitbruchstücken die Höhen des Vértesgebirges; Bleicherden die Vorhöhen im Nordwesten, braune Walderde das bewegte Gelände im Südosten. Den größten Teil des übrigen Weißenburg nimmt Steppenschwarzerde ein. Andere Bodenarten treten inselartig auf. In das Komitat Tolna fällt das südliche Steppenschwarzerdegebiet. Hier ist die Verteilung umgekehrt: sandige Steppenschwarzerde bildet größere zusammenhängende Flächen, Steppenschwarzerde Inseln. Dazu kommt noch Wiesentonboden an der Donau. In das restliche Tolna teilen sich braune Walderden und Bleicherden.

12. Baranya: Wechselvoll und mannigfaltig wie die Oberflächengestalt sind Klima und Boden. Im Raume des Mecsekgebirges und des Zuges von Villány verändern sich Luftwärme und Niederschläge mit der Höhenlage.

Den südlichen Teil des Komitats bedeckt braune Walderde; im Südosten, an der Donau, zieht sich ein breiter Streifen Wiesentonboden entlang. Der nördliche Teil ist durch Steinböden und Bleicherden gekennzeichnet.

13. In Veszprém erhalten Klima und Boden ihre Zuteilung durch die Oberflächengestalt und die Umrißformen des Komitats. Die Erhebungen des Bakonywaldes verursachen niedrige Luftwärme und hohe Niederschläge. Steinböden verschiedener Art bedecken weite Flächen. Im Vorland liegen Bleicherden und Walderden. Der südöstliche Sporn des Komitats reicht in die Steppenschwarzerde.

14. Somogy: Das Klima weicht nur wenig von dem allgemeinen Zustand ab. Den größten Teil des Bodens bilden Bleicherden, die durch zwei breite Streifen Bleichsand und durch braune Walderden unterbrochen werden. Am Plattensee (Balaton) liegen Überschwemmungsböden mit Torf.

15. Zala: Höhen- und Klimaunterschiede sind hier größer, zumal das Komitat durch einen ähnlichen Sporn wie Veszprém in den Bakonywald reicht. Die Böden verteilen sich im Süden auf Bleicherden, im Norden auf braune Walderden, Roterden, Steinböden und Torf.

16. Eisenburg (Vas) und Ödenburg (Sopron) haben Anteil an Klima und Boden des Alpenvorlandes, die beide auf kleinen Flächen sehr wechseln. Das Raabtal durchzieht ein breiter Streifen Überschwemmungsboden. An den Torfboden des Hanság schließen sich große Flächen Wiesentonboden an.

c) Gebirgsland.

17. Neutra (Nyitra) und Bars: Der Süden nimmt an der Erwärmung des kleinen Alfölds teil. Der Norden hat Gebirgsklima,

soweit er nicht im Waag-, Neutra- und Grantal liegt. Mit der Oberflächengestalt und dem Klima wechseln die Bodenarten. Im Süden liegen Überschwemmungsböden, die im Waagtal bis Pöstyén reichen. Zwischen Kleinen Karpaten und Ungarischem Erzgebirge sind die Lößtafeln zu Steppenschwarzerden und braunen Waldböden geworden.

18. Hont, Nógrád und Gömör haben größtenteils Gebirgsklima; die Hänge des Ungarischen Erzgebirges, das Hügelland und die Ebenen sind wärmer. Je nach der Höhenlage wechseln die Bodenarten.

19. Abaúj-Torna: Infolge der Zuteilung zu Berg-, Hügelland und Ebene ist das Klima und Bodenbild recht verschieden, zum größten Teil aber günstig gestellt.

20. Trencsén, Turóc, Árva, Sohl (Zólyom), Liptó und Zips (Szepes) gehören zu den reinen Gebirgslandschaften mit Höhenklima und Gesteinsböden. In den Tälern ist das Klima milder, sind bessere und für den Anbau erträglichere Böden zusammengeschwemmt.

21. Sáros, eine Berg- und Hügellandschaft, von Flüssen zerschnitten, hat örtlich verschiedenes Klima und verschiedene Bodenarten, darunter auch Roterden und Überschwemmungsböden.

22. Máramaros, in den Ungarischen Karpaten gelegen, hat Gebirgsklima und Steinböden. Die Südhänge zur Theiß sind wärmer, besonders die Ebene von Huszt.

23. Szilágy hat das Klima eines Berg- und Hügellandes und Steinböden, Bleicherden und braune Walderden.

B. Volkliche Erfüllung des Landes.

1. Magyaren.

a) Natur-, Wanderungs- und Kulturheimat.

Um das Jahr 1000 v. Chr. lösten sich die Magyaren von der Gemeinschaft der Ugrier, mit denen sie östlich der großen Wolgaschleife bei Samara gewohnt hatten, und wanderten nach Süden. Über das Gebiet zwischen Kuban—Don und Don—Dnjepr, Lebedia, erreichten sie um 889 n. Chr. den Raum zwischen Dnjepr—Sereth—Donau (Etelköz). Vor dem Jahre 895 n. Chr. überschritten sie Reiterstämme der Magyaren die Pässe der Karpaten und Transsylvanischen Alpen und besetzten in den folgenden Jahren ihre endgültige Heimat („Landnahme"). Im Jahre 895 sind sie in West-Ungarn (Pannonien), 907 vor Preßburg. Bis zur Errichtung eines eigenen Staates vergehen noch etwa hundert Jahre, die mit Kriegszügen nach Westeuropa erfüllt sind. Im Jahre 1001 wird Stephan der Heilige mit der päpstlichen Krone zum ersten apostolischen König von Ungarn gekrönt und mit Gisela, der Tochter des bayrischen Prinzen Heinrich, vermählt. Damit haben die Magyaren einen eigenen bleibenden Staatsraum und den Anschluß an das römisch-christliche und germanische Westeuropa gefunden (S. 37) (107; 122).

b) Wirtschaftliches Verhalten.

Das Verständnis für die wirtschaftsgeographische Gestaltung des ungarischen Landes wird durch die Tatsache erleichtert, daß die Magyaren aus dem Raum des nördlichen Waldgebiets, das zu Sammelwirtschaft, Jagd und Fischfang zwang, in das Gebiet der Vorsteppe und echten Steppe wanderten, die Viehhaltung und Landbebauung ermöglichte. Die Natur der Kulturheimat, eine weithin gleichmäßig gestaltete Ebene, die nach Klima, Boden und Waldarmut der Wanderungsheimat ähnelte, oder wie West-Ungarn vorbereitetes Fruchtland war, gestattete, eine ackerbebauende Viehweidewirtschaft beizubehalten.

In der Wanderungsheimat standen die Magyaren unter dem Einfluß türkischer Völker, die ihre Nachbarn, Bedränger und Verdränger waren. Von den Bulgar-Türken übernahmen sie nicht nur die Staatsform, den Nomadenstaat mit unbeständiger Stammeszusammensetzung und die Sitten eines militärisch geschulten Reitervolkes, sondern sie lernten von ihnen auch Viehzucht und verbesserten Bodenbau. Das wirtschaftliche Leben, Fischfang, Jagd, Viehhaltung, Ackerbau, war jahreszeitlich bedingt und unstet. Große Herden, bei größerer Beweglichkeit Schafe, bei geringerer Rinder, galten als Reichtum; Pferde als Reittiere verbürgen Freiheit und Selbständigkeit. Hackbau ohne Arbeitstiere wird zur Ergänzung der Nahrung betrieben.

Bis zur Landnahme der Magyaren sind die verschiedensten Völker über den ungarischen Raum gewandert, die verschiedensten Reiche entstanden und wieder untergegangen. Jeder Völkerrest, der jeweils zurückblieb, vermischte sich mit den Kommenden. Auch das Ungartum ist von der Naturheimat her aus verschiedenen Völkerschaften zusammengesetzt, zu denen nach der Landnahme die ursprünglichen Völkerreste als Ackerbauer (Freie und Knechte) und Zugewanderte kamen. Noch im 13. Jhdt. wurden Kumanen und Petschenegen, als türkische Stämme, im Alföld angesiedelt. Im heutigen Ungartum sind fast alle Völker Europas und viele Völker des Ostens vertreten (125/228 f.; 147/9—11). Im ungarischen Raum (Kulturheimat) und im Magyarentum mischten sich Nomaden und Ackerbauer, Fruchtlandbau und Viehweidewirtschaft, Siedler und Wanderer und ihre politischen und wirtschaftlichen Fähigkeiten. Dabei erwiesen sich die schweifenden, ungebändigten Kräfte als schwächer: der Nomade wurde vom Ackerbauer aufgesogen. Nach der Landnahme wurde nicht das Alföld das Kernland der Ungarn, sondern das Land westlich der Donau, das vierhundert Jahre die römische Provinz Pannonien gewesen war. Es wurde stärker besiedelt als das Alföld und Sitz der politischen Macht (Stuhlweißenburg-Székesfehérvár, Gran-Esztergom, Ofen-Buda). Die Anfänge der Verdrängung der Viehweidewirtschaft und die Anpassung der Viehwirtschaft an den Fruchtlandbau reichen bis in diese Zeit zurück; ihre Durchführung fand erst im 19.—20. Jhdt. statt.

Mit Stephan dem Heiligen beginnt die Anpassung an den geographischen Raum. Die bewußte Ablehnung der griechisch-christlich-orientalischen Weltanschauung ist nicht nur im Sinne einer

Festhaltung des eroberten Landes zu werten, sondern auch als eine (westeuropäisch verstandene) kulturelle Höherentwicklung anzusehen. Das Königtum wurde Träger einer volkseigenen Selbständigkeit anstelle der Herrschaft der Geschlechts- und Adelsverbände. Die geschlechtsgenossenschaftliche Feldgemeinschaft führte zum privaten Grundbesitz und germanischen, nicht türkischen, Lehnswesen. Die Grundherrschaft des Königtums ging als Betriebsgrundherrschaft mit Fronhofsverfassung auf weltliche und geistliche Grundherren über. Daraus entstanden Gaugrafschaften, d. h. politische, militärische, polizeiliche und verwaltende Einheiten, die Komitate (112; 67). In ihnen ändert sich das wirtschaftliche Verhalten. In der Form der Grundherrschaft konnten landwirtschaftliche Güter über den hauswirtschaftlichen Bedarf erzeugt, neue Verfahrensweisen konnten schneller und leichter eingeführt, Verkehrswege und Verkehrsträger vervollkommnet werden.

Die wirtschaftliche Entwickelung wurde durch die Herrschaft der Türken unterbrochen[23]). Von ihnen hatten sich die Magyaren innerlich soweit entfernt (S. 37), daß die türkische politische und wirtschaftliche Eigenart, die besondere Form des Grenzschutzes, die Neuverteilung des Bodens das Fruchtland schädigen mußte. Die Türken brachten zwar eine eigene Garten- und Gemüsekultur ins Land (Tulpen, Feigen, Mandeln, Melonen, Safran, Paprika, Kürbis, Tomaten), aber das Weideland wurde vergrößert, das Siedlungsbild völlig umgekehrt. Es entstanden die großen Kammergüter Kecskemét, Nagykörös, Czegléd, Jászberény, Mezötur, die Großdorfstädte und die Tanyawirtschaft. Westungarn wurde von dieser Rückentwickelung wenig oder nicht betroffen.

2. Deutsche.

a) Natur-, Wanderungs- und Kulturheimat:

In West-Ungarn, an der Grenze Niederösterreichs und der Steiermark saßen seit der Zeit der Karolinger (etwa 600—987) schon Deutsche. Zu den ältesten deutschen Niederlassungen gehörten auch diejenigen in den Komitaten Preßburg (Pozsony) und Wieselburg (Moson), deren Bewohner aus Niederösterreich kamen. In die Gegend südlich des Neusiedler Sees (Fertö) waren Deutsche aus Nordbayern und Böhmen eingewandert, die sogenannten Hienzen. Die Heirat Stephans des Heiligen mit einer bayerischen Prinzessin zog Adlige und Hörige und kirchliche Würdenträger ins Land. Im 12. Jhdt. wurden aus Südschlesien Deutsche nach der Zips (Szepes) gerufen und mit besonderen Vorrechten belehnt; kamen auch Deutsche aus Nordbayern und Deutschböhmen in die Bergbaulandschaften des Ungarischen Erzgebirges. Bis zu den Türkenkriegen wurden Veszprém und Weißenburg (Fejér) und die Städte (Ofen-Buda, Gran-Esztergom, Pest) besiedelt. Unter Maria Theresia (1740—1780) und Josef II. (1780—1790) wurden größere Massen deutscher Auswanderer aus dem deutschen Westen in den Komitaten Tolna, Baranya, Pest, Bács, Torontál, Temes, Krassó-Szörény und Arad angesiedelt. Der Zuzug ins Banat dauerte bis 1850.

Während West-Ungarn zeitlich früher und auf älterem Kulturboden von Deutschen besiedelt worden war, wurden Bács und Banat später, erst im 18./19. Jhdt., und als Neuland (Sumpf- und Weideland) besiedelt (119; 69; 111).

Die Zahl der Deutschen wurde nach den Volkszählungen im Mutterlande Ungarn einschließlich Militärgrenze für 1857 mit rund 1,048 Mill. angegeben (106/460) = 10,20 %, für 1900 mit rund 1,764 Mill. (110/35). Auf Rumpf-Ungarn berechnet betrug die Zahl der Deutschen:

1880	rund	608 000,	
1910	„	554 000,	
1920	„	551 624 = 6,9 %	der Gesamtbevölkerung,
1930	„	479 630 = 5,5 %	„ „

Abgesehen von der allgemeinen Unsicherheit der Erfassung (S. 43), sind aus diesen Zahlen die Bestrebungen der sogenannten „Magyarisierung" zu erkennen, d. h. der Staat ist bemüht, und zwar seit seiner Gründung, zum Vorteil der Nation alle leistungsfähigen Angehörigen fremder Volksgruppen als Magyaren zu erklären.

b) Wirtschaftliches Verhalten.

Die deutschen Stämme waren zeitlich früher als die Magyaren seßhaft geworden und zum regelrechten Ackerbau mit Feldwirtschaft (Getreidebau, Brache, Weide, Sonderanbau) und auch zum Handwerk übergegangen. Zum Kern der deutschen Agrarverfassung gehörte das Grundeigentum, das voll oder beschränkt, als Sonder- oder Allgemeinbesitz ausgeübt werden konnte. Träger der Landwirtschaft war das Bauerntum, das bodenfest und auf hauswirtschaftlichen Betrieb eingestellt war und in Dörfern siedelte. Das Dorf war die Wirtschaftseinheit, nicht die Hausgemeinschaft, die Großfamilie wie bei den Slaven.

Auch bei den deutschen Stämmen bestand eine Art Feldgemeinschaft, aber nicht im Sinne einer Gemeinwirtschaft, sondern als Flurzwang. Die landwirtschaftliche Nutzfläche gliederte sich in Kulturarten, die je nach der Bodengüte und der Betriebsordnung umgelegt wurden. Es entstanden im Flurbild Gewanne und Zelgen (119). Die Längsstreifen (Zelgen) der Gewanne erklärten sich aus der Beschaffenheit des deutschen Pfluges, der kein Hakenmesser war, sondern aus Messer, Schar und Streichbrett bestand und der den Boden senkrecht und waagerecht aufriß und umwendete (154/22). Mit fortschreitender Vermessungstechnik entstanden streng linienfeste, vier- oder rechteckige Flurbilder. Auch die Feldwege verliefen schnurgerade, und in möglichst gleichem Abstande. Im kolonisierten Osten lag in der Mitte der Flur das ebenso gebaute, gitter- und schachbrettartig aufgeteilte Dorf. Die, zunächst fremd anmutenden, streng geometrischen und schematischen Grundrisse der Kolonistendörfer, heute auch im magyarischen Alföld, sind ein Abbild der Flureinteilung, und diese ist das notwendige Ergebnis der Aufteilung von Neuland, der technischen Bearbeitung des Bodens und der Flurnutzung. Die Flureinteilung und das Schachbrettdorf sind nicht Ungarn eigen, sondern eine allgemeine Erscheinung des fortgeschrittenen Ackerbaus gegenüber der Viehweidewirtschaft und ihrer Haufendörfer mit Kreisrand (156). Im Banat hat etwa die Hälfte der deutschen Dörfer bis in die Gegenwart noch Flurzwang.

Die Einwanderung deutscher Bevölkerung wurde geduldet oder gerufen, weil die deutschen bäuerlichen Verhältnisse musterhaft erschienen und für die Erschließung des Landes vorbildlich angesehen wurden. Der deutsche Bauer war beharrend und fortschrittlich zugleich, anpassungsfähig und leitsam. Nur vermögende und freie Bauern wurden für die Auswanderung angeworben, nur geistig aufgeschlossene und wirtschaftlich tüchtige Menschen konnten sich behaupten.

Im Banat wurde jede Ansiedelung vom Staat sorgfältig vorbereitet; deutsche geschulte Wirtschaftsbeamte hatten die Leitung; Erfahrungen aus dem Mutterlande wurden verwertet. Geräte, Betriebsordnung und Flurplan wurden verbessert, Nebenanbaupflanzen aufgenommen. Die Siedler erhielten nicht Grundeigentum, sondern Erbzinsrecht. Die privaten Grundherrschaften bevorzugten magyarische und slowakische Bauern, besonders magyarische Tabakbauern, die schon seit 1773 planmäßig angesetzt worden waren (119).

Die Erschließung der Batschka (Bács-Bodrog) ist älter als die des Banats. Im 11. Jhdt. wurde das Erzbistum Kalocsa errichtet; im 13./14. Jhdt. war ungarischer Großgrundbesitz bemüht, die Weidewirtschaft durch Ackerbau abzulösen. Im Norden wurden sogar Bewässerungskanäle angelegt. Die Neubesiedlung erfolgte zwar auch planmäßig und nach denselben Leitlinien wie im Banat, aber die Durchführung lag nicht in Händen des Staates oder der privaten Grundherrschaften, sondern in Händen der Ungarischen Hofkammer in Preßburg. Diese verfolgte eine reine landwirtschaftliche Erschlieschließung, die nicht ausschließlich durch fremde deutsche Siedler erfolgte. Darum blieb die Zahl der Deutschen, die aus den ungarischen Komitaten Tolna, Baranya und Pest kamen, klein. Ziel der Ungarischen Hofkammer war: Der Ertrag der Kammergüter sollte gesteigert, die Anbaufläche des Weizens vergrößert, die Weidefläche verkleinert werden. Auch Josef II. verfolgte die Vermehrung der landwirtschaftlichen Erzeugung. Die josefinische Ansiedlung dauerte bis 1787. Die letzten deutschen Dorfgründungen fallen in die Jahre 1884 (Neudorf = Budisava) und 1885 (Wekerledorf = Wekerlefalva (119).

Zusammenfassung:

Aus der großzügig geschilderten Siedlungsgeschichte ergibt sich für die landwirtschaftsgeographische Gestaltung folgendes:

1. Die deutschen Siedlungen in West-Ungarn, im Mittelgebirge und Gebirge sind älter als die im südlichen Alföld. Die bewußte deutsche Ansiedlung im südlichen Alföld setzte erst nach 1718 ein, in der Batschka noch später, und dauerte bis ins 19./20. Jhdt. an, ist also kaum zweihundert Jahre alt. Nur in diesem Zeitsinne kann von einer „Tradition“ gesprochen werden.

2. Nach der politischen Festigung des Staates fand die Neubesiedlung in West-Ungarn altes Fruchtland vor, im südlichen Alföld mußten Urlandschaften oder mindestens rohe Weidelandschaften erschlossen werden.

3. In West-Ungarn verlief die bäuerlich-bürgerliche, dörflich-städtische Entwickelung in freieren Formen als im Alföld, wo sie vom Staat eingeleitet und unter ganz bestimmten und festumgrenzten Grundsätzen durchgeführt und bewacht wurde. Letztes Ziel war die Erschließung des Landes durch deutsche Musterwirtschaften, handwerklicher und landwirtschaftlicher Art. Diese Erschließung lag im wirtschaftspolitischen Vorteil des Staates auch dann noch, als sie in private Hände überging.

4. Die deutsche Wirtschaftsweise allein versprach den gewünschten Erfolg; darum wurden bei der Neubesiedlung andere Völker mehr oder weniger ausgeschaltet.

3. Andere Volksgruppen.

Die Slaven, die zur Zeit der Landnahme den ungarischen Raum besetzt hielten, wurden von den Magyaren keilartig gesprengt, so daß die Teilung in Nord- und Südslaven sichtbarer wurde. Beide Gruppen blieben als Siedler dort erhalten, wo die Magyaren aus wirtschaftlichen Gründen in der Minderzahl waren: in den Berg- und Gebirgsländern, und zwar die Ruthenen (Ukrainer) in Máramaros, Bereg, Ugocsa, Ung, Zemplén und Sáros; die Slowaken in Neutra (Nyitra) Trencsén, Árva, Turóc, Liptó, Zips (Szepes), Sáros, Bars und Sohl (Zólyom) und seit 1740 als Kolonisten in Békés und in der Batschka (Bács). Die Kroaten blieben südlich der Mur-Drau-Donau; die Slovenen an der Außengrenze der Komitate Eisenburg (Vas) und Zala. Die Serben wanderten im 17. Jhdt. von neuem ein und sitzen noch im Donau-Theiß-Dreieck und im Theiß-Maros-Becken. Ebenfalls im 17. Jhdt. wanderten die Bunjewatzen in die Batschka ein. In den Komitaten Baranya, Bács-Bodrog und Torontál wohnen noch Schokatzen.

Rumänen kamen im 11.—13. Jhdt. nach Siebenbürgen und griffen später auf das Alföld über (Szatmár, Bihar, Arad, Temes, Torontál, Batschka). Bulgaren sind im 14. und 18. Jhdt. neu eingewandert und haben sich in Temes erhalten. Polnische und galizische Juden wohnen in größerer Stärke in Máramaros, Bereg und Ung, sonst über Ungarn verstreut. Für die Landwirtschaft sind sie in Einzelfällen als Pächter oder Geldgeber bedeutungsvoll geworden[24]). Zigeuner durchziehen seit dem 14. Jhdt. Ungarn als neuzeitliche „Nomaden“ oder sind als Handwerker, Musiker und Gelegenheitsarbeiter am Rande der Städte seßhaft geworden (64; 67; 112).

Alle diese Volksgruppen sind für den landwirtschaftlichen Aufbau bedeutungslos gewesen und geblieben. Sie können wohl einer Landschaft durch ihr wirtschaftliches Verhalten das Gepräge geben, aber sie sind zu machtlos, um das Gesamtbild ändern zu können. Serben, Slowaken und Bulgaren sind einfache Ackerbauer, Bulgaren auch Gärtner, die ohne Zwang die Wirtschaftsstufe nicht verlassen. Die Rumänen eignen sich für arbeitsarme Viehweidewirtschaft im Gebirge; zum Ackerbau sind sie zwangsläufig mit der Wanderung in die Ebene übergegangen. Slowaken und Ruthenen sind auf niedriger Wirtschaftsstufe stehen geblieben. Sie ziehen als landwirtschaftliche Wanderarbeiter und Wandergewerbetreibende durchs Land.

4. Zusammenfassung.

So reich gegliedert die volkliche Erfüllung des Raumes auch ist, entscheidenden Einfluß auf seine Gestaltung haben nur zwei Völker gehabt: Magyaren und Deutsche.

Nach der Volkszählung von 1900[25]) verteilen sich auf die Großlandschaften die Volksgruppen wie folgt (in v. H. der Gesamtbevölkerung der Landschaft):

1. linkes Donau-Ufer (Gebirgsland, Oberungarn):
   62 % Slowaken, 29 % Magyaren;
2. rechtes Donau-Ufer (West-Ungarn):
   70 % Magyaren, 20 % Deutsche;
3. Donau-Theiß-Becken (Zwischen-Stromland):
   77 % Magyaren, 12 % Deutsche;
4. rechtes Theiß-Ufer (Gebirgsland):
   49 % Magyaren, 30 % Slowaken, 14 % Ruthenen;
5. linkes Theiß-Ufer (östliches Alföld):
   61 % Magyaren, 25 % Rumänen;
6. Theiß-Maros-Becken (südöstliches Alföld, Banat):
   40 % Rumänen, 22 % Deutsche, 20 % Magyaren,
   13 % Serben.

Nordwest-Ungarn und nördliches Gebirgsland, West-Ungarn, Zwischen-Stromland ohne Batschka und östliches Alföld sind von der Mehrheit einer Volksgruppe bevölkert. In das nordöstliche Gebirgsland teilen sich drei Völker, unter denen die Magyaren die stärkste Gruppe sind. Das südöstliche Alföld und Banat sind volklich stark zersplittert, ähnlich die Batschka. In drei Großlandschaften überwiegen Magyaren, in einer Slowaken. Die deutsche Volksgruppe ist im Theiß-Maros-Becken, in West-Ungarn und im Donau-Theiß-Zwischen-Stromland (Batschka) am stärksten vertreten.

Nach der Volkszählung von 1930[26]) verteilten sich die Völker Rumpf-Ungarns auf die drei Großlandschaften wie folgt (in v. H. der Gesamtbevölkerung der Landschaft):

1. Donau-Hügelland (West-Ungarn = rechtes Donau-Ufer):
   87 % Magyaren, 11 % Deutsche;
2. Alföld (Donau-Theiß-Becken, linkes Theiß-Ufer):
   94 % Magyaren, 4 % Deutsche;
3. Nördliches Hügelland (rechtes Theiß-Ufer):
   98 % Magyaren, 1 % Slowaken.

Rumpf-Ungarn ist nach diesen Zählungen volklich einheitlicher als Alt-Ungarn. Den 55 % Magyaren von 1900 stehen 92 % im Jahre 1930 gegenüber.

5. Volkliche Erhaltung, Anpassung und Verschmelzung.

a) Räumliche und volkliche Herrschaft der Magyaren.

Trotz der wiederholten Rückschläge haben die Magyaren den Willen und die Fähigkeit zur Staatsbildung und Staatsführung gezeigt und bewiesen. Sie haben sich politisch dem Raum angepaßt und sind mit ihm verschmolzen. Der Übergang von nomadischer zu seßhafter Lebensweise ist nicht nur wirtschaftlich, sondern auch politisch zu werten; denn von den politischen Eigenschaften aus ist der Raum wirtschaftlich gestaltet worden. Die Völker in diesem Raum sind unter Führung der Magyaren zur Nation, zu einer Willensgemeinschaft in politischer Selbständigkeit, geworden[27]). Die Magyaren blieben die den Staat tragende Nation (Staatsnation); sie haben die politische Führung. Die Verkleinerung des Staatsgebietes seit 1920 beweist nicht das Gegenteil, sondern nur die Stärke der von außen wirkenden Kräfte und damit zugleich deren räumliche und zeitliche Veränderlichkeit und Unbeständigkeit.

Die volkliche Beherrschung des Raumes wird an der Sprachgemeinschaft gemessen (114/370—423). Da sich ihr Gebiet weder mit dem Staatsgebiet noch mit der Nation deckt, nichts über das nationale Bekenntnis aussagt, die politische Gesinnung veränderlich ist und die Wirkungen von „Germanisierung" und „Magyarisierung", freiwilligem und erzwungenem Nationalismus eingeschlossen sind, ist dieses Maß nur bedingt brauchbar. Das Verfahren der Erhebung ist bei den einzelnen Staaten zu verschiedenen Zeiten verschieden gewesen und hat immer zu Mißverständnissen geführt. Die Sprachgemeinschaft sagt über das wirtschaftliche Verhalten, über Besitzverteilung, berufliche und soziale Gliederung nichts aus. Für die landwirtschaftsgeographische Gestaltung und ihr Verständnis ist die Aufteilung der Landschaften nach Volksgruppen, wie oben (S. 42 f.) geschehen, bedeutungsvoller als die Verteilung der Volksgruppen auf Landschaften; denn jene zeigt tatsächlich den Gestalter der Landschaft; diese sagt nur, wo die Masse einer Volksgruppe sitzt, nicht aber, ob sie dort auch maßgebenden Einfluß hat.

b) Wirtschaftliche Herrschaft der Deutschen.

Von den deutschen Ansiedlern wurde erwartet und gefordert:

1. Einfügung in den politischen Raum;
2. Anpassung an den naturgeographischen Raum;
3. Erfüllung wirtschaftspolitischer Aufgaben: Pflege vernachlässigten Bodens, Vermehrung und Vermannigfaltigung der landwirtschaftlichen Erzeugung, Verdichtung der Bevölkerung.
4. Einführung verbesserter Wirtschaftsverfahren und neuer Betriebsformen.

Die Wirtschaftsweise der Deutschen forderte von den Magyaren und anderen Volksgruppen:

1. Übergang von der Feldgraswirtschaft zur Dreifelderwirtschaft und Fruchtwechselwirtschaft, der sogar vom Staat vorgeschrieben

wurde. Dieser Übergang ist noch nicht beendet. Auch im Deutschen Reich ist die Dreifelderwirtschaft noch weit verbreitet.

2. Übergang von der hauswirtschaftlichen zur marktwirtschaftlichen Betriebsweise, von der Bedarfs- zur Erwerbswirtschaft.

3. Übergang von der Wirtschaftsstufe der Erfahrung und Überlieferung zu der der Wissenschaft und Technik.

4. Wechsel des stofflich erstrebenswerten Besitzes: statt große Herden an Klein- und Großvieh tritt der Erwerb von Geld.

5. Wechsel der Gütererzeugung: Ernährungsgrundlage wird der Pflanzenbau, Erzeugung von Wolle, Fleisch und Häuten. Pflanzenbau und Viehhaltung dürfen nicht mehr getrennt nebeneinander bestehen, sondern verbinden sich zur Landwirtschaft, und zwar muß sich die ältere Viehwirtschaft dem Pflanzenbau anpassen, nicht umgekehrt.

6. Das erworbene Geld löste zunächst den Grundbesitzer vom Boden. Der ungarische Großgrundbesitzer verpachtete seinen Besitz oder übergab ihn einem Verwalter. Er selbst lebte in den Städten, in und außer dem Lande. Erst seit Mitte des 19. Jhdts. wurde es vaterländische Pflicht, das erworbene Geld für Erzeugungsmittel auszugeben: für die Pflege von Boden und Vieh.

7. Wirtschaftsfeindliche Erscheinungen und solche, welche den Wirtschaftsverlauf unterbrechen (Wassermangel, Wasserüberfluß, Naturschäden, Sodaböden, Sandböden, Marktferne) müssen wissenschaftlich-technisch überwunden werden[28]).

Berufsgliederung: Im Banat war die Berufsgruppe Land- und Forstwirtschaft (1910) etwa zur Hälfte mit Rumänen, zu einem Fünftel mit Serben besetzt; die Deutschen standen an dritter Stelle (17%)[29]). Die Stellung der Rumänen war im Komitat Krassó-Szörény am stärksten (89 %), die Stellung der Serben in Torontál (38 %). Die Stellung der Deutschen war in Krassó-Szörény sehr schwach (38 %), in Temes und Torontál waren die Deutschen zu etwa einem Fünftel beteiligt.

In Bács-Bodrog waren 42 % Magyaren und etwa je ein Fünftel Deutsche und Serben in der Landwirtschaft tätig.

Anteil am Grundbesitz: Vom Gesamtgrundbesitz (116/419) befanden sich bis zu $^4/_5$ in Händen der Magyaren in den Landschaften Donau-Theiß-Becken (80,8 %) und rechtes Donau-Ufer (78,8 %) bis zu $^2/_3$ in den Landschaften linkes Theiß-Ufer (68,3 %) und rechtes Theiß-Ufer (61,9 %). In den Komitaten am linken Donau-Ufer erreichte der magyarische Anteil rund 48 % neben dem slowakischen von rund 42 %. In den Grundbesitz der Landschaft Theiß-Maros-Becken teilten sich Magyaren (37 %), Rumänen (31 %), Deutsche (16 %) und Serben (13 %).

Der Anteil der Deutschen war im Theiß-Maros-Becken (15,6 %) und in West-Ungarn (15,5 %) am größten, am linken Theiß-Ufer (4 %) am kleinsten. In einzelnen Komitaten erhob sich der deutsche Anteil weit über den Durchschnitt, so im Banat (Temes 29 %, Torontál 26 %), in der Batschka (Bács-Bodrog 25 %). In Wieselburg (Moson) erreichte er 47 %, in Neutra (Nyitra) 39 %, in

Eisenburg (Vas), Tolna und Baranya 25 %, in Ödenburg (Sopron) und Zips (Szepes) 24 %. Er betrug in Veszprém, Weißenburg (Fejér), Trencsén, Gran (Esztergom), Turóc und Máramaros 10,5 bis 14,9 %. Die Slowaken erreichten den größten Anteil in den Komitaten Trencsén, Árva, Liptó, Turóc, Sohl (Zólyom), Neutra (Nyitra), Sáros und Zips (Szepes) (42—67 %); die Rumänen in Szatmár, Temes, Bihar, Arad, Szilágy und Krassó-Szörény 21—50 %; die Ruthenen in Ung. Sáros, Bereg, Máramaros und Ugocsa 21—30 %; die Serben in Temes 14 %, in Bács-Bodrog 21 % und in Torontál 31 %.

Der Grundbesitz war nach Volksgruppen sehr zersplittert in den Gebirgskomitaten, in der Batschka, im Banat und in Arad.

Gesellschaftliche Gliederung: Im Banat war der größte Hundertsatz des insgesamt landwirtschaftlich tätigen Teils der einzelnen Volksgruppen selbständiger Besitzer (118/217, 298). Der Anteil der Serben war in Krassó-Szörény und Temes am größten, derjenigen der Slowaken in Torontál; Magyaren waren in Temes und Torontál in der Minderheit. Sie verdingten sich in weit größerer Zahl als Knechte und landwirtschatftliche Arbeiter als die anderen Volksgruppen. Im Banat überwog der Kleinbauernbesitz (5,8—28,8 ha), in dem die deutschen selbständigen Besitzer mit 41 bis 47 %, die magyarischen mit 49—72 % ihrer Gruppe vertreten waren. In Bács-Bodrog (118/217, 298) war etwa die Hälfte der insgesamt landwirtschaftlichen Erwerbstätigen der einzelnen Volksgruppen selbständige Besitzer. Der Anteil der Deutschen und Serben (je 59 %) war größer als der der Magyaren (48 %). Auch hier stellten die Magyaren mehr Knechte (12,5 %) als die Deutschen (6,7 %). Die Zahl der deutschen landwirtschaftlichen Arbeiter war ziemlich hoch. Auch in Bács-Bodrog überwog die Besitzgrößenklasse 5,8—28,8 ha, und zwar besonders im deutschen Anteil (53,5 %). Hier war auch der Mittelgrundbesitz zum größten Teil in deutscher Hand (118/217, 298).

C. Wirtschaftliche Erfüllung des Landes.

1. Ordnung der Bewirtschaftung des Bodens.

a) Besitzverteilung[30]).

Im Jahre 1870 entfielen auf Großgrundbesitz und Latifundien 39,4 % des gesamten Bodenbesitzes; in die restlichen 60,6 % teilten sich fast gleichmäßig Zwerggüter (15,6 %), Bauerngüter (16,0 %), kleiner Mittelgrundbesitz (14,1 %) und Mittelgrundbesitz (14,9 %). Wesentlich ist: es überwiegen Klein- (45,7 %) und Großgrundbesitz (39,4 %); es fehlt ein flächenstarker Mittelgrundbesitz (14,9 %)[31]).

Im Jahre 1895 entfielen von der Gesamtfläche der rein landwirtschaftlichen Betriebe auf die Zwerggüter nur 5,8 %, auf den Großgrundbesitz 32,3 %. Beide haben sich offenbar zugunsten der mittleren Betriebe, wenigstens flächenmäßig, vermindert. Die Kleinwirtschaften nahmen 46,5 % ein. Das Verhältnis des Klein- zum

Groß- zum Mittelgrundbesitz ist im allgemeinen dasselbe geblieben: 52 : 32 : 15[31]).

In dem Rumpf-Ungarn des Jahres 1928 scheint trotz der sogenannten „Bodenreform"[32]) keine Veränderung eingetreten zu sein. Im Vergleich zum Jahre 1870 wurde der Mittelgrundbesitz gestärkt (21,8 %); die Latifundien sind um das Viereinhalbfache gewachsen (verhältnismäßig verstanden)! Oder: im Jahre 1928 stehen den Mittelwirtschaften, die im Jahre 1895 etwa 15,4 % innehatten, und auf 31,5 % gewachsen sind, Großbetriebe, auf die im Jahre 1895 etwa 32,3 % und im Jahre 1928 etwa 68,5 % entfielen, gegenüber[31]), wobei zu beachten ist, daß die Zahlen nicht ohne weiteres vergleichbar sind[30]).

Im Durchschnitt gehörte 1895 ein Drittel (29/104) der gesamten Bodenfläche, 1929 etwa ein Viertel (160/59) Besitzen mit gebundenem Verkehr, und davon mehr als die Hälfte Gemeinden. Der Gemeindebesitz[33]) hatte den größten Anteil in den Komitaten am linken Donau-Ufer und im Theiß-Maros-Becken. Einen größeren Anteil haben noch Staat, Fideikommisse und Kirche (29/104). Die landwirtschaftsgeographische Bedeutung dieser gebundenen Besitze liegt darin, daß auf sie rund 49 % Wald, 22 % Weiden und 10 % unproduktiver Boden entfielen; Äcker, Gärten, Weingärten und Wiesen nahmen zusammen 12 % der Kulturfläche ein (146/127).

Die Größenklassen des Grundbesitzes verteilten sich nach Landschaften wie folgt:

Im Jahre 1895 hatten Zwergwirtschaften am rechten Donau-Ufer (24 %), Kleinwirtschaften am rechten Donau-Ufer (20 %) und im Donau-Theiß-Becken (19 %), Mittelwirtschaften im Donau-Theiß-Becken (24 %) und am linken Theiß-Ufer (21 %) und Großwirtschaften am rechten Donau-Ufer (28 %) den größten Anteil an der Bodenfläche ihrer Größenklasse[34]).

Gemessen an der Bodenfläche des Grundbesitzes der Landschaft überwogen im Theiß-Maros-Becken (56 %), im Donau-Theiß-Becken (47 %), am linken Donau-Ufer (44 %) und am linken Theiß-Ufer (40 %) die Kleinwirtschaften; am rechten Donau-Ufer (44 %) und am rechten Theiß-Ufer (40 %) die Großwirtschaften. D. h. in West-Ungarn war der Anteil der Zwerg- und Kleinwirtschaften (45 %) gleich dem Anteil der Großwirtschaften; im Alföld überwogen Zwerg- und Kleinwirtschaften die Großwirtschaften um das Doppelte bis Zweieinhalbfache. Im Gebirgsland war der Unterschied der Verteilung zwischen Zwerg-, Kleinwirtschaften und Großwirtschaften geringer[35]).

Im Jahre 1928 hatten kleiner Mittel-, Mittel- und Großgrundbesitz (im Verhältnis 64 : 51 : 42) im Alföld, Latifundien in West-Ungarn (52 %) und Großgrundbesitz sowie Mittelgrundbesitz (21 : 19) im nördlichen Hügelland den größten Anteil an der Bodenfläche ihrer Größenklasse[36]). Oder, um einen Vergleich mit 1895 zu ermöglichen: in West-Ungarn überwiegt der Großgrundbesitz (44 : 28), im Alföld der Mittelgrundbesitz (55 : 39) und im nördlichen Hügelland stehen sich beide gleich stark gegenüber (17 : 16)[36]).

Gemessen an der Bodenfläche des Grundbesitzes der Landschaft überwiegen in West-Ungarn die Latifundien (44 %), im Alföld der Großgrundbesitz (34 %) und im nördlichen Hügelland auch der Großgrundbesitz (44 %). Oder: in West-Ungarn stehen sich Mittel- und Großgrundbesitz wie 23 : 77, im Alföld wie 34 : 66, im nördlichen Hügelland wie 32 : 68 gegenüber[37]).

Im Gesamtbild liegen im klimatisch bevorzugten West-Ungarn mehr Großbetriebe, im bodenunstäten Alföld mehr Kleinbetriebe. Im Alföld ist der Besitz des Einzelnen in den Größenklassen „kleiner Mittelgrundbesitz“ und „Latifundien“ etwas größer als in West-Ungarn. Kulturarten und Viehbestand verteilten sich auf die Größe der Wirtschaften wie folgt: Es entfielen im Jahre 1895 von der Gesamtfläche der Kulturarten und der Gesamtzahl des Viehbestandes auf[39]) [40])

Zwergwirtschaften

32 % der Weingärten;	32 % des Geflügels;
25 % der Gärten;	47 % der Ziegen;
21 % des Weidelandes;	24 % der Schweine;

Kleinwirtschaften

63 % der Wiesen;	71 % der Pferde;
60 % der Gärten;	58 % des Geflügels;
58 % der Weingärten;	56 % des Hornviehs;
58 % des Ackerlandes;	51 % der Ziegen;
	49 % der Schweine;
	30 % der Schafe;

Mittelwirtschaften

21 % der Weiden;	18 % der Schafe;
18 % des Röhrichts;	12 % des Hornviehs;
16 % des Ackerlandes;	

Großwirtschaften

75 % des Waldes;	48 % der Schafe;
55 % des Röhrichts;	17 % der Schweine;
52 % des unfruchtbaren Bodens;	15 % des Hornviehs.
50 % des Weidelandes;	
20 % des Ackerlandes;	
18 % der Wiesen;	

Nach der gegensätzlichen Verteilung der Kulturarten und Viehbestände können die Betriebsgrößen wie folgt gekennzeichnet werden:

Zwergwirtschaften: einseitig, arbeitsangespannt;
Klein- „ : vielseitig, arbeitshöchstgespannt;
Mittel- „ : einseitig, arbeitsschwach;
Groß- „ : einseitig, arbeitsschwach bis untätig.

b) Betriebsweisen, Fruchtfolgen
(143/81, 221—236; 146/129; 58/I, 199—206).

Bis Ende des 19. Jhdts. war die Dreifelderwirtschaft die herrschende Betriebsweise. Ihre Grundform (Winterfrucht, Sommerfrucht, Brache) unterlag räumlicher und zeitlicher Abwandlung. Die räumlichen Unterschiede verursachten Betriebsgrößen und Gemengelage, die zu einer bestimmten Ordnung zwangen (Flurzwang, S. 39), nicht aber zu einer bestimmten Fruchtfolge (119/I. 252). Dort, wo die Bauernwirtschaften vom Flurzwang befreit wurden, brauchte der Wechsel zwischen Winterfrucht, Sommerfrucht und Brache nicht streng innegehalten zu werden. Seit Mitte des 19. Jhdts. ist die Dreifelderwirtschaft mehr und mehr in Zwei-, Vier- und Sechsfelderwirtschaft übergegangen. Auf sandiger Steppenschwarzerde und auf den fruchtbaren Böden des südlichen Alfölds folgt Halmfrucht auf Halmfrucht. Oder: es wird ein Teil der Brache mit Futterpflanzen bebaut oder in jedem sechsten Jahr wird „schwarze" und „grüne" Brache aufgenommen. Die Dreifelderwirtschaft entwickelte sich zur Fruchtwechselwirtschaft, besonders dort, wo neue Wirtschaftspflanzen aufgenommen wurden (Ring von Feldern um die Städte für Küchengemüse, Handelsgewächse, Obst). Jedenfalls war und ist die Dreifelderwirtschaft nicht an Boden und Klima gebunden; sie ist auch kein Ausdruck „rückständiger" Wirtschaftsweise, sondern sie ist von der betrieblichen Ordnung abhängig.

Da die Großbetriebe dem Flurzwang nicht unterlagen, waren sie nach Betriebsweise und Fruchtfolge vollkommen frei. Eine Anzahl von ihnen ist schon vor 1870 zur Fruchtwechselwirtschaft übergegangen, wozu der Aufbruch der Hutweide (1852) führte. Die Mehrzahl wurde schon um 1870 vorbildlich bewirtschaftet und hat sich seitdem zunehmend zur freien Wirtschaft, nicht selten zu landwirtschaftlich-industriellen Großbetrieben entwickelt (151/40, 57, 62). Ihre weitere landwirtschaftsgeographische Bedeutung liegt darin, daß sie gegen Störungen der Erzeugung weniger empfindlich sind als die Kleinbetriebe und daß der Bestand an Musterwirtschaften mit ihnen gesichert erscheint.

Die Veränderung der Betriebsweise zeigt die Verdrängung der Brache[41]). Im Jahre 1870 nahm sie 15,09 %, im Jahre 1895 10,77 %, im Jahre 1928 3,59 % des Ackerlandes ein[42]). Im Jahre 1895 werden nach der angegebenen Arbeitsweise (S. 3) Csanád und die Stadtgebiete Stuhlweißenburg (Székesfehérvár), Hódmezövásárhely und Szeged nicht erfaßt. Zum Kerngebiet (18 bis 10½ DL. = Doppellinien) gehörten: Pest, Szatmár, Bács-Bodrog, Szabolcs, Bihar, Baranya, Zemplén und Szilágy; zum Randgebiet gehörten:

zum inneren Kreis (9½ bis 5 DL.): 20 Komitate;

zum äußeren Kreis (4½ bis ½ DL.): 22 Komitate.

Die kleinsten brachliegenden Flächen fanden sich im mittleren Alföld, im westlichen West-Ungarn und in drei Gebirgskomitaten.

Im Jahre 1928 werden sieben Komitate nicht erfaßt. Ein Kerngebiet im Sinne des Jahres 1895 ist nicht vorhanden; zum inneren Kreis des Randgebietes (9½ bis 5 DL.) gehören Szabolcs, Szatmár und Pest; zum äußeren Kreis einschließlich der nicht erfaßten Komitate 28 Komitate. Die größten brachliegenden Flächen liegen im nordöstlichen Ungarn.

Allgemein gesehen hat West-Ungarn kleinere, das Alföld größere brachliegende Flächen; im Alföld ist die Dreifelderwirtschaft verbreiteter als in West-Ungarn.

Im Jahre 1928 verteilte sich die Brache auf die Großlandschaften wie folgt:

Nördliches Hügelland	6,3 %,	darunter	Abaúj-Torna	8,1 %,
Alföld	4,3 %,	„	Szatmár	14,2 %,
West-Ungarn	1,7 %,	„	Komárom	3,4 %.

Unter den unversehrten Komitaten hatten zwischen 1895 und 1928 die Komitate Pest (13 DL.), Somogy (8½ DL.), Weißenburg (Fejér, 7 DL.) und Tolna (6½ DL.) den zahlenmäßig größten Rückgang aufzuweisen.

c) Bearbeitung des Bodens: Mit der „Bauernbefreiung“ (1848/52) verlor der Großgrundbesitz die Fronden, den Neunten, Arbeitskräfte, Ackergeräte, Feld, Vieh, Gebäude usw., der Adel die Steuerfreiheit. Die Erholung von dieser „Freiheit“, die zu schnell eintrat, ging langsam vor sich. Die Bearbeitung des Bodens mußte sich grundsätzlich ändern. Hatten bis dahin Klima und Bodengüte eine ausreichende Ernte gesichert, so genügten diese nun nicht mehr. Zunächst wurden die großen Güter, denen die fronpflichtigen Bauern fehlten, verpachtet (S. 44). Da sich die Pacht zumeist auf nur ein bis drei Jahre erstreckte, konnte kein Pächter gereizt werden, den Boden besonders zu pflegen. Erst nach 1870 wurde die Pacht allgemein auf zwölf Jahre vergeben[43]).

Im Jahre 1874 war der einfache hölzerne Pflug im Bauernbetrieb noch so allgemein verbreitet, daß 60 % aller Pflüge hölzern, die anderen ungarische Pflüge waren. Allmählich wurden sie durch eiserne Pflüge ersetzt, mit denen der Boden wirklich umgegraben, nicht nur oberflächlich geritzt werden konnte[44]).

Die königlichen Domänen und die Herrschaftsgüter, die immer bestens bewirtschaftet waren und Vorliebe für technische Vervollkommnung hegten, gingen bald nach 1870 zur Maschinen- und Dampfmaschinenverwendung über[45]).

Die Düngung der Felder ist erst nach 1870 allgemein geworden. Solange Klima, Boden, Wirtschaftspflanzen und Betriebsweisen aufeinander abgestimmt waren, war es unnötig, auf die Aufbereitung und Verteilung des abfallenden Viehdungs große Sorgfalt zu verwenden. Sie wurde erst mit der Aufnahme neuer Wirtschaftspflanzen und mit dem verstärkten Anbau der bisherigen notwendig. Selbst dann noch wurde zunächst nicht gedüngt, sondern die Bodenkräfte erholten sich in der Brache. Die Ordnung der Dreifelder- und auch der Fruchtwechselwirtschaft ist auf die Ermüdung des Bodens abgestimmt: statt Düngung tritt Ruhe oder ergänzende Entnahme der Nährstoffe.

Neulandboden ist so reich an gelösten Nahrungsstoffen, daß ihm durch angreifende Saaten (Mais, Raps) erst die für Weizen überschüssige Kraft genommen werden muß. Im Altland haben die Großbetriebe schon um das Jahr 1800 begonnen zu düngen (143/12).

Stickstoff, der dem ungarischen Boden außerhalb der Schwarzerde fehlt, kann durch Stalldünger oder Futterbau gegeben werden. Auf leichten Böden ist Gründüngung beliebt: Die Verteilung des Stalldungs ist von Viehstallhaltung, der Entfernung der Felder vom Wirtschaftshof und vom Zustand der Wege abhängig (22/109 f.).

Solange der Stalldung für den Boden im halbtrockenen Klima der beste ist und solange er nicht vollständig verwertet, sondern als Brenn- und Baustoff verwendet wird, bleibt die Anwendung von künstlichem Dünger außer Betracht. Kali, Superphosphat und Thomasschlacken werden seit 1900 in geringem Maße verwendet[46]). Ihre Wirksamkeit ist mit dem Klima und dem Wasserhaushalt des Bodens eng verbunden (180/20—29). Während Stalldung und Gründung die Trockenheit des Bodens mildern, da sie Wasser aufnehmen und wieder abgeben, ist Kunstdünger nur bei viel Wasser löslich.

Allgemein hat sich in den letzten Jahren die Meinung über das Kalibedürfnis des Bodens in Ungarn geändert. Durch den einseitigen Getreidebau verarmt der Boden an Phosphorsäure und Kali. Darum wird die Kalidüngung, und zwar Stickstoff, Phosphorsäure und Kali (NPK) auch in Ungarn auf Wiesen, bei Braugerste, Zuckerrüben, Weizen, Obst, Gemüse und Tabak angewandt[47]).

Bodenverbesserungen i. e. S. umfassen alle Maßnahmen, die geeignet sind, die physikalischen und chemischen Eigenschaften des Bodens zu heben: Entwässerung, Bewässerung, Tonröhrenwässerung, Binden von Wasserrissen und Behandlung mit chemischen Stoffen. Sie erstrecken sich allgemein auf alle Böden (58/I. 400). Bodenverbesserungen i. w. S. beziehen auch Neulandgewinnung, Flußregelung und Schutzarbeiten ein.

Im Jahre 1895 wurden auf 22 000 ha Bodenverbesserungen (Ungarn und Siebenbürgen) vorgenommen. Davon entfielen 95 % auf Entwässerungen, 2,7 % auf Tonröhrenwässerung, 1,5 % auf Wasserrißschäden und 0,8 % auf Bewässerungen (31/70). Im Rumpf-Ungarn des Jahres 1928 wurden 29 400 ha (!) verbessert. Davon entfielen 98,6 % auf Entwässerungen, die den Hauptteil aller Bodenverbesserungen bilden (35/108).

Die Bodenmüde des Altlandes und der Bedarf an Neuland zwang zur Untersuchung der Alkaliböden und ihrer Eignung als Ackerland[48]). In Rumpf-Ungarn nehmen sie etwa 8 % der Gesamtfläche oder 13,5 % auf das Ackerland berechnet ein. Nach Sigmond (104/337 ff.) gibt es kein allgemein gültiges Verfahren der Verbesserung, weil die Alkaliböden nach Salz-, Soda- und Kalkgehalt, hydrographischen und physikalischen Verhältnissen sehr verschieden sind. Bewässerung und Tonröhrenwässerung können die Salze entfernen; wasserdicht gewordener Boden muß mit Gips, Schwefelsäure, Schwefel, Aluminium- oder Eisensulfat behandelt werden. Wenn das Wasser selbst alkalisch ist, muß es mit Kalk versetzt oder es können nur die natürlichen Niederschläge benutzt werden. Sehr oft ist die Eindeichung der Szikwiesen erfolgreich gewesen[49]); sie hält die Niederschläge im Boden zurück und setzt die Verdunstung herab. Es gibt auch ausgelaugte Alkaliböden mit einem

Salzgehalt, der den Kulturpflanzen nicht schadet, deren physikalische Eigenschaften jedoch schlecht sind und verbessert werden müssen. Auf Böden mit geringstem Soda- und Salzgehalt und unter Berieselung wachsen die Pflanzen vorzüglich; bei einem Salzgehalt über 0,50 % und einem Sodagehalt über 0,20 % kann nur Teichwirtschaft getrieben werden (104/337 ff.).

Nach Treitz verursacht die Tonsteinbank (S. 30), welche wurzel- und wasserabsperrend wirkt, die Unfruchtbarkeit der Alkaliböden. Sie kann durch Kalken zerstört und wasserdurchlässig werden. Der Boden reinigt sich von selbst und wird zunehmend fruchtbarer. Treitz empfiehlt auch ein Kalken der Steppenschwarzerde, weil der dort vorhandene Kalk (bis 4 %) festliegt und nicht zur Wirkung kommt (105/25, 27).

2. Flußregelungen, Hochwasserschutz.

a) Der ungarische Staat hat ausgegeben:

Im Durchschnitt der Jahre	an Verwaltungs- und Erhaltungskosten	an Regelungskosten
1867—1870	282 000 Kronen	1 269 000 Kronen
1891—1895	1 222 000 „	6 412 000 „
im Jahre 1928	465 925 Pengö	5 930 358 Pengö

Die Ausgaben des Jahres 1928 verteilten sich zu 54 % auf den Ausbau des Budapester Handelshafens und die Regelung der Donau bei Soroksár, zu 18 % auf die Regelung der Theiß, Bodrog und Samos, zu 12 % auf die der Donau, die restlichen 16 % auf die Regelung der Körös, Maros, Dráva u. a. (31/70; 35/108).

b) Obwohl das Bett der Donau in Ungarn im Mittel 300—800 Meter breit ist, konnte es die Hochwasser nicht aufnehmen. Diese überfluteten alljährlich einen breiten Streifen Landes, weil das Gefälle zu gering ist[50]). Für die Regelung der Donau und ihrer Nebenflüsse, für den Schutz der Ufergebiete und die Neulandgewinnung ist seit dem 17. Jhdt. gearbeitet worden. Bis zum Jahre 1887 waren längs der Donau und ihrer Nebenflüsse 948 km Deiche gezogen und dadurch 5 969 ha Land gewonnen worden (134/27). Die großen Überschwemmungen der Jahre 1838, 1845, 1867, 1879 und Mißerfolge bei bisherigen Regelungen führten im Jahre 1892 zur planmäßigen Regelung der gesamten Donau (58/I. 404—414). Einen wesentlichen Bestandteil aller Abflußregelungen bildeten die Arbeiten im Bett der Donau durch das Banater Gebirge zwischen Báziás und Turnu-Severin (am sogenannten Eisernen Tor). Da sich das ungarische Bekken schneller senkt und das Banater Gebirge vergleichsweise schneller hebt, als der Tiefenschurf der Donau arbeiten kann, entstanden auf dieser Strecke Stromschnellen. In den Jahren 1890 bis 1898 wurden sie durch Aussprengung von 60—80 Meter breiten Kanälen teilweise beseitigt. Bei Sip (Eisernes Tor) wurde ein 1 700 Meter langer Schiffahrtskanal auf der rechten Seite angelegt, fast am selben Ort, wo die Römer einen Schleusenkanal gebaut hatten (137/1—5). Der

Abfluß der Donau ist durch diese Arbeiten nicht ausreichend geändert worden; sie blieben erfolgreicher für die Schiffahrt.

Die Flüsse *Sárviz*, *Sió* und *Kapos* wurden in den Jahren 1772—1779, 1810—1835 geregelt und mit Schutzdämmen versehen. Bis 1835 waren dadurch 86 325 ha Sumpfland trocken gelegt (58/I. 406).

c) Die *Theiß* und ihre Nebenflüsse sind Muster der *Verwilderung* aufschüttender Flüsse. Sie zeigen alle nur möglichen Formen: Teilung des Stromstrichs, Verästelung, Sandbänke, Inseln, Lageveränderungen des Bettes, Krümmungen, tote Talstrecken, Altwasser, Sumpfseen, Uferdünen und ein Überschwemmungsgebiet, das einst auf 11 307 qkm berechnet wurde. Trotz Regelung verwildert die Theiß auf großen Strecken weiter; weil die letzten Ursachen dieses Verhaltens nicht beseitigt werden können. Der Fluß wird seit seiner Entstehung im Diluvium nach Westen abgedrängt, und zwar aus folgenden Gründen: nach dem Baerschen Gesetz bewirkt die Erddrehung eine Ablenkung; die aufschüttende Tätigkeit der linksseitigen Zuflüsse drängt nach Westen, und die Theiß fließt in den tiefsten Stellen des Alfölds, die zugleich die Achse eines Senkungsfeldes sind, die sich von Osten nach Westen verschiebt.

Die *Hochwassergefahr* dauert im Theißgebiet mehrere Wochen. Das Gefälle wechselt beim Übergang aus dem Gebirgsland in die Ebene plötzlich; das geringe Gefälle in der Ebene und ihr undurchlässiger Boden ist die Ursache der großen und langdauernden Überschwemmungen (135/13—32; 136). Die letzte eindrucksvollste Überschwemmung war die im Jahre 1879, welche die Stadt Szeged vernichtete.

Die Arbeiten für die Regelung der Theiß und zum Schutz vor Hochwassern wurden wirkungsvoll erst aufgenommen und durchgeführt, als Graf Stefan Széchenyi im Jahre 1846 zum „Chef der Landes-Communikations-Angelegenheiten“ und „Präsident der Theißgesellschaft“ ernannt wurde. Er erklärte alle Angelegenheiten für eine vaterländische Pflicht. Ihr Zweck sei, Kulturland zu gewinnen. Der Aufbau dieser Gesellschaft hat sich mehrfach geändert, bis im Jahre 1887 der Minister für öffentliche Arbeiten die Leitung übernahm. Im Streit der Meinungen über die zweckmäßigste Form der Wasserschutzbauten siegte der Grundsatz: Bau von gleichlaufenden Dämmen, Abkürzung der Stromkrümmungen bei richtiger Planbearbeitung und Erbauung, Instandhaltung und Verteidigung.

Es wurden gebaut:

von 1851 bis 1867:	105	Durchstiche	=	126 925 Meter,
„ 1867 „ 1878:	6	„		
„ 1889 „ 1890:	1	„		
zusammen:	112	Durchstiche	=	136 238 Meter (133/3—41).

Die Durchstiche und Dämme der Theiß, deren zwischen 1851 und 1867 1 116 km gebaut wurden, waren also *bis 1867* als Gesamtwerk fertig[51]). Vor der Regelung betrug die Länge des Flusses 1 429 km, im Jahre 1906 977 km; das Gefälle vergrößerte sich um rund 37 % (135/10—13).

Die Arbeiten an den Flüssen *Körös* und *Berettyó*, die zwischen 1856 und 1860 eifrig betrieben wurden, waren gegen Ende des

19. Jhdts. zu einem gewissen Abschluß geführt. An Bodrog, Samos, Maros, Temes, Bega und Waag ist bis Ende des 19. Jhdts. gearbeitet worden (58/I. 422—424). Die Dämme an der Bega wurden in den Jahren 1799 bis 1808 aufgeschüttet.

d) Die Berzava wurde 1767 bis 1769 kanalisiert (58/I. 405; 119/I. 251), der Franzenskanal in den Jahren 1795 bis 1801 gebaut; der Franz-Josefs-Kanal und der Baja-Bezdán-Kanal wurden zwischen 1870 und 1874 fertiggestellt (58/I. 407).

e) Gewiß ist mit den Arbeiten zur Flußregelung und zum Wasserschutz sehr früh begonnen worden; aber wirksam und zum Abschluß gebracht wurden sie erst Mitte und Ende des 19. Jhdts.

Flußregelungen und Hochwasserschutz hatten eine doppelte Wirkung:

1. Als beabsichtigte Wirkung stellte sich ein, daß der Abfluß in ein festes Bett gezwungen und beschleunigt, die Überschwemmungen auf ein Mindestmaß herabgedrückt, breite Uferstreifen von stehenden Wassern befreit und Sümpfe trocken gelegt wurden. Damit wurde neues Wirtschaftsland gewonnen[52]), altes Wirtschaftsland konnte von den Kanälen aus bewässert werden, was auch vertraglich festgelegt wurde. Regelung und Kanalisierung der Flüsse gaben der Schiffahrt neue Möglichkeiten und weitere Wirkungsbereiche.

2. Eine nichtbeabsichtigte Wirkung blieb nicht aus: durch die alljährlichen und langdauernden Überschwemmungen wurde zwar der feinste Schlick und Schlamm auf weite Flächen getragen, aber diese blieben unsicheres Wirtschaftsland, das nur als Wiesen- und Weideland genutzt werden konnte. Nach der Regelung der Flüsse blieben die regelmäßigen Überflutungen aus; es entstanden unter den beschriebenen Bedingungen (Anm. 128) Sand-, Ton-, Salz- und Sodaböden, also unfruchtbare Flächen[53]). Auf den verschlechterten Böden änderte sich der natürliche Pflanzenbestand; er wurde für Viehweide ungeeignet. Jetzt mußten Bodenverbesserungen und Berieselung einsetzen, um die vorhandenen fruchtbaren Bodenbestandteile wirken zu lassen (S. 50 f.).

3. Entwickelung der Eisenbahnen.

a) Bis zum Jahre 1870: Die erste längere Dampf-Eisenbahn (58/II. 619—683) (K 1) wurde Ende 1847 auf der Strecke Pest-Szolnok in Betrieb genommen. Die Verbindung von Budapest nach Preßburg (Pozsony) über Waitzen (Vác) und Gran (Esztergom) am linken Donauufer konnte 1851 aufgenommen werden. Im Jahre 1854 war die Strecke Budapest-Szeged und im Jahre 1857 die nach Debrecen und die Strecke Budapest-Temeschburg (Temesvár) fertig, welche schon 1858 bis Jaszenova-Versec fortgeführt wurde. Ebenfalls im Jahre 1858 wurden Groß-Wardein (Nagyvárad) und Arad an die Linie Budapest-Szolnok-Debrecen angeschlossen; im Jahre 1859 Miskolc über Nyiregyháza und Tokaj.

D. h. bis zum Jahre 1859 war der Grundriß des Eisenbahnnetzes im Alföld fertig. Zur selben Zeit hatte West-Ungarn außer der Strecke Budapest-Preßburg nur kurze Linien erhalten. Die Linie Budapest-Nagykanizsa wurde 1861 gebaut; neun Jahre später erst (1870) war die Verbindung mit Agram (Zágráb) gegeben. Zur gleichen Zeit war es möglich, von Csaba über Szeged, Maria Theresienstadt (Szabadka), Zombor, Esseg (Eszék) nach Villány zu gelangen.

Am Ende des Jahres 1870 (K. 1) strahlten 8 Eisenbahnlinien von Budapest aus durch Ungarn. Die Grenzkomitate, ausgenommen die östlichsten, waren an die Hauptstadt angeschlossen[54]).

b) Von 1870 bis 1895: Die Eisenbahnkarte des Jahres 1895 bringt als wesentlich Neues die eisenbahntechnische Erschließung des Gebirgslandes. In den Jahren 1871—1873 entsteht die große Karpatenbahn: Teschen-Sillein (Zsolna)-Pográd-Felka-Kaschau(Kassa)-Sátoralja-Csap-Királyháza-Sziget, von der mehrere Stichbahnen abgehen, und die im Jahre 1883 an die Linie Trencsén-Preßburg (Pozsony) angeschlossen wird. Gleichzeitig (1871—1874) kann von Miskolc aus das Ungarische Erzgebirge befahren werden und wird an die Karpatenbahn angeschlossen. In West-Ungarn werden in den Jahren 1871—1894 viele kleine Strecken gebaut.

Das östliche Alföld wurde schon im Jahre 1871 angeschlossen; die Strecke Temeschburg (Temesvár)-Karánsebes-Orsova war 1876/78 in Betrieb.

In dem strahligen Grundnetz, das 1859 bereits zu erkennen war, fehlten zwei Hauptstraßen, die auffallend spät gezogen worden sind: die Strecke Budapest-Dombóvár-Szt. Lörinc wurde 1882 gebaut, so daß Fünfkirchen (Pécs) erst seitdem von Budapest aus unmittelbar zu erreichen ist! Der andere Strahl ist der über Maria Theresienstadt (Szabadka), Neusatz (Ujvidék) und Semlin (Zimony) nach Belgrad, der seit 1882/83 befahren werden konnte. Seitdem ist der Fächer voll aufgeschlagen.

Im übrigen werden in den Jahren zwischen 1870 und 1895 Verbindungsbahnen zu den Hauptstrecken gezogen, im Alföld mehr als in West-Ungarn. Darunter fällt' auch die Linie Debrecen-Tiszafüred-Füzesabony, mit Abzweigung nach Polgár, also durch die Pußta Hortobágy (1891).

Überschau: Bis Ende des Jahres 1895 war die sternförmige Anlage des Eisenbahnnetzes vervollständigt; die Hauptstrahlen waren durch Nebenlinien miteinander verbunden worden. Beim Ausbau beider wurde das Alföld bevorzugt, so daß manche „Pußtenbahn“ eher fuhr als eine „Städtebahn“ in West-Ungarn. Budapest ist als Entfaltungspunkt des Eisenbahnfächers so stark betont, daß es im Raume zwischen der politischen und wirtschaftlichen Hauptstadt und der südlichen West-Ost-Linie (Zákány-Baja-Szeged-Csaba-Großwardein-Királyháza) keine andere westöstliche Querverbindung gibt, die gestatten würde, die Ränder des Fächers ohne Berührung von Budapest zu verbinden. Zwischen Budapest und Belgrad führte bis zum Jahre 1898 nur eine Eisenbahnbrücke über die Donau, die Brücke bei Baja.

c) Von 1895 bis 1928: Für die Jahre nach 1895 war die weitere Entwickelung vorgezeichnet: es mußte danach gestrebt werden, das Netz durch kleine verbindende Strecken zu vervollständigen und zu verdichten, und die Hauptlinien zweigleisig auszubauen. Der Weg zu diesem Ziel konnte solange beschritten werden, bis der Kraftwagen eine Schranke zog. Bei seinem Erscheinen wurden wieder Straßen gebaut. Er war dazu bestimmt, das Eisenbahnnetz zu ergänzen. Seine Macht war so groß, daß selbst kleinste Strecken als verbindende Zwischenglieder nicht mehr gebaut wurden[55]).

Durch den Vertrag von Trianon ist die westöstliche Randbahn zerschnitten worden. Damit sind auch die Zubringerlinien von der Ebene her abgerissen. Das gleiche gilt für den nordöstlichen Teil der Karpatenbahn.

d. Ursachen für die Entwickelung des Eisenbahnnetzes unter Berücksichtigung der landwirtschaftsgeographischen Bedeutung:

1. Nach dem Ausgleich von 1867 übernahm Ungarn von Österreich den Bau von Privatbahnen mit staatlichen Zinsversprechen: der Staat genehmigte den Bau der von Gesellschaften vorgelegten Linien, beaufsichtigte ihn und sicherte einen Zinsenbetrag. Da aber die Gesellschaften sehr oft in Bedrängnis gerieten, mußte der Staat Bahnen aufkaufen. Es entwickelte sich ein gemischtes System, das nach 1886 zwangsläufig zum System der Staatsbahnen führte (58/II. 619—649).

Es bestand das Bedürfnis, neben den großen Linien (convicinalis) Eisenbahnen für den Ortsverkehr, sogenannte Vicinalbahnen zu bauen (58/II. 649—654). Für sie wurde 1880 ein eigenes Gesetz erlassen, um ihren Bau leichter und schneller durchführen zu können, wenn er dem Verkehrszweck einer Landschaft entsprach.

Im Jahre 1870 waren von sämtlichen Eisenbahnen des Königreichs Ungarn etwa 10 %, im Jahre 1895 etwa 54 % Staatsbahnen. Da der Staat einen sehr großen Teil der Privat- und Vicinalbahnen verwaltete, konnten im Jahre 1897 etwa 82 % aller Bahnen als staatlich verwaltete Bahnen gelten (58/II. 666, 631—647).

Linienführung und politische, militärische und wirtschaftliche Bedeutung der Eisenbahnen blieben von ihrem Träger abhängig. Da die Linien in einzelnen zerstückelten Strecken gebaut wurden, in verkehrswirtschaftlich gegebener Richtung unter verschiedener Verwaltung standen und nach privaten, nicht nach gemeinwirtschaftlichen Belangen arbeiteten, mußte die Benutzung der Eisenbahn für den Warenverkehr leiden. Trotzdem wurde ihre volkswirtschaftliche Bedeutung eher als ihre politische erkannt.

Von einem übergeordneten planmäßigen Ausbau des Eisenbahnnetzes kann nicht gesprochen werden, so sehr es oft den Anschein hat. Die ersten Bahnen waren nach Bau und Verkehrspolitik der Einsicht und Berechnung von Gesellschaften überlassen. Wirtschaftlichkeit und planvolle Ergänzung des Netzes konnten erst nach der Verstaatlichung erreicht werden.

2. Der Übergang von der Privatbahn zur Staatsbahn wurde durch die geringe Ergiebigkeit (Rentabilität) der Strecken wesentlich beschleunigt. Der Verkehr ist erst nach Einführung der Staatsbahnen und des Zonentarifs (1889) gestiegen. Im Jahre 1870 wurden rund 4,9 Mill., im Jahre 1895 rund 53 Mill. (58/II. 668—671; 26/268)

und im Jahre 1927/28 in Rumpf-Ungarn rund 88 Mill. (163/213) Personen befördert. Der Frachtgutverkehr betrug im Jahre 1870 rund 5,4 Mill. t, im Jahre 1895 rund 28 Mill. t, im Jahre 1927/28 in Rumpf-Ungarn rund 35 Mill. t. Auf den Binnenverkehr entfallen im Jahre 1897 rund 71 %, auf den Auslandsverkehr rund 16 % (58/II. 668—671; 26/268).

Die wichtigsten Verkehrsgüter sind 1895 Massengüter: Steinkohlen; Getreide, Mehl, Hülsenfrüchte; Holz und Steine. Sie bestimmen Linienführung, Verkehrspolitik und Ergiebigkeit der Eisenbahnen. Die großen Linien wurden zuerst nach den Getreidebaulandschaften des Alfölds gezogen und auch die Ortsbahnen dort am schnellsten ausgebaut[56]). Dieser Massengüterverkehr ist nach seiner Beförderungsrichtung einseitig und zeitlich begrenzt, z. B. Getreide und Hülsenfrüchte werden aus den Anbaugebieten nach der Ernte nach Westen befördert, nämlich nach dem Auslande.

3. Der verhältnismäßig schnelle Ausbau eines Eisenbahnnetzes war durch den Zustand der Landstraßen gerechtfertigt, die nicht „schlechter" waren als zur gleichen Zeit (Mitte des 19. Jhdts.) im Deutschen Reich[57]). Solange kein Verkehrsbedürfnis vorhanden war, genügten Erdwege. Erst als diese hinter dem Bedürfnis zurückblieben, entstanden Spannungen zwischen dem Verkehrsbedürfnis und dem Zustand der Straßen: sie wurden „schlecht". Die Beharrung erklärt sich aus fehlenden naturgeographischen Voraussetzungen (Bodenarten, Stein- und Holzarmut), fehlenden Mitteln der Komitate, denen bis 1848 der Straßenbau zufiel und fehlendem Gemeinsinn. Erst nach dem Bau der Eisenbahnen wurden die Landstraßen gut ausgebaut, weil durch die Eisenbahn Bausteine billig und bequem herangeschafft werden konnten.

4. Vor den Eisenbahnen waren die Flüsse trotz ungünstiger Eigenschaften die einzigen brauchbaren Verkehrsstraßen. Donau und Theiß fließen von Norden nach Süden, Drau und Sau (Száva) von Westen nach Osten; alle vier also nicht nach den Absatzgebieten für Massengüter. Getreide, dessen Menge alljährlich je nach Erntemenge und Ausfuhrüberschuß wechselt, mußte im Spätherbst und Frühjahr, wenn die Donau Niederwasser oder Hochwasser führt, zu Berg durch Pferdekraft getreidelt werden. Ein wirtschaftlich beachtenswerter Verkehr entwickelte sich erst, seitdem der regelmäßige Dampfschiffahrtsverkehr am 1. Februar 1831 auf der Donau und im Jahre 1833 auf der Theiß eröffnet wurde[58]). Da die Beförderungskosten der Eisenbahn höher sind als die der Schiffahrt, wird nach wie vor ein großer Teil des Getreides auf den Flüssen verfrachtet[59]). Getreide aus dem östlichen und nördlichen Alföld mußte theißabwärts bis zum Franzens-Kanal, das aus dem südlichen Alföld über Theiß- und Franzens-Kanal donauaufwärts befördert werden, also Zeit und Weg um mehr als das achtfache verlängern. Darum wurden zuerst die östlichen Eisenbahnlinien ausgebaut. Bahnen in Nähe der Donau wurden später (1882 bis 1895) gebaut, so die Strecken über Maria Theresienstadt (Szabadka) nach Neusatz (Ujvidék), nach Dombóvár und Szekszárd, von Neusatz nach Baja.

5. Die Erste Donau-Dampfschiffahrts-Gesellschaft erwarb 1852 Kohlenrechte an den Gruben bei Fünfkirchen (Pécs), um ihren großen Kohlenverbauch unabhängig decken zu können. Diese Gruben lagen günstig zur Verkehrsstrecke der Donau. Die Gesellschaft baute 1854 eine Eisenbahn vom András-Schacht nach Üszög (5,72 km) und von dort nach Mohács (54,84 km), dem Kohlenhafen an der Donau. Im Jahre 1868 wurde die Bahn Üszög-Barcs eröffnet (140/III. 18).

Ähnlich wie hier sind auch die Eisenbahnen in den Karpaten und im Ungarischen Erzgebirge zur Verfrachtung nutzbarer Minerale gebaut worden.

III. Aufnahme der Standorte.

A) Wirtschaftspflanzen.

1. Getreide.

a) Weizen.

aa) Landwirtschaftsgeographische Beschreibung:

In Ungarn wird die veredelte begrannte rote Sorte des gemeinen Weizens (triticum vulgare) angebaut, der sogenannte Ungar-, Banater- oder Theißweizen in verschiedenen Spielarten. Die Körner sind rot gefärbt, hart oder „stählern“, haben hohen Klebergehalt (17 %) und gute Backfähigkeit. Den hohen Klebergehalt (Protein) verursachen Klima und Boden: Trockenheit und Wärme verkürzen die Wachstumszeit und reichern den Kleber an. Das kühlfeuchte Klima des Hügellandes verlängert die Wachstumszeit erhöht den Ertrag und verringert den Klebergehalt. Dieser ungarische Weizen gehört zu den besten, aber wenig ertragreichen Sorten. Er ist dünnhalmig, blattarm, wenig lagerfest, winterfest und frühreif. Im Alföld wird er im Oktober gesät und Ende Juni bis Anfang Juli geschnitten. Allgemein üblich ist der Anbau von Winterweizen; Sommerweizen ist unbeliebt, weil unsicher und nicht einträglich. Andere Sorten, Somogyer-, französischer, Diószeger- und deutscher Weizen wechseln die Eigenschaften und konnten sich nicht einbürgern.

Wird Weizen Anfang Oktober gesät, so verlängert sich zwar die Wachstumszeit und die Erträge vergrößern sich, aber die Fliegengefahr ist größer[60]). Sie verkleinert sich, wenn Ende Oktober nach Zuckerrüben oder Mais als Vorfrucht gesät wird. Je später Weizen reift, desto größer ist die Rostgefahr und desto mehr schrumpfen die Körner infolge der Hitze und Trockenheit des Sommers. Gefürchtet wird die Lagerung, eine Folge der dünnen und schwachen Halme, welche wiederum geringe Niederschläge verursachen.

Die Pflege der Weizenfelder ist auf den Wasserhaushalt des Bodens und die Milderung der Trockenheit außerhalb der Erntezeit gerichtet. Mit dem Wechsel vom hölzernen zum eisernen Pflug und zur Maschine wurde die Ackerkrume mächtiger und konnte mehr Winterfeuchte aufspeichern. Das abgeerntete Feld wird möglichst bald gepflügt und geeggt, ehe die obere Bodenschicht erhärtet und austrocknet. In den unteren Schichten soll die Feuchtigkeit für die nächste Frucht erhalten bleiben. Die Saat wird keimkräftig behanhandelt und von Unkraut gereinigt. Es wird dicht, im Großbetrieb mit Drillmaschine, und spät gesät, um eine übermäßige Bestockung

Lagerung, Fliegengefahr und verspätete Reife zu verhindern. Der glasharte ungarische Weizen wird zeitig geschnitten, in Kreuzmandeln oder Puppen kurz gelagert und sofort gedroschen, ohne in Scheunen zu kommen. Weizen gehört zu den arbeitsarmen, geringe Fachkenntnisse erfordernden Wirtschaftspflanzen.

In der Dreifelderwirtschaft wird Weizen nach Brache gesät, weil er dann Güte, hohe und sichere Erträge und hohen Klebergehalt verbürgt. In den Bauernwirtschaften des südlichen Alfölds folgt er in Zweifruchtwirtschaft auf Mais. Da dieser den Vorrat an Stickstoff stark angreift, hat der Weizen einen geringeren Klebergehalt. Mit fortschreitender Schulung wird die Bodengüte stärker berücksichtigt und die Vorfrucht auf stark beanspruchtem Boden verbessert. Die Fruchtfolge kann dann sein: Tabak, Hackfrüchte, Wicken oder Bohnen, Weizen; oder Luzerne, Hackfrucht, Weizen; oder Zuckerrüben, Mais, Weizen.

Bis Ende des 18. Jhdts. galt Weizen als Brotgetreide der magyarischen Bevölkerung. Seitdem hat das Erzeugungsziel gewechselt: Ungarn wurde Weizen-Ausfuhrland (143; 149/36; 180). Im Jahre 1895 betrug der Anteil des ausgeführten Weizens 3,69 % des Warenverkehrs, der des Mehls 13,79 % (28/202). Im Jahre 1928 wurden 10,53 % der Erntemenge ausgeführt, im Jahre 1929 waren es 24 % (38/302, 304). Im Durchschnitt der Jahre 1925—1927 sind 24 % der Weizenernte (Weizen und Weizenmehl) ausgeführt worden (162/281).

Gesamtanbaufläche:

Jahr	ha	in % des Ackerlandes
1870	1 817 689	22,9
1895	2 812 024	26,7
1928	1 694 375	30,6

Die Anbaufläche hat seit 1870 an sich (absolut) und auch bezogen auf die Fläche des Ackerlandes (relativ) zugenommen, und zwar im gleichen Verhältnis (26; 28; 35).

bb) Zeitlich-räumliche Verbreitung

des Anbaus nach politischen und natürlichen Landschaften (K. 2, 3, 4):

1870: Nicht erfaßt (unter 1000 ha): Árva, Turóc, Liptó, Zips (Szepes);

Kerngebiet (52 bis 22½ DL.): Torontál, Bács-Bodrog, Heves, Temes, Békés;

Randgebiet:

innerer Kreis (17½ bis 10 DL.): Pest, Weißenburg (Fejér), Bihar, Csongrád, Arad, Csanád, Somogy, Jász, Preßburg (Pozsony), Tolna, Eisenburg (Vas);

äußerer Kreis (9½ bis ½ DL.): 32 Komitate.

Das südliche Alföld ist Kerngebiet des Weizenanbaus; das mittlere Alföld, West-Ungarn und das kleine Alföld liegen im inneren Kreis des Randgebiets, Bergland und Gebirgsland im äußeren

Kreis. Das Kerngebiet bildet kein geschlossenes Gebiet, sondern drei Inseln.

1895: Nicht erfaßt: Árva, Liptó und Zips (Szepes).
Kerngebiet (81½ bis 20 DL.): Torontál, Bács-Bodrog, Temes, Jász, Bihar, Békés, Pest, Arad, Somogy;
Randgebiet:
innerer Kreis (17½ bis 10 DL.): 18 Komitate;
äußerer Kreis (9½ bis ½ DL.): 24 Komitate.

Das südliche und mittlere Alföld ist Kerngebiet; das nördliche Alföld und West-Ungarn liegen im inneren Kreis des Randgebiets. Geschlossene Gebiete liegen im Alföld und in West-Ungarn, zwei Inseln.

1928: Kerngebiet: (46 bis 25½ DL.): Jász, Békés, Pest, Somogy;
Randgebiet:
innerer Kreis (19½ bis 11 DL.): 14 Komitate;
äußerer Kreis (9 bis ½ DL.): 13 Komitate.

Das mittlere Alföld ist Kerngebiet; das nördliche Alföld und West-Ungarn liegen im inneren Kreis des Randgebiets. Das geschlossene Gebiet bildet zwei Inseln, die im Alföld und in West-Ungarn liegen.

Vergleich: Das Wachsen der Gesamtanbaufläche (S. 59) von 1870 bis 1928 spiegelt sich in der Veränderung des Kerngebiets wider, das sich vom südlichen über das mittlere Alföld und nach West-Ungarn ausdehnte. Damit ist der innere Kreis des Randgebiets nach außen gerückt und vergrößert worden. Wohl blieb die Stellung des südlichen Alfölds unangreifbar, aber das mittlere und nördliche Alföld und West-Ungarn stehen ihm 1895 und 1928 nicht mehr so fern wie 1870. Infolgedesen ist auch das geschlossene Gebiet starken Weizenanbaus gewachsen.

Die Standorte haben sich vermehrt: gehörten 1870 zum Kerngebiet fünf Komitate, so 1895 neun; der innere Kreis des Randgebiets zählte 1870 elf, 1895 achtzehn Komitate. Die Mehrzahl der Standorte ist zwischen 1870 und 1895 verstärkt worden. Diese Entwickelung hat bei den meisten der unversehrten Komitate bis 1928 angehalten. Da die Komitate Heves, Jász, Borsod bis 1895 neu begrenzt wurden, läßt sich ihre Entwickelung einzeln nicht verfolgen. Wenn ihre Anbaufläche zusammengezählt und verglichen wird, sind auch sie gestärkt worden.

Im Kerngebiet sind die Standorte bis 1895 von 52 auf 81½ DL. verstärkt worden. Diese Höchstgrenze erreichte Torontál (um 29½ DL.). Bemerkenswert ist noch die Steigerung in Temes (um 23 DL.), Bács-Bodrog (um 20 DL.) und Bihar (um 14 DL.). Das neu erscheinende Kerngebiet des Jahres 1928, Jász, erreicht 46 DL., bei einer Verstärkung um 7 DL. zwischen 1895 und 1928. Beim Eintritt in das Kerngebiet verstärkten sich Pest um 13 DL., Somogy um 11½ DL., Békés um 10½ DL. und Arad um 10 DL.

Demnach war das Maß der Verstärkung im südlichen Alföld am größten. Die Verstärkung wandert vom Kerngebiet des südlichen Alfölds über das Alföld nach West-Ungarn.

Karte 4 für 1928 verdient noch in folgenden Punkten Aufmerksamkeit: Zala und Baranya erscheinen trotz verkleinerter Flächengröße bis über das Doppelte verstärkt. Überhaupt haben sich die Standorte Südwest-Ungarns außerordentlich verstärkt. In Pest hat sich die Anbaufläche sehr stark vermehrt, selbst im Stadtgebiet Kecskemét. Jász hat in Rumpf-Ungarn die Führung bei einer Verstärkung, die seit 1895 größer war als die in Pest. Der Entwickelung von Pest kommt Hajdu gleich. Obwohl das Gebiet 1870 kleiner war, kann die Verstärkung (bis 1895 um 8½ DL.) nicht allein daraus erklärt werden, zumal sich das benachbarte Szabolcs und Debrecen auch verstärkt haben.

Im ganzen gesehen verstärkten sich die Standorte zwischen 1870 und 1895 mehr als zwischen 1895 und 1928.

b) Mais.

aa) Landwirtschaftsgeographische Beschreibung:

Unter den Sorten wird der sogenannte ungarische Mais in fünf bis sechs Spielarten am meisten angebaut. Er gehört zu den weichen Sorten, hat lichtgelbe Körner mit einem größeren mehligen und einem kleineren glasigen Teil, deren Form und Größe nach der Sorte verschieden ist. Er reift spät, wird Mitte April gesät und vom August bis November, je nach der Witterung, geerntet. An Klima und Boden stellt er keine besonderen Ansprüche; er ist anpassungsfähig[60a]). Seine Wachstumszeit beträgt 70 bis 183 Tage (178). An landfremden Sorten werden angebaut: Zucker- oder Runzelmais für Speisezwecke, Pferdezahnmais und italienische Sorten für Mehlerzeugung.

Die Sorte wird nach Klima, Boden und Zweck ausgewählt. Der Boden wird mit Stalldung behandelt. Mais als Hackfrucht verlangt vier- bis sechsmaliges Hacken und zur Erntezeit mehr menschliche Arbeit als Weizen. Mais- wie Weizenfelder werden unkrautfrei gehalten.

Mais wird gewöhnlich zwischen zwei Getreidearten angebaut, z. B. Winterweizen und Gerste. Im südlichen Alföld wechselt er bei Zweifruchtwirtschaft mit Weizen (S. 59). In Zwerg- und Kleinwirtschaften finden sich oft Melonen, Kürbisse oder Sonnenblumen als Zwischenfrucht.

Mais dient als menschliches Nahrungsmittel; für die rumänische Bevölkerung ist er Hauptbrotfrucht. In größtem Maße wird er als Futtermittel, für Schweinemast und als Rohstoff für Spiritusfabriken verwendet (149/48). Sein Erzeugungsziel ist also nicht auf Ausfuhr gerichtet. Im Jahre 1895 betrug sein Anteil am Warenverkehr nur 1,46 % (28/202); im Jahre 1925 wurden 3,62 % der Erntemenge ausgeführt (38/302, 304).

Gesamtanbaufläche:

Jahr	ha	in % des Ackerlandes
1870	1 189 976	14,9
1895	1 742 117	16,6
1928	1 069 670	19,3

Die Anbaufläche hat an sich und bezogen auf das Ackerland zugenommen, und zwar zwischen 1895 und 1928 mehr als vorher (26; 28; 35).

bb) zeitlich räumliche Verbreitung

des Anbaus nach politischen und natürlichen Landschaften (K. 5, 6, 7):

1870: Nicht erfaßt (unter 1000 ha): sieben Komitate im nördlichen Gebirgsland;
Kerngebiet (28½ bis 25½ DL.): Bács-Bodrog, Torontál, Bihar;
Randgebiet:
innerer Kreis (16 bis 10 DL.): Arad, Temes, Pest, Békés, Szabolcs, Krassó-Szörény, Heves;
äußerer Kreis (9½ bis ½ DL.): 35 Komitate.

Das südliche und östliche Alföld ist Kerngebiet; das mittlere und westliche Alföld liegen im inneren Kreis des Randgebiets. Das geschlossene Gebiet bildet zwei Inseln im Alföld.

1895: Nicht erfaßt: sieben Komitate im nördlichen Gebirgsland wie 1870;
Kerngebiet (57½ bis 20 DL.): Torontál, Bács-Bodrog, Temes, Bihar, Pest, Krassó-Szörény;
Randgebiet
innerer Kreis (18½ bis 10 DL.): 9 Komitate;
äußerer Kreis (8½ bis ½ DL.): 32 Komitate.

Das südliche, mittlere und östliche Alföld ist Kerngebiet. Das geschlossene Gebiet löst sich wieder in zwei Inseln im Alföld auf.

1928: Kerngebiet (34 bis 20½ DL.): Pest, Békés, Jász;
Randgebiet
innerer Kreis (16½ bis 11 DL.): 9 Komitate;
äußerer Kreis (8½ bis ½ DL.): 19 Komitate.

Das mittlere Alföld ist Kerngebiet. Das geschlossene Gebiet starken Anbaus läßt sich durch die Komitate Pest—Jász—Békés eingrenzen.

Vergleich: Das Wachsen der Anbaufläche verursachte eine Ausdehnung des Kerngebiets vom südlichen über das mittlere Alföld. Der innere Kreis des Randgebiets hat sich wenig verändert.

Die Vermehrung der Standorte erfolgte im Kerngebiet von drei auf sechs bis 1895, im inneren Kreis des Randgebiets von sieben auf neun Komitate. Die Mehrzahl der Standorte wurde zwischen 1895 und 1928 verstärkt.

Im Kerngebiet sind die Standorte bis 1895 von 28½ auf 57½ DL. verstärkt worden. Diese Höchstgrenze erreichte Torontál (um 31½ DL.). Groß ist die Verstärkung außerdem in Bács-Bodrog (um 20 DL.) und in Temes (um 18 DL.). Das Kerngebiet des Jahres 1928 erreicht 34 DL., bei einer Verstärkung um 20 DL. seit 1870. Beim Eintritt in das Kerngebiet hatten sich Temes um 18 DL., Pest um 10 DL. verstärkt.

Demnach war das Maß der Verstärkung im südlichen und mittleren Alföld am größten. Die Verstärkung wandert vom südlichen über das mittlere Alföld nach dem südlichen West-Ungarn.

Zur Karte von 1928: Die Führung in Rumpf-Ungarn ist an Pest gegangen, das sich seit 1870 von 14 auf 24 auf 34 DL. verstärkte. Weißenburg (Fejér) wurde um das Vierfache, Tolna, Somogy und Veszprém um mehr als das Doppelte verstärkt. Hajdu wuchs bei vergrößerter Fläche bis 1895 auf das Doppelte, bis 1928 nochmals um 2½ DL.

Allgemein verstärkten sich die Standorte zwischen 1895 und 1928 mehr als zwischen 1870 und 1895.

c) Roggen.

aa) Landwirtschaftsgeographische Beschreibung:

Die für Ungarn wertvollste Sorte ist Nyirer-Roggen. Er ist anspruchslos an Klima und Boden, gibt sichere Erträge, hat gut entwickelte Körner. Montagner-Roggen stammt aus Frankreich, ist zwar sehr ertragreich, aber nicht winterfest. Hanna-Roggen hat sich gut bewährt. Schlanstädter- und Petkuser-Roggen sind für Ungarn zu anspruchsvoll.

Roggen wird allgemein als Winterfrucht gebaut; September bis Oktober gesät, Mitte Juni bis Mitte Juli bis Mitte August geerntet, gewöhnlich 8—14 Tage früher als Weizen (149/40).

Roggen wird als Brotgetreide der deutschen Bevölkerung angebaut. Außerdem gelangt er in steigendem Maße zur Ausfuhr. Sie betrug im Jahre 1895 2,53 % des Warenverkehrs (28/202), im Jahre 1928 14,62 % der Erntemenge (38/302, 304), im Durchschnitt der Jahre 1925—1927 30 % der Roggenernte (Roggen und Roggenmehl) (162/281).

Gesamtanbaufläche:

Jahr	ha	in % des Ackerlandes
1870	1 091 505	13,8
1895	957 471	9,1
1928	658 880	11,9

Die Anbaufläche hat an sich und im Verhältnis zum Ackerland abgenommen. Die Vergleichsfläche von 1895 zu 1928 nahm zu, weil Rumpf-Ungarn die Kerngebiete verblieben sind (26; 28; 35).

bb) zeitlich-räumliche Verbreitung

des Anbaus nach politischen und natürlichen Landschaften:

1870: Nicht erfaßt (unter 1000 ha): drei Komitate;
Kerngebiet (26 bis 20 DL.): Pest, Szabolcs;
Randgebiet:
innerer Kreis: (16 bis 10 DL.): 7 Komitate;
äußerer Kreis (8½ bis ½ DL.): 40 Komitate.

Das Kerngebiet liegt im westlichen und nordöstlichen Alföld. Das kleine Alföld, das südwestliche West-Ungarn und das östliche Alföld liegen im inneren Kreis des Randgebiets. Das geschlossene Gebiet zerfällt in zwei Inseln; neben ihnen bestehen als geschlossene Gebiete

Eisenburg (Vas)-Zala-Somogy; Preßburg (Pozsony)-Neutra (Nyitra) und Zemplén-Szabolcs-Bihar. Das mittlere und südliche Alföld bildet ein geschlossenes Gebiet geringen Anbaus.

1895: Nicht erfaßt: zwei Stadtgebiete;
Kerngebiet (35½ DL.): Pest;
Randgebiet:
innerer Kreis (16 bis 10 DL.): 6 Komitate;
äußerer Kreis (8 bis ½ DL.): 45 Komitate.

Das westliche Alföld ist Kerngebiet. Das geschlossene Gebiet des Anbaus hat sich nicht verändert.

1928: Nicht erfaßt: 4 Komitate;
Kerngebiet (40 DL.): Pest;
Randgebiet:
innerer Kreis (15½ bis 10 DL.): 4 Komitate;
äußerer Kreis (9 bis ½ DL.): 22 Komitate.

Das westliche Alföld ist Kerngebiet geblieben. Als geschlossene Gebiete heben sich drei Roggenbauinseln heraus: Veszprém-Zala-Somogy, Pest und Szabolcs.

Vergleich: Zwischen 1870 und 1895 hat sich das Kerngebiet verkleinert. Szabolcs ist ausgeschieden. Es konnte sich kein größeres geschlossenes Gebiet bilden, sondern es bestehen Roggenbauinseln. Die Anzahl der Standorte hat sich vermindert; ihre Mehrzahl ist entsprechend der Abnahme der Gesamtanbaufläche geschwächt worden. Gestärkt wurden die Standorte in West-Ungarn und Pest. Dieses hat sich zwischen 1870 und 1928 zum Kerngebiet entwickelt, und zwar von 26 auf 44½ DL. einschließlich Kecskemét. Die Verstärkungen in West-Ungarn sind sehr gering. Im äußeren Kreis wurden Komitate bis über 50 % geschwächt.

d) Gerste.

aa) Landwirtschaftsgeographische Beschreibung:

Gerste ist in zwei Sorten, die räumlich getrennt angebaut werden, verbreitet:

Zweizeilige Sommergerste (Braugerste) kommt in folgenden Spielarten vor: Slowakische Gerste ist in Oberungarn heimisch, wenig ertragreich, frühreif, anpassungsfähig und anspruchslos. Illmitzer Gerste wird besonders im Komitat Wieselburg (Moson) angebaut, ist ertragreich und frühreif. Chevalier-Gerste und Kvasitzer-Hanna-Gerste gelten als beste Braugerste für Ungarn.

Vierzeilige Wintergerste (Futtergerste) verträgt das Klima des Alfölds, wo die Braugerste nicht gedeiht (149/43). In Rumpf-Ungarn wird darum mehr Wintergerste angebaut als im Jahre 1870 in Alt-Ungarn (1870 im Verhältnis 1 : 21, 1928 1 : 4). Die besten Gebiete der Braugerste gingen verloren.

Aus dem doppelten Erzeugungsziel ergeben sich zwei räumlich getrennte Anbaugebiete: Oberungarn für Braugerste, Alföld für Futtergerste. Die Ausfuhr hat zugenommen. Sie betrug im Jahre 1895 3,23 % des Warenverkehrs (28/202), 1928 4,29 % der

Erntemenge (38/302, 304), im Durchschnitt der Jahre 1925—1927 10 % der Gerstenernte (Gerste und Gerstenmehl) (162/281).

Gesamtanbaufläche:

Jahr	ha	in % des Ackerlandes
1870	781 706	9,8
1895	965 435	9,2
1928	416 092	7,5

Bis 1895 hat sich zwar die Anbaufläche vergrößert, aber mit der Vergrößerung des Ackerlandes nicht Schritt gehalten. Zwischen 1895 und 1928 ist eine Rückbildung eingetreten, die nach der Anbaufläche größer war als im Vergleich zum Ackerlande (26; 28; 35).

bb) Zeitlich-räumliche Entwickelung

des Anbaus nach politischen und natürlichen Landschaften.

1870: Nicht erfaßt (unter 1000 ha): 5 Komitate;
Kerngebiet (14 bis 12 DL.): Neutra (Nyitra), Bács-Bodrog, Preßburg (Pozsony);
Randgebiet
innerer Kreis (9½ bis 5 DL.): 14 Komitate;
äußerer Kreis (4½ bis ½ DL.): 30 Komitate).

Das kleine Alföld und Bács-Bodrog bilden das Kerngebiet. Das mittlere und nördliche Alföld, West-Ungarn und Trencsén im Gebirgsland liegen im inneren Kreis des Randgebiets. Dieser bildet ein ziemlich geschlossenes Gebiet im mittleren Ungarn.

1895: Nicht erfaßt: 2 Komitate;
Kerngebiet (18½ bis 14 DL.): Neutra (Nyitra), Pest, Preßburg (Pozsony);
Randgebiet
innerer Kreis (8½ bis 5 DL.): 23 Komitate;
äußerer Kreis (4½ bis ½ DL.): 26 Komitate.

Das kleine Alföld und das westliche Alföld sind Kerngebiet und bilden Inseln starken Anbaus. Der innere Kreis des Randgebiets läuft von West-Ungarn über das Alföld ins nördliche Gebirgsland.

1928: Nicht erfaßt: 2 Stadtgebiete;
Kerngebiet (14 DL.): Pest;
Randgebiet
innerer Kreis (7 bis 5 DL.): 8 Komitate;
äußerer Kreis (4½ bis ½ DL.): 20 Komitate.

Das westliche Alföld ist Kerngebiet; das östliche West-Ungarn und Teile des mittleren Alfölds liegen im inneren Kreis des Randgebiets. Beide bilden ein fast geschlossenes Gebiet.

Vergleich: Trotz der Vergrößerung der Anbaufläche bis 1895 hat sich das Kerngebiet nicht ausgedehnt, sondern der innere Kreis des Randgebiets hat sich ausgeweitet. Er umfaßt neun Komitate mehr zulasten des äußeren Kreises. Nur der innere Kreis des

Randgebiets ist fast geschlossen. Das ergibt im ganzen eine gleichmäßig starke Verbreitung des Anbaus.

Die Standorte haben sich nicht vermehrt; sie sind nur vom äußeren zum inneren Kreis des Randgebiets gewechselt. Darin drückt sich auch die Vergrößerung der Anbaufläche aus. Im Kerngebiet war das Maß der Verstärkung der Standorte gering (Neutra auf 18½ DL.). Größer ist die Verstärkung von Pest, das trotz einer Schwächung in Rumpf-Ungarn als Kerngebiet auftritt. Bács-Bodrog mußte mit einem Verlust von 3½ DL. das Kerngebiet verlassen. Im Jahre 1928 hat Pest die überlegene Führung.

e) Hafer.

aa) Landwirtschaftsgeographische Beschreibung:

Die heimischen Sorten eignen sich für Klima und Boden des Alfölds, sind aber wenig ertragreich. Fremde Sorten stellen hohe Ansprüche an Luftfeuchte und Boden. Hafer wird als letzte Pflanze innerhalb der Fruchtfolge, als abtragende Frucht gebaut (149/45).

Gesamtanbaufläche:

Jahr	ha	in % des Ackerlandes
1870	840 495	10,5
1895	821 076	7,8
1928	265 220	4,7

Die Anbaufläche hat ständig und gleichmäßig abgenommen (26; 28; 35).

bb) Zeitlich-räumliche Verbreitung

des Anbaus nach politischen und natürlichen Landschaften:

1870: Kerngebiet (33 DL.): Bács-Bodrog;
Randgebiet:
innerer Kreis (10½ DL): Pest;
äußerer Kreis (8½ bis ½ DL.): 50 Komitate.

Das Kerngebiet liegt im westlichen Teil des südlichen Alfölds, dem sich nach Norden das westliche Alföld als innerer Kreis des Randgebietes anschließt. Beide bilden ein geschlossenes Gebiet starken Anbaus.

1895: Nicht erfaßt: 3 Stadtgebiete;
Kerngebiet (26½ DL.): Bács-Bodrog;
Randgebiet:
innerer Kreis: —
äußerer Kreis (9 bis ½ DL.): 50 Komitate.

Das Kerngebiet ist dasselbe geblieben; ein innerer Kreis des Randgebiets läßt sich nicht ausscheiden.

1928: Nicht erfaßt: 4 Stadtgebiete. Es ist kein Kerngebiet im Sinne des Jahres 1870/1895 vorhanden; sämtliche Komitate liegen im äußeren Kreis des Randgebiets (6 bis ½ DL.).

Vergleich: Die starke Abnahme der Anbaufläche spiegelt sich in der Veränderung des Kerngebiets wider. Die Standorte haben sich um die Stadtgebiete vermindert; die Mehrzahl wurde geschwächt. Verstärkt wurden einige Komitate des Gebirgslandes und West-Ungarns. Im Jahre 1928 stehen Somogy und Pest am stärksten da, neben ihnen West-Ungarn und Szatmár.

f) Halbfrucht (Gemenge von Weizen und Roggen).

aa) Gesamtanbaufläche (26; 28):

Jahr	ha	in % des Ackerlandes
1870	215 063	2,71
1895	76 189	0,72
1928	—	—

bb) Zeitlich-räumliche Verbreitung des Anbaus:

Die Kerngebiete lagen im Jahre 1870 im Alföld, im Jahre 1895 ist als solches Bihar im östlichen Alföld, anteilig um das Dreifache verstärkt, zurückgeblieben.

g) Hirse.

aa) Gesamtanbaufläche (26; 31; 35):

Jahr	ha	in % des Ackerlandes
1870	52 085	0,66
1900	40 815 (Hirsegras)	0,38
1928	8 875	0,16

bb) Zeitlich-räumliche Verbreitung des Anbaus:

Das Kerngebiet des Anbaus liegt im Alföld, ist aber zwischen den einzelnen Komitaten hin und her gewandert. Im Jahre 1928 haben Alföld und West-Ungarn fast gleiche Anteile.

h) Buchweizen (Heidekorn, Tatárka).

aa) Gesamtanbaufläche (26; 35).

Jahr	ha	in % des Ackerlandes
1870	24 715	0,31
1928	475	0,08

bb) Zeitlich-räumliche Verbreitung des Anbaus:

Der Anbau war immer gering. Im Jahre 1870 lag das Kerngebiet in Eisenburg (Vas); im Jahre 1928 bestehen gleichgroße Flächen im Alföld und in West-Ungarn.

2. Nicht-Getreide.

a) Kartoffeln.

aa) Landwirtschaftsgeographische Beschreibung:

Unter den Sorten ist Professor Maercker stärke- und ertragreich, frühreif und gegen Fäulnis widerstandsfähig; Ungarischer

Schatz (Magyar Kincs) eine heimische Sorte, stärke- und ertragreich. Max Eyth ist dem Klima und Boden des Nordens gut angepaßt. Die Bestellung erfolgt im April, die Ernte frühreifer Sorten Ende Juli, die spätreifer Sorten (Professor Wohltmann) Ende Oktober.

Je nach Sorte und Anbaugebiet werden Kartoffeln als Nahrungsmittel, für Spiritusbrennereien oder als Viehfutter verwendet (149/49).

Gesamtanbaufläche:

Jahr	ha	in % des Ackerlandes
1870	339 717	4,2
1895	433 081	4,1
1928	266 675	4,8

Die Anbaufläche hat sich ständig vergrößert, aber mit der Vergrößerung des Ackerlandes bis 1895 nicht Schritt gehalten (26; 28; 35).

bb) Zeitlich-räumliche Verbreitung

des Anbaus nach politischen und natürlichen Landschaften:

1870: Nicht erfaßt (unter 1000 ha): 9 Komitate;
Kerngebiet (7 bis 5 DL.): Trencsén, Pest, Zips (Szepes), Sáros, Szabolcs;
Randgebiet (4 bis ½ DL.): 38 Komitate.

Im nördlichen Gebirgsland, im westlichen und nordöstlichen Alföld liegt das Kerngebiet, das sich in vier Inseln aufteilt.

1895: Nicht erfaßt: 6 Komitate (darunter vier Stadtgebiete);
Kerngebiet (7½ bis 5 DL.): Pest, Trencsén, Sáros, Zips (Szepes), Szabolcs, Eisenburg (Vas);
Randgebiet (4½ bis ½ DL.): 42 Komitate.

Das Kerngebiet ist das gleiche geblieben.

1928: Nicht erfaßt: 3 Stadtgebiete;
Kerngebiet (12 bis 5½ DL.): Szabolcs, Pest, Somogy;
Randgebiet (4½ bis ½ DL.): 25 Komitate.

Im nordöstlichen und westlichen Alföld und im südlichen West-Ungarn liegt das Kerngebiet, in drei Inseln aufgeteilt.

Vergleich: Zum Kerngebiet von 1870 ist Eisenburg (Vas) hinzugetreten. Die Zahl der Standorte hat sich vermehrt; die Standorte selbst wurden verstärkt. Daß Maß der Verstärkung war überall gering. Im Kerngebiet verstärkten sich die Standorte um 5 DL. (Szabolcs-Ung). Pest wurde gleichmäßig verstärkt, erreichte darum nicht die sprunghafte Steigerung von Szabolcs. Bemerkenswert ist die Verstärkung der Standorte in West-Ungarn, die bei den unversehrten Komitaten bis 1928 anhielt. Im Jahre 1928 liegt das Kerngebiet des Kartoffelanbaus in Szabolcs-Ung.

b) Weingärten.

aa) Landwirtschaftsgeographische Beschreibung:

Da die Geschichte des Weinbaus in Ungarn bis auf die vorrömische Zeit zurückreicht, sind seitdem die verschiedensten Sorten gepflegt und eingeführt worden. Bis Ende des 19. Jhdts, kann die Güte des ungarischen Weins auf die Gunst der natürlichen Verhältnisse des Landes, Klima und Boden, zurückgeführt werden, nicht auf die Pflege durch den Menschen. Nicht nur die verschiedensten Sorten von Reben wurden gepflanzt, sondern auch ein und derselbe Weingarten trug verschiedene Sorten gleichzeitig, sogar von verschiedener Farbe, Güte, verschiedenen Geschmacks und verschieden langer Reifezeit. So ungleichmäßig mußte dann auch das Getränk werden, zumal es unsachgemäß behandelt wurde. Von über hundert Rebensorten sind als wichtigste Gütesorten zu nennen:

Weißweinreben: Furmint, die heimische Rebe des Tokaj-Hegyalja-Gebiets; Olaßriesling (italien. oder franz. Herkunft) ist am meisten verbreitet, besonders nach 1875; Ezerjó (Tausendgut), eine weit verbreitete heimische Sorte. Daneben werden noch ungarische Sorten von geringerer Güte gepflanzt, von denen die Rebe des Slankamenka die reichste Mengesorte, besonders in Somogy, Zala und im Alföld ist.

Die wichtigste Rotweinrebe ist Kadarka, wahrscheinlich eine landfremde Sorte, die im Weinbaugebiet Erlau (Eger), Szekszárd und Fünfkirchen (Pécs-Villány) gepflegt wird. Die Rotweine dieser Landschaften sind sehr gut; aber sie stellen nur einen kleinen Teil der Weinerzeugung Ungarns, die auf Weißwein gerichtet ist.

Eine grundsätzliche Änderung in der Rebenzucht trat nach 1875 ein, nach dem Auftreten der Reblaus (Phylloxera). Es wurden amerikanische Reben (Riparia portalés, Vitis colonis, Riparia monticola) eingeführt und mit europäischen Sorten veredelt, weil die Wurzeln dieser Reben gegen die Reblaus unempfindlich sind. Die Veredelung erfolgte, um die ursprünglich amerikanische Rebe dem europäischen Geschmack anzupassen. Außerdem zeigte es sich, daß die Reblaus in Sandboden mit mehr als 75 % Quarzkörnern nicht fortkommt. Darum wurde nicht nur das alte Weinland mit amerikanisch-europäischen Reben neu bepflanzt, sondern neue Weingärten wurden mit europäischen Sorten im giftfreien (immunen) Sandboden der Ebene angelegt. Der daraus erzeugte „Sandwein" hat nach Geschmack und Güte andere Eigenschaften als der Wein des Berg- und Hügellandes und wird als leichter Tischwein des großen Bedarfs verbraucht.

Eine weitere Umstellung trat in der Nachkriegszeit ein infolge veränderter Marktverhältnisse: ein immer größerer Teil der Weingärten, besonders die in der Nähe der großen Städte gelegenen, wurde auf die Erzeugung von Tafeltrauben umgepfropft, und zwar nicht nur für den Eigenverbrauch, sondern es wurde auch auf eine verkehrsfähige Traube Wert gelegt[61]).

Die Weinlese beginnt gewöhnlich im September. In der Hegyalja wird sie je nach der Witterung möglichst spät gelegt: Ende Oktober bis Anfang November, damit die Beeren am Stock dörren (überreife Trockenbeeren mit bis 36 % Zuckergehalt) (143/422; 58/I. 293; 185).

Die größte Gefahr für die ungarischen Weingärten wurde die Reblaus (Phylloxera), die 1875 zuerst bei Pancsova (Torontál) gefunden wurde und bis 1895 alle Komitate verseucht hatte (31/93). Am meisten litten die Weingärten im Berg- und Hügelland. Im Jahre 1895 waren 20,4 % der Weinbaufläche von der Reblaus angegriffen[62]), darunter am rechten Theiß-Ufer 40,8 %, am rechten Donau-Ufer 33,3 %, in der Ebene des Donau-Theiß-Beckens nur 3,6 %. Im Jahr 1928 waren im Weinland Rumpf-Ungarns noch 6,1 % angegriffen[63]).

Im Kampf gegen die Reblaus verfuhr der ungarische Staat bis 1882 nach dem Grundsatz der Ausrottung. Dann entschied er sich dafür, die Anlage neuer Weingärten auf Sandboden und die Neubepflanzung alten Weinlandes mit amerikanisch-europäischen Reben zu betreiben. Im Jahre 1895 standen 26,9 % des gesamten Weinlandes auf giftfreiem Sandboden; 31,7 % der Neubepflanzungen wurden auf Sandboden angelegt und 6,1 % des gesamten Weinlandes waren mit amerikanischen Reben bepflanzt. Der größte Hundertsatz des Weinlandes auf Sandboden entfiel auf das Donau-Theiß-Becken, der mit amerikanischen Reben bepflanzte auf das rechte Theiß-Ufer. Im Jahre 1928 standen 56,5 % des Weinlandes auf Sandboden, 18,8 % waren auf nichtgiftfreien Böden mit europäischen und 24,6 % mit amerikanischen Wildlingen bepflanzt (29/130; 35/91). So ergibt sich nach der Sortenwahl und der Verteilung der Bodenarten eine allgemeine räumliche Zweiteilung: auf den nichtgiftfreien Böden der feuchten Waldgebiete des Berg- und Hügellandes in West-Ungarn und im nördlichen Hügelland wachsen amerikanisch-europäische Reben, auf den giftfreien Böden der trockenen Steppengebiete der Ebene des Alfölds wachsen europäische (ungarische) Reben.

Außer durch Reblaus sind die Weingärten durch Peronospora viticola (falschen Mehltau), Oidium tuckeri (Mehltau), Insekten und Witterungsschäden bedroht. Von Peronospora waren 1895 62 % der Weinbaufläche angegriffen, 1928 20,9 %; durch Naturschäden überhaupt wurden 1895 12,7 %, 1928 35,5 % verwüstet[62]) [63]).

Seit der Zeit, da Ditz (143/420—422) klagen konnte, daß der Weinbau „für die Region der extensiven Landwirtschaft" nicht passe, weil die Pflanze große Sorgfalt und Pflege erfordere, daß sich der ungarische Wein keinen Markt im Auslande habe erobern können, weil er hohe fremde Zölle und Bahnfrachten tragen müsse, und weil er von geringer Handelsgüte sei, hat sich mancherlei geändert. Davon kann sich schon äußerlich jeder überzeugen, der durch die wohlgepflegten Weingärten Rumpf-Ungarns wandert; denn der gute Ruf des Weins wird nicht bei der Behandlung der Traube, sondern schon bei der Bearbeitung des Bodens und der Behandlung der Rebe begründet. Durch den staatlichen Ausbau von Winzerschulen verschiedener Grade seit 1870 (58/I. 292; 185/117) ist auch der Bauernwinzer über Boden- und Sortenfragen, Veredelung, Gefahrenschutz und Lese gut unterrichtet. Die Weine der Landschaften sind geschützt und dürfen nicht unter Namen laufen, die ihnen nach ihrer Herkunft nicht zustehen. Im Jahre 1893 wurde ein Weinschutzgesetz erlassen, das sich auf die Benennung der Weine bezog und

Ungarn in achtzehn Weingebiete einteilte (58/I. 289 ff.). Die staatliche Überwachung des gesamten Weinlandes wurde durch Verordnung des Ministers für Ackerbau vom Jahre 1924 über Regelung der Erzeugung, Behandlung, Handel und Verteidigung von Fälschungen neu geordnet (35/92). Danach wurde Rumpf-Ungarn in siebzehn Weingebiete eingeteilt. Ihre Gesamtfläche an Weinland betrug 222 264 ha; wovon 56,54 % auf giftfreiem Sandboden und 43,46 % auf andere Böden, und zwar 82,34 % im Hügelland und 17,66 % in der Ebene liegen[64]).

Der ungarische Wein dient zunächst der Deckung des eigenen Bedarfs. Die Ausfuhr ist im Verhältnis zur Erzeugung gering. Im Jahre 1895 betrug der Anteil des ausgeführten Weins in Fässern 3,82 % des Warenverkehrs.

Gesamtfläche des Weinlandes:

Jahr	ha	in % der Gesamtfläche
1870	294 608	1,37
1895	193 091	0,72
1928	222 264	2,38

Der Verlust der Anbaufläche zwischen 1870 und 1895 beträgt 44,64 %. Trotz des Gebietsverlustes von 1920 ist die Fläche in Rumpf-Ungarn anteilig um rund 74 % größer als im Jahre 1870! (26; 28, 35.)

bb) Zeitlich-räumliche Verbreitung

des Anbaus nach politischen und natürlichen Landschaften (K. 8, 9, 10):

1870: Nicht erfaßt: 15 Komitate, davon 14 im Gebirgsland;
Kerngebiet (8 bis 5 DL.): Pest, Zala, Baranya;
Randgebiet (4 bis ½ DL.): 34 Komitate.

Im westlichen Alföld und im südlichen West-Ungarn liegt das Kerngebiet, das zugleich ein verhältnismäßig geschlossenes Gebiet darstellt.

1895: Nicht erfaßt: 21 Komitate;
Kerngebiet (6½ DL.): Pest;
Randgebiet (4½ bis ½ DL.): 32 Komitate.

Kerngebiet ist das westliche Alföld.

1928: Nicht erfaßt: 2 Komitate;
Kerngebiet (14½ DL.): Pest;
Randgebiet (4½ bis ½ DL.): 28 Komitate.

Pest (westliche Alföld) ist das unbestrittene Kerngebiet.

Vergleich: Unter den Verwüstungen durch die Reblaus hat sich das Kerngebiet bis 1895 um 2 Komitate verkleinert. Da das Randgebiet von gleichem Umfang geblieben ist, wird der weitere Verlust von den nicht erfaßten Komitaten getragen. Bis 1895 sind ausschließlich weniger, alle Komitate geschwächt worden. Im Jahre 1928 steht das Kerngebiet um 6½ DL., d. i. die Stärke von 1895, über dem vom Jahre 1870. Der Verlust im Randgebiet erstreckte sich in Hont, Nógrád, Abaúj-Torna, Bereg, Borsod, Szilágy und Krassó-Szörény auf die Gesamtfläche des Weinlandes, wovon sich bis 1928 nur Abaúj-Torna und Borsod etwas erholen konnten. Zwölf Standorte verloren 50 % und mehr der Anbaufläche. Der Verlust war demnach im Berg- und Hügelland am größten, in der Ebene am geringsten (S. 69 f.).

Bis 1928 haben sich die Standorte erholt. Das Kerngebiet überragt das Randgebiet mit einer Spannung von 10 DL.! In den unversehrten Komitaten Weißenburg (Fejér), Veszprém, Heves und Jász beträgt die Verstärkung 50 % und mehr. Hajdu konnte 1870 nicht erfaßt werden, 1895 erscheint es entgegen der allgemeinen Richtung verstärkt, und bis 1928 konnte sich das Weinland noch einmal verdoppeln.

c) Zuckerrüben.

aa) Landwirtschaftsgeographische Beschreibung:

Da die heimische Rübe wenig Zuckergehalt hat, werden deutsche Sorten (Kleinwanzleben) eingeführt. Der Ertrag ist gering; Kapital und Arbeitsaufwand sehr groß. Der Anbau ist von der staatlichen Unterstützung der Zuckerfabriken abhängig. Der Anbau wird selbst auf größeren Gütern als lästig empfunden (143/432; 149/52; 58/I. 269; 151/57).

Gesamtanbaufläche:

Jahr	ha	in % des Ackerlandes
1870	58 672	0,74
1900	86 840	0,82
1928	66 960	1,2

Dank staatlicher Unterstützung erhöhte sich die Anbaufläche dauernd[65]).

bb) Zeitlich-räumliche Verbreitung des Anbaus:

Die Kerngebiete (26; 31; 35) lagen bis 1900 in Ödenburg (Sopron), Neutra (Nyitra), Preßburg (Pozsony). Die Standorte haben sich verstärkt; so verdreifachte, anteilig verdoppelte sich die Fläche in Neutra. Im Jahre 1928 liegen die Kerngebiete in Ödenburg (Sopron), Békés, Weißenburg (Fejér), Pest und Jász.

d) Tabak.

aa) Gesamtanbaufläche (26; 31; 35):

Jahr	ha	in % des Ackerlandes
1870	42 243	0,53
1900	40 040	0,38
1928	22 570	0,41

bb) Zeitlich-räumliche Verbreitung des Anbaus:

Die Anbaufläche hat großen Schwankungen unterlegen. Sie kann sich nicht frei entwickeln, da sie von dem Bedarf der staatlichen Monopolverwaltung (seit 1878 und 1887) abhängig ist. Im Jahre 1870 lag das Kerngebiet im südlichen Alföld, im Jahre 1900 im nordöstlichen Alföld, wo Szabolcs im Jahre 1928 fast die Hälfte der Gesamtfläche einnimmt.

e) Hülsenfrüchte (Erbsen, Bohnen, Linsen).

aa) Gesamtanbaufläche (26; 31; 35):

Jahr	ha	in % des Ackerlandes
1870	37 459	0,46
1890	28 750	0,27
1928	17 680	0,32

bb) Zeitlich-räumliche Verbreitung des Anbaus:

Der Anbau, als Haupt- wie Nebenanbaupflanzen betrieben, ist auffallend gering. Den größten Anteil an der Gesamtfläche der Hülsenfrüchte hatten im Jahre 1928 Erbsen. Das Kerngebiet liegt in Nordwest-Ungarn: Neutra (Nyitra), Trencsén und im westlichen Alföld: Pest. Im Jahre 1928 verteilt sich der Anbau fast gleichmäßig auf West-Ungarn und Alföld.

f) Gemüse.

Der Anbau der Gemüse, soweit er 1928 erfaßt wurde, ist sehr gering. Es wurden 4 090 ha mit Kohl bebaut, davon 65 % im Alföld (Kalocsa, Uszód); 1 982 ha mit Tomaten, davon 86 % im Alföld; 3 300 ha mit Zwiebeln, davon 89 % im Alföld (Makó) 4 320 ha mit Paprika, davon 90 % im Alföld (Szeged) und 3 385 ha mit Gewürzpaprika, davon 95 % im Alföld (35/83).

g) Obstbäume.

Die erste Obstbaumzählung wurde 1895 versucht. „Die mißtrauische und zur Verheimlichung geneigte Natur des Volkes hat in vielen Gegenden das Erlangen von zuverlässigen Daten verhindert. Die Ergebnisse bleiben hinter der Wirklichkeit zurück" (30/IV. 24).

Die Obstsorten sind sehr zahlreich, oft zulasten der Güte. Die Zahl der Obstbäume und ihre Pflege, sowie das Maß der Verwertung der Früchte ist gering. Die Wirkungen staatlicher Bestrebungen zur Hebung der Obstzucht werden erst Anfang des 20. Jhdts. spürbar. Ein ausführliches „Obstbauprogramm" hatte die Regierung im Jahre 1926 ausgearbeitet (160/13). Das Bauernobst ist sehr gut; aber nur die berufsmäßig betriebenen Obstgärten von Kecskemét, Budapest, Nagykörös, Szeged, Maria Theresienstadt (Szabadka), Félegyháza und Czegléd versenden nach dem Ausland.

Nach der Zählung von 1895 nehmen Pflaumenbäume fast die Hälfte aller Obstbäume ein. Ihr Kerngebiet liegt im Theiß-Maros-Becken und in den Komitaten am linken Theiß-Ufer. In weitem Abstande folgen Apfelbäume, deren Kerngebiet am rechten Donau-Ufer liegt. Von den übrigen Obstbäumen stehen die meisten Birnen-, Kirschen-, Pfirsich-, Nuß-, Mandel- und Kastanienbäume am rechten Donau-Ufer, Aprikosenbäume im Donau-Theiß-Becken[66]).

Die obstbaumreichsten Komitate liegen am rechten Donau-Ufer, im Theiß-Maros-Becken und am linken Theiß-Ufer, also in West-Ungarn und im östlichen Alföld.

h) Gartenland.

Gesamtfläche (28; 35):

Jahr	ha	in % der Gesamtfläche
1895	280 864	1,25
1928	105 987	1,13

Der größte Teil des Gartenlandes lag im Jahre 1895 im südlichen Alföld. Das Kerngebiet war Krassó-Szörény, das 13,36 % der Fläche einnahm. Im Vergleich zu 1928 hat das Gartenland in den unversehrten Komitaten nicht zugenommen. West-Ungarn beteiligt sich mit 46 %, Alföld mit 33 %, nördliches Hügelland mit 22 % (28; 35).

i) Raps (Reps).

Gesamtanbaufläche (26; 31; 35):

Jahr	ha	in % des Ackerlandes
1870	105 017	1,32
1900	30 610	0,29
1928	14 370	0,25

Die Nachfrage nach Rapsöl ist zurückgegangen; darum auch die Anbaufläche. Das Kerngebiet lag 1870 im nördlichen Alföld. Es ist bis 1900 ins südliche Alföld gewandert. Im Jahre 1928 lag fast die Hälfte der Anbaufläche im Alföld.

k) Hanf.

Gesamtanbaufläche (26; 31; 35):

Jahr	ha	in % des Ackerlandes
1870	81 588	1,02
1900	45 560	0,43
1928	7 530	0,13

Die Anbaufläche ist sehr zurückgegangen, trotzdem Ungarn nach Italien den besten Faserhanf erzeugte. Hauptgrund dafür war der schwindende Bedarf an Tauwerk und Segelzeug für die Schiffahrt. Die Erzeugung erstreckte sich fast gleichmäßig auf Fasern und Samen, war ertragreich und sicher. Das Kerngebiet lag im südlichen und östlichen Alföld. Im Jahre 1928 nimmt das Alföld die Hälfte der Fläche auf.

l) Flachs.

Gesamtanbaufläche (26; 31; 35):

Jahr	ha	in % des Ackerlandes
1870	12 785	0,16
1900	7 885	0,07
1928	2 870	0,05

Die Anbaufläche hat sich sehr verkleinert, trotz vielseitiger Verwendungsmöglichkeit in der Faser-, Fett- und Futtermittelwirtschaft. Flachs wurde 1870 zu 61 % für die Gewinnung von Samen und zu 39 % für die von Fasern angebaut. Die Kerngebiete lagen bis 1900 im nordöstlichen Gebirgsland und im Südwesten West-Ungarns. Im Jahre 1928 weist West-Ungarn die größte Anbaufläche auf.

3. Verhalten der Standorte.

a) Entwickelung der Gesamtfläche: Unter den Getreidepflanzen sind die Flächen des Weizens, des Mais und der Gerste gewachsen, die der andern geschrumpft. Unter den Nicht-

Getreidepflanzen konnten sich nur Kartoffeln, Zuckerrüben und Gartenland weiter entwickeln. Aus der Stellung der Wirtschaftspflanzen und ihrer Veränderung geht hervor, daß die Grundhaltung zwischen 1870 und 1928 dieselbe geblieben ist: Ungarn ist ein Weizen-Mais-Land.

Das Getreideland nimmt mit durchschnittlich 80 % der bestellten Fläche eine überragende Stellung ein. Aber es hat zugunsten des Nichtgetreidelandes abgenommen. Beide stehen sich im Jahre 1870 wie 7,4 : 1 gegenüber, im Jahre 1928 wie 3,3 : 1 [67])!

Die Verlagerungen, die innerhalb des Getreidelandes vor sich gegangen sind, werden durch Herausarbeitung der Weizen- und Maisflächen erfaßt. Weizen und Mais nahmen im Jahre 1870 51 %, im Jahre 1895 62 %, im Jahre 1928 67 % des Getreidelandes ein[68]). Im Alföld, dem Kerngebiet von Weizen und Mais, betrug der Anteil beider im Jahre 1870 60 %, im Jahre 1895 76 %.

b) Wachstum oder Schrumpfung der Kerngebiete: Zwischen 1870 und 1895 sind die Kerngebiete des Weizens, Mais und der Kartoffel gewachsen, und zwar das des Mais um das Doppelte. Die Kerngebiete der Gerste, des Hafers und der Zuckerrüben sind unverändert geblieben, die aller anderen Wirtschaftspflanzen schrumpften mehr oder weniger.

c) Verdichtung oder Verdünnung im Kerngebiet: Die Zahl der Standorte im Kerngebiet des Weizens, Mais und der Kartoffel hat sich vermehrt; die im Kerngebiet des Roggens, der Halbfrucht, der Weingärten, des Raps und Flachs hat sich vermindert. Im Kerngebiet der Gerste, Zuckerrüben und des Hafers ist sie gleich geblieben.

d) Verstärkung oder Schwächung im Kerngebiet: Die Verstärkung im Kerngebiet läuft gleich mit der Entwickelung der Gesamtfläche bei Weizen, Mais, Gerste und Zuckerrüben; die Schwächung entsprach der Abnahme der Gesamtfläche bei Hafer, Halbfrucht, Raps, Hanf und Flachs. Die Verstärkung der Standorte im Kerngebiet der Weingärten ist erst 1928 erkennbar.

e) Die Spannung (Unterschied zwischen höchster und niederster DL.) im Kerngebiet des Weizens ist um das Doppelte verschärft worden (1870: 29½ DL., 1895: 61½ DL.). Im Kerngebiet des Mais war sie 1870 sehr klein, wuchs bis 1895 um das Zwölffache (von 3 auf 37½ DL.). Das bedeutet: mit der Ausdehnung der Gesamtfläche des Weizens und Mais war eine Streuung über das Kerngebiet verbunden. In Rumpf-Ungarn erreicht Weizen die höchste Spannung unter den Hauptwirtschaftspflanzen (20½ DL.). Mais war 1870 sehr gleichmäßig verteilt, ungleichmäßig 1895 und 1928. Im Roggen- und Wein-Kerngebiet wurde eine vergleichsweise große Spanne durch Schrumpfung des Kerngebiets auf einen Standort ausgelöst. Das Kartoffelkerngebiet war bis 1895 ziemlich gleichmäßig beschaffen; in Rumpf-Ungarn wuchs mit der Gesamtfläche und dem Kerngebiet und seiner Verdichtung die Spannung, also die ungleiche Verteilung.

f) Beziehungen zwischen Gesamtfläche, Wachstum, Verdichtung, Verstärkung und Spannung im Kerngebiet bis 1895: Die

Entwickelung der Gesamtfläche des Weizens und Mais wirkt überaus belebend und anregend auf das Verhalten der Standorte: sie werden sehr beweglich. Ihnen gegenüber erscheinen die Standorte der übrigen Wirtschaftspflanzen ruhiger und verharrender. Zwangsläufige Beziehungen bestehen nicht; sondern jeder Standort jeder Wirtschaftspflanze nimmt ein eigenes Gepräge an. Es sind noch andere als „mechanische" Ursachen wirksam gewesen[69]).

g) Verdrängung: Es wurden verdrängt: Roggen, Hafer, Halbfrucht, Hirse, Heidekorn, Raps, Flachs, Hanf und Hülsenfrüchte. Die verdrängenden Kräfte waren: Weizen, Mais, Zuckerrüben und Gartenland. Gerste und Kartoffeln konnten zwar auch verdrängen, aber nicht in gleichem Maße. Eine Sonderstellung nehmen die Weingärten ein; ihre sie verdrängenden Kräfte lagen außerhalb des Bereichs der übrigen Wirtschaftspflanzen.

Im Weizen-Mais-Kerngebiet nahm die Weizenfläche um 56,45 % zu, die Maisfläche um 56,50 % zu und die Restgetreidefläche um 12,95 % ab.

Neben der Verdrängung der Wirtschaftspflanzen selbst ist eine Verdrängung ihrer Sorten zu beobachten. Die Verdrängungskraft der landfremden Sorten ist gering, da die Pflanzen stärker an Klima und Boden gebunden sind als die Wirtschaftstiere. Hohe Erträge lassen sich nicht durch Einführung landfremder Sorten erzielen, sondern nur durch Veredelung und Anpassung landeigener Sorten. Die heimischen Sorten des Weizens, Mais und Roggens, der Gerste und des Hafers haben sich veredelt gehalten, die landfremden nur schwach einbürgern können. Verdrängt wurden heimische Kartoffeln und Zuckerrüben. Landeigene Weinreben wurden landfremden aufgepfropft; Weintrauben wurden durch Tafeltrauben verdrängt. Eine starke Verdrängungskraft wohnt landfremden Gemüsesorten inne; Kohlsorten, Tomaten, Zwiebeln, Paprika.

Auf die Verdrängung antworteten einzelne Wirtschaftspflanzen mit Wanderung der Standorte. So wanderten die Kerngebiete der Hirse, des Raps, des Tabaks. Die Weingärten wanderten auf die Verdrängung durch die Reblaus vom Berg- und Hügelland in die Ebene und z. T. wieder zurück.

h) Vormachtstellungen: Wie aus der Verstärkung der Standorte und aus der Spannung im Kerngebiet zu schließen ist, haben sich einzelne Standorte zu beherrschenden Stellungen entwickelt. Im Jahre 1870 waren es fünf, im Jahre 1895 acht. Die Verteilung der Anbauflächen ist ungleichmäßiger geworden, die Fruchtfolge einförmiger, Einkultur gewachsen[70]).

Bis 1895 verharrten Torontál, Bács-Bodrog und Pest in ihren Vormachtstellungen für Weizen, Hafer und Weingärten. Torontál erhielt noch die Vormacht für Mais; Pest für Roggen; Neutra (Nyitra) für Roggen und Zuckerrüben; Bihar für Halbfrucht; Krassó-Szörény entwickelte sich zum Gartenland. Zu beachten ist, daß Pest innerhalb der Weingärten schon 1870, also vor dem Auftreten der Reblaus, die Vormachtstellung inne hatte.

Auch in Rumpf-Ungarn (1928) sind ausgesprochene Vormachtstellungen zu beobachten: Jász für Weizen; Pest für Mais, Roggen, Gerste, Weingärten, Kartoffeln; Szabolcs für Kartoffeln und Tabak. Das Gemüseland hat sich auf wenige Standorte verdichtet, die nicht nur nach Komitaten, sondern sogar nach Stadtgemeinden benannt werden können (S. 73 f.).

Die Mehrzahl dieser Vormachtstellungen lag 1895 im Alföld. In West-Ungarn werden die Anbauflächen gleichmäßiger beherrscht, die Fruchtfolge ist vielgestaltiger, die Zahl der Wirtschaftspflanzen ist größer.

i) Abgrenzung der Kerngebiete nach naturgeographischen Landschaften: Ein geschlossenes Gebiet im strengsten Sinne konnte nur einmal gebildet werden: Mais nahm 1928 im Alföld ein solches ein, während er vorher Inseln im südlichen und mittleren Alföld besetzt hatte. Die Insel-Kerngebiete des Weizens lagen in der Ebene (Alföld) und im Hügelland West-Ungarns. Roggen bildete 1870 zwei Inseln im westlichen und nordöstlichen Alföld, später lag sein Kerngebiet in Pest, also in der Ebene. Gerste verteilte sich auf Inseln im nordwestlichen Hügelland und in der Ebene. Hafer blieb in der Ebene; Halbfrucht war auf Inseln in der Ebene, zuletzt im östlichen Hügelland verteilt.

Die wichtigsten Kerngebiete des Getreides lagen demnach in der Ebene.

Dort verblieben auch die Kerngebiete der Hirse, des Tabaks, Raps und Hanf. Kartoffeln verteilten sich immer auf mehrere Inseln im nördlichen Gebirgsland, im westlichen Hügelland und in der Ebene. Die Insel-Kerngebiete der Zuckerrüben und Hülsenfrüchte lagen bis 1895 im westlichen und nordwestlichen Hügelland, 1928 auch in der Ebene. Gemüse verteilte sich auf viele Inseln in der Ebene, während das Gartenland im südöstlichen Hügelland sein Kerngebiet fand. Flachs war auf das nördliche Gebirgsland beschränkt. Weingärten bildeten 1870 drei Inseln in der Ebene und im westlichen Hügelland, später lag das Kerngebiet in der Ebene.

Die wichtigsten Kerngebiete des Nicht-Getreidelandes waren auf Ebene, Hügelland und Gebirgsland verteilt.

B. Wirtschaftstiere.

1. Nährflächen.

a) Weiden.

aa) Landwirtschaftsgeographische Beschreibung:

Die großen Weidegebiete Ungarns waren die sogenannten „Pußten" (S. 33 f., 48, 50, 3 f.).

Im Ggensatz zu den Wiesen, die einen einheitlichen Grasbestand aus wenigen Arten tragen, sind die Weiden boden- wie pflanzengeographisch höchst mannigfaltig gestaltet. Moose, Kräuter, Kletten, Disteln, Blütenpflanzen, Salzpflanzen, Gräser, Akazienwaldinseln, Süßgräser bilden größere und kleinere Pflanzenvereine. Diese Weiden wurden niemals gepflegt; der Boden wurde niemals verbessert, die Pflanzenwelt nicht ausgelesen. Die Weidetiere führten ihnen

beträchtliche Mengen Naturdünger zu, soweit er nicht vom Hirtenvolk gesammelt und als Brennstoff verwendet wurde.
Gesamtfläche (26; 28; 35):

Jahr	ha	in % der Gesamtfläche
1870	3 314 743	15,45
1895	2 862 800	12,71
1928	1 007 837	10,82

Die Gesamtfläche hat an sich und vergleichsweise ständig abgenommen. Diese Abnahme erhält die richtige Beleuchtung, wenn sie mit der Zunahme des Ackerlandes verglichen wird. Die Entwickelung des Ackerlandes verhielt sich zum Weideland:

1870 wie 2,4 : 1,
1895 „ 3,7 : 1,
1928 „ 5,5 : 1.

Die Beziehungen zwischen Weidefläche als Nährfläche für Pferde und Rinder entwickelte sich wie folgt:

Jahr	auf 100 Pferde	auf 100 Rinder
	kommen ha Weiden	
1870	194	90
1895	161	60
1928	110	56

bb) Zeitlich-räumliche Verbreitung der Weiden nach politischen und natürlichen Landschaften (K. 11, 12, 13):

1870: Kerngebiet (61½ bis 20 DL.): 15 Komitate;
Randgebiet
innerer Kreis (19½ bis 10 DL.): 14 Komitate;
äußerer Kreis (9½ bis 2½ DL.): 23 Komitate.

Die Kerngebiete liegen im Alföld, in den ungarischen Karpaten, im Banater Gebirge und im nordwestlichen Gebirgsland. West-Ungarn liegt im Randgebiet.

1895: Nicht erfaßt: Baja;
Kerngebiet (54½ bis 22½ DL.): 11 Komitate;
Randgebiet
innerer Kreis (18 bis 10 DL.): 20 Komitate;
äußerer Kreis (9½ bis ½ DL.): 22 Komitate.

Das Kerngebiet ist dasselbe geblieben.

1928: Nicht erfaßt: Baja;
Kerngebiet (41 DL.): Pest;
Randgebiet
innerer Kreis (16 bis 10 DL.): 10 Komitate;
äußerer Kreis (9½ bis ½ DL.): 19 Komitate.

Kerngebiet ist das westliche Alföld.

Vergleich: Das Kerngebiet hat sich verkleinert, der innere Kreis des Randgebiets vergrößert. Das westliche Alföld konnte bis 1895 seine Stellung behaupten und ist im Jahre 1928 als alleiniges Kerngebiet übrig geblieben. Die Standorte haben sich nicht vermehrt, sondern ihre Stellung vom Kerngebiet zum Randgebiet gewechselt. Die Mehrzahl der Standorte ist zwischen 1870 und 1895 geschwächt worden. Gestärkt gingen Máramaros, Temes und Torontál hervor. Das Maß der Schwächung im Kerngebiet war in P e s t am größten (um 20½ DL.). Bács-Bodrog verlor 19, Békés 9½, Csongrád 12, Heves 32 DL. Im Jahre 1928 hebt sich P e s t als starkes Kerngebiet vom Randgebiet ab.

b) W i e s e n.

aa) Landwirtschaftsgeographische Beschreibung:

Wiesen (Natur- und Kunstwiesen) mit einem einheitlichen, gleichgerichteten Pflanzenbestand (Rasen) hatten sich in den Überschwemmungsgebieten gebildet. Die Überflutung wird durch Eindeichung und Abdämmung geregelt; Gräben entwässern übernasse Teile und hemmen eine starke Austrocknung bei Niedrigwasser der nahen Flüsse. Natürliche Düngung erhalten sie durch Schlamm und Schlick bei Überschwemmungen. Im regelrechten Betriebsgang werden Wiesen nicht abgeweidet, sondern gemäht. Der Grasanfall wird sogleich verfüttert oder zu Heu getrocknet und aufbewahrt.

G e s a m t f l ä c h e (26; 28; 35):

Jahr	ha	in % der Gesamtfläche
1870	2 579 234	12,02
1895	2 001 476	8,88
1928	669 258	7,19

Die ständige Abnahme der Wiesenfläche ist mit derjenigen der Weiden vergleichbar. Das Ackerland verhielt sich zum Wiesenland wie folgt:

1870 wie 3,1 : 1,
1895 „ 5,2 : 1,
1928 „ 8,3 : 1.

bb) Zeitlich - räumliche Verbreitung nach politischen und natürlichen Landschaften:

1 8 7 0 : Kerngebiet (45½ bis 20½ DL.): 7 Komitate;
Randgebiet
innerer Kreis (19½ bis 10 DL.): 23 Komitate;
äußerer Kreis (9½ bis 2 DL.): 22 Komitate.

Das Kerngebiet verteilt sich auf Alföld, ungarische Karpaten und West-Ungarn. Das nördliche Gebirgsland ist wiesenarm.

1 8 9 5 : Nicht erfaßt: Baja;
Kerngebiet (44 bis 20½ DL.): 5 Komitate;
Randgebiet
innerer Kreis (18 bis 10 DL.): 14 Komitate;
äußerer Kreis (9½ bis ½ DL.): 34 Komitate.

West-Ungarn ist aus dem Kerngebiet ausgeschieden.

1 9 2 8 : Nicht erfaßt: Baja;
Kerngebiet (21 DL.): Pest;
Randgebiet
innerer Kreis (14 bis 13½ DL.): Zala; Somogy;
äußerer Kreis (8½ bis ½ DL.): 27 Komitate.

Das Kerngebiet liegt im westlichen Alföld.

Vergleich: Bis 1895 hat sich das Kerngebiet nur wenig verkleinert. Im Randgebiet haben größere Auswechselungen stattgefunden. Die Standorte haben sich nicht vermehrt, sondern sind nur ausgewechselt worden. Die Mehrzahl der Standorte wurde geschwächt. Máramaros (um 13 DL.) und Torontál wurden gestärkt. Im Kerngebiet wurde Bihar um 22 DL. geschwächt. Im Jahre 1928 steht Pest als Kerngebiet dem Randgebiet nicht so fern wie bei den Weiden.

c) Futterpflanzen.

aa) Landwirtschaftsgeographische Beschreibung:

Die wichtigsten Futterpflanzen sind: Wicken, Futterrüben, Futtermais, Klee, Luzerne, Mohar, Esparsette und grüne Getreidesaaten.

Wicken werden als Sommer und Winterwicken, rein und im Gemenge mit Erbsen und Roggen gebaut. Sie geben gute Erträge, gedeihen auf leichten Böden ohne Pflege, sind eine gute Vorfrucht für Weizen. Futter- oder Grünmais ist eine der wichtigsten Futterpflanzen. Er wird vom April bis Juni alle vierzehn Tage gesät und geschnitten, frisch und eingesäuert verfüttert. Darum beherrschen die Maisfelder vom April bis November das Landschaftsbild und sind in allen Wachstumslagen zu beobachten. Rotklee ist im Hügelland und im Gebirge verbreitet, gedeiht aber schlecht. Mohar (Setaria italica) ist der Dürre angepaßt. Luzerne wird seit Ende des 18. Jhdts. angebaut[71]) und hat sich seitdem zur wichtigsten Futterpflanze der gehobenen Viehwirtschaft entwickelt. Sie ist dürrebeständig, ertragsreich, nahrhaft und Kraftfutter für Milchkühe.

Ein durchgehender Vergleich der Anbauflächen ist unmöglich, da die Futterpflanzen in den einzelnen Jahren verschieden gezählt werden.

bb) Zeitlich-räumliche Verbreitung des Anbaus nach politischen und natürlichen Landschaften: Für das Jahr 1870 sind in der Statistik einfach Wicken angegeben, die 0,60 % des Ackerlandes einnehmen und deren Kerngebiet in Eisenburg (Vas) und Baranya liegt[72]). Im Jahre 1900, das Wicken mit Erbsen und Roggen gemengt, in Sommer- und Winterbestellung erfaßt, nahmen sie 3,2 % des Ackerlandes ein. Ihr Kerngebiet liegt in Bihar und Somogy. Im Jahre 1928 wird sogenanntes Mischfutter gezählt, das etwa 1 % der Ackerfläche einnimmt.

Futterrüben nahmen im Jahre 1900 1,4 %, 1928 1,9 % des Ackerlandes ein. Ihr Kerngebiet lag in Pest, Jász und Somogy. Klee wurde 1900 mit 2,4 %, 1928 mit 2,5 % des Ackerlandes angegeben. Das Kerngebiet lag in Eisenburg (Vas), Somogy, Neutra (Nyitra) und Zala. Futtermais beteiligte sich 1900 mit 0,9 %, 1928 mit 1,3 % des Ackerlandes. Das Kerngebiet lag 1900 in Pest, Weißenburg (Fejér) und Jász; im Jahre 1928 fallen auf West-Ungarn 52 % der Futtermaisfläche. In Rumpf-Ungarn hat sich die Fläche der Luzerne verdoppelt (1,2 : 2,9 %). Ihre Kerngebiete lagen schon 1900 in Jász, Békés und Pest, also in der Ebene[73]).

Futterrüben, Zaboswicken, Klee und Luzerne für 1928 zusammengefaßt nehmen 9,9 % des Ackerlandes ein.

1928: Nicht erfaßt: Stuhlweißenburg (Székesfehérvár) und Baja;
Kerngebiet (12 bis 11 DL.): Somogy, Pest;
Randgebiet:
innerer Kreis (9½ bis 5 DL.): 14 Komitate;
äußerer Kreis (4½ bis 1 DL.): 13 Komitate.

Das Kerngebiet liegt in Südwest-Westungarn und im westlichen Alföld. Die Standorte der Luzerne wurden überall verstärkt; sie ist in Rumpf-Ungarn die wichtigste Futterpflanze.

2. Verhalten der Standorte.

a) Entwickelung der Gesamtfläche: Die Entwickelung der Weiden und Wiesen einerseits, der Futterpflanzen andererseits verläuft in entgegengesetzter Richtung. Abnahme der Weiden- und Wiesenflächen, Zunahme des Anbaus von Futterpflanzen. Für die Ernährung des Viehs bedeutet es: Verdichtung der Viehbestände auf den Weiden (S. 78), Übergang vom Suchfutter zum Bringfutter. vom Weidebetrieb zur Heuwirtschaft und Übergang vom Mengen- zum Kraftfutter bei Stallfütterung.

b) Schrumpfung der Kerngebiete: Die Kerngebiete der Weiden und Wiesen sind verkleinert worden, was gleichzeitig eine Vergrößerung der Randgebiete bedeutete.

c) Im Kerngebiet der Weiden und Wiesen ist die Zahl der Standorte vermindert worden, in dem der Futterpflanzen wurde sie vermehrt.

d) Verstärkung oder Schwächung im Kerngebiet: Mit dem Verlust an Gesamtfläche ist zunächst eine Schwächung im Kerngebiet verbunden, die auch regelmäßig eingesetzt hat. Trotzdem ist auch eine Verstärkung nach der Richtung des größten Widerstandes der Verdrängung möglich und vorhanden. So sind die Standorte der Weiden in Máramaros, Temes und Torontál, die der Wiesen in Máramaros und Torontál verstärkt worden (S. 79 f.). Zunahme der Gesamtfläche und Verstärkung der Kerngebiete laufen gleich bei Luzerne.

e) Die Spannung im Kerngebiet der Weiden hat stärker nachgelassen (41½, 32 DL.) als im Kerngebiet der Wiesen (25, 23½ DL). D. h. das Kerngebiet der Wiesen liegt mehr gleichbeschaffen da als das der Weiden. Das gilt in höherem Maße vom Futterbau, wo die Spannung 1928 nur 1 DL. betrug.

f) Die Abnahme oder Zunahme der Gesamtfläche wirkte auf die Standorte nicht in gleicher Richtung und nicht im gleichen Sinne, also „nicht mechanisch"[74]).

g) Verdrängung: Die Standorte der Weiden und Wiesen sind vom Kerngebiet ins Randgebiet, von der Ebene in das Berg- und Gebirgsland verdrängt worden. Die Wiesen haben nicht die Weiden verdrängt, sondern beide wurden vom Ackerland verdrängt. Die Kraft zur Verdrängung der Wiesen war stärker als zur Verdrängung der Weiden, welche einen größeren Widerstand entgegensetzten.

In Rumpf-Ungarn ist die Weidenfläche um 51 % (339 000 ha) größer als die Wiesenfläche (S. 78 f.).

Unter den Futterpflanzen besitzt die Luzerne eine starke Verdrängungskraft.

h) Bildung einer Vormachtstellung: Pest nimmt schon 1870 im Kerngebiet der Weiden eine vorgeschobene Stellung ein, die es in Rumpf-Ungarn weiter ausgebaut hat. Innerhalb der Wiesen hatte Bihar 1870 eine ausgesprochene Vormachtstellung, die es bis 1895 an Máramaros verlor. In Rumpf-Ungarn fiel sie an Pest. Das Kerngebiet der Luzerne beherrscht Jász.

i) Die Zahl der Nahrungspflanzen verringert sich mit der Verdrängung der Weiden und Wiesen und mit der Verbreitung der Futterpflanzen, besonders der Luzerne.

k) Abgrenzung der Kerngebiete nach naturgeographischen Landschaften: Weiden und Wiesen konnten trotz ihrer anfangs großen Ausdehnung keine geschlossenen Gebiete bilden. Ihre naturgeographische Begrenzung ist bis 1895 durch die Ebene und das Gebirgsland gegeben. Im Jahre 1928 erscheinen ihre Kerngebiete als Inseln in der Ebene. Auch das Kerngebiet der Futterpflanzen löst sich in zwei Inseln auf, die in der Ebene und im Hügelland liegen.

3. Großtiere.

a) Rinder.

aa) Landwirtschaftsgeographische Beschreibung: Der Rinderbestand Ungarns setzt sich aus zwei Rassen zusammen (55; 149/64 bis 70; 32/18ˣ; 151).

Die ungarische Rasse ist das einheimische silberweiße, weitgehörnte Vieh in Ungarn und Siebenbürgen und gehört zur Gruppe der Steppenrinder (Bostaurus primigenius). Es ist ein schweres, hartes Rind, das spät reif wird und sehr fruchtbar ist. Im Winter steht es in halboffenen Verschlägen. Seine Ernährung ist einfach; es gedeiht auf jedem Boden. Es ist das Rind der Ebene, wo es in großen Herden das Landschaftsbild beherrscht. Das Steppenrind liefert gutes Fleisch, aber wenig Milch, wird auch selten gemolken. Es dient als Zugtier für schwere landwirtschaftliche Arbeiten.

Westliche Rassen, und zwar rotscheckige (Berner und Simmenthaler) und dachsgraue bis braune Gebirgs-Rassen wurden seit 1867, 1880 und 1890 mit staatlicher Unterstützung eingeführt (151/52). Sie entwickeln sich schneller, geben fettreiche Milch; ihre Aufzucht ist schwieriger und arbeitsreicher. Ihren Lebensbedingungen entsprechen West-Ungarn und das nördliche Gebirgsland besser als die Ebene des Alfölds. Sie werden als Fleisch- und Milchtiere gehalten; ihre Zugkraft und Arbeitsfähigkeit ist geringer.

Beide Rassen entwickelten sich wie folgt[75]):

Die ungarische Rasse beteiligte sich am Gesamtbestand
1870 mit 80 %, 1895 mit 54 %, 1911 mit 28 %;
die schweizerische Rasse
1870 mit 20 %, 1895 mit 29 %, 1911 mit 58 %.

Wesentlich ist: In den Rinderbestand Ungarns teilen sich eine landeigene und eine landfremde Rasse. Die landeigene Rasse beherrscht das Alföld, die landfremde West-Ungarn und das nördliche Gebirgsland. Jene wird als Zugtier, diese als Fleisch- und Milchtier gehalten. Die landfremde Rasse verdrängt die landeigene Rasse.

Die Pflege der Rinder richtet sich nach den Rassen. Die einheimische ungarische Rasse verlangt und erhielt wenig Pflege. Die großen Herden, die ohne Trennung nach Alter und Geschlecht, im freien Weidegang, unter Aufsicht weniger Hirten vom April bis zu den ersten Nachtfrösten, bei Sonnenschein wie Gewittersturm über die Pußten dem besten Futter und den wenigen Tiefbrunnen nachziehen, sind oft geschildert worden. Mit dem Aufbruch der Weiden sind die Herden kleiner, die Aufsicht ist strenger, der Schutz vor Krankheiten ist sicherer, der Weidegang der Witterung angepaßter, die Winterung besser geworden. Der Staat ist bestrebt, das Steppenrind im Alföld reinrassig zu erhalten und vor der Verdrängung zu schützen, da es in der Ebene durch landfremde Rassen nicht zu ersetzen ist. Die westlichen Rassen werden auf West-Ungarn und das Gebirgsland verwiesen. Es sollen einheitliche Landschläge entstehen, die den Lebensbedingungen und der Wirtschaft angepaßt sind. Der Erfolg dieser Bestrebungen zeigt sich in der steigenden Güte der Rinder. In West-Ungarn wurden Ende des 19. Jhdts. die ersten Milchwirtschaften gegründet. Die erste Molkereigenossenschaft entstand 1882 in Steinamanger (Szombathely); im Jahre 1884 begann die „Budapester Central-Milchgenossenschaft“ ihre Tätigkeit. Allen Genossenschaften, die in ihrer Entwickelung die Wanderung der landfremden Rinderrassen von West-Ungarn nach Ost-Ungarn widerspiegeln, waren nur Groß- und Mittelgrundbesitzer angeschlossen. Um auch die Kleingrundbesitzer zur Verwertung der Molkereiprodukte heranzuziehen, wurden seit 1885 auch Dorf-Molkereigenossenschaften gegründet. Im Jahre 1897 bestanden deren vierzig. Da der Verbrauch an Butter im Lande gering ist, wurde 1894 die „Ungarische Landes-Butterexport-A.-G.“ errichtet (58/I. 368—374).

Außer den oben genannten Erzeugungszielen besteht eine wachsende Erzeugung für die Ausfuhr. Im Jahre 1895 betrug die Zahl der ausgeführten Ochsen 7,28 % des Warenverkehrs und stand damit an dritter Stelle der Ausfuhr überhaupt. Außerdem wurden Kühe 0,87 % des Warenverkehrs ausgeführt (28/202).

Gesamtbestand (26; 28; 35):

Jahr	Stück	auf 100 qkm der Gesamtfläche
1870	3 672 555	1 712
1895	4 744 620	2 108
1928	1 811 647	1 946

Die Zahl der Rinder ist an sich bis 1895 (um 29 %) und bezogen auf die Gesamtfläche Ungarns zwischen 1870 und 1928 gewachsen.

bb) Zeitlich-räumliche Verbreitung nach politischen und natürlichen Landschaften (K. 14, 15, 16):

1870: Kerngebiet (22½ DL.): Bihar;
Randgebiet:
innerer Kreis (19 bis 10 DL): 21 Komitate;
äußerer Kreis (9 bis 1½ DL.): 26 Komitate.

Das Kerngebiet liegt im östlichen Alföld.

1895: Kerngebiet (29½ bis 20 DL.): Pest, Eisenburg (Vas), Zala, Bács-Bodrog, Szatmár, Somogy;
Randgebiet:
innerer Kreis (19 bis 10 DL.): 21 Komitate;
äußerer Kreis (9½ bis ½ DL.): 27 Komitate.

Das Kerngebiet bilden drei Inseln, von denen zwei im Alföld (westlichen und östlichen) und eine in West-Ungarn liegen.

1928: Nicht erfaßt: Baja;
Kerngebiet (21½ DL.): Pest;
Randgebiet:
innerer Kreis (17 bis 10 DL.): 8 Komitate;
äußerer Kreis (9½ bis ½ DL.): 21 Komitate.

Kerngebiet ist das westliche Alföld. West-Ungarn liegt im inneren Kreis des Randgebiets.

Vergleich: Das Kerngebiet hat sich in zweifacher Richtung entwickelt. Einmal hat es sich mit dem Anwachsen des Gesamtbestandes ausgedehnt. Der innere Kreis des Randgebietes ist nach seinem Umfang gleich geblieben. Zum andern: die Standorte sind gewandert. Das Kerngebiet wanderte vom östlichen Alföld nach drei Inseln im Alföld und West-Ungarn. Das Kerngebiet des Jahres 1870 wurde aufgegeben. Die Mehrzahl der Standorte des Jahres 1870 verblieb im Jahre 1895 im inneren Kreis. Die Beweglichkeit der Standorte, ausgedrückt in ihrer Wanderung, ist wesentlich für die Entwickelung des Rinderbestandes in Alt-Ungarn. Das vergleichende Kartenbild entbehrt des Ansatzpunktes für eine fortschreitende Entwickelung. In Rumpf-Ungarn ist Pest, das schon 1895 an der Spitze stand, Kerngebiet geblieben.

Im ganzen gesehen ist das Gebiet starken Rinderbestandes von Osten nach Westen gewandert, was mit der Verdrängung der landeigenen durch die landfremde Rasse übereinstimmt (S. 83).

Im Kerngebiet haben sich die Standorte von einem auf sechs vermehrt; die Mehrzahl wurde verstärkt, besonders diejenigen, die aus dem inneren Kreis des Randgebiets in das Kerngebiet traten. Geschwächt wurde das Kerngebiet des Jahres 1870, außerdem Csongrád, Heves, Jász und Hajdu. Pest und die unversehrten Komitate haben sich bis 1928 nicht weiterentwickelt, sondern wurden geschwächt. Somogy mußte sogar das Kerngebiet verlassen.

Im Kerngebiet verstärkte sich die Spitze um 7 DL., sank dann um 8 DL. Weißenburg (Fejér), Veszprém, Pest und Szatmár verstärkten sich um 50% und mehr, Bihar wurde um ein Drittel geschwächt. Die Schwächung der unversehrten Komitate bis 1928 ist zwar Tatsache, war aber nur in Pest erheblich.

Trotz der allgemeinen Schwächung der Standorte zwischen 1895 und 1928 verteilt sich der Gesamtbestand in Rumpf-Ungarn günstiger auf die Einheit der Gesamtfläche als in Alt-Ungarn des Jahres 1870, weil sich die unversehrten Komitate seitdem verstärkt haben.

b) Pferde.

aa) Landwirtschaftsgeographische Beschreibung: Das kleine ungarische Bauernpferd wurde seit Ende des 18. Jhdts. mit nordischen, westlichen, östlichen, arabischen Rassen gekreuzt, aus denen nach Erfahrung die dem Klima und Boden angepaßten Schläge ausgesucht wurden (149/58—64; 151; 58/I. 332—356). Die planmäßige Zucht, die zunächst ein brauchbares Militärpferd erzielen wollte, begann Josef II. mit der Gründung des staatlichen Gestüts in Mezöhegyes, 1785. Ihm folgten die Gestüte in Bábolna, 1789, Kisbér, 1853, Stuhlweißenburg (Székesfehérvár), 1851, Nagykörös, 1860, und Debrecen, 1874. Die Zucht, die sich auf Warmblut und Kaltblut erstreckt, ist auf bestimmte Zweckrichtungen verwiesen: Renn-, Reit-, leichte und schwere Wagenpferde und schwere Arbeitspferde. Schwere, genügsame und ausdauernde Warmblutpferde sind besonders im südlichen Alföld verbreitet, schwere und leichte Arbeitspferde in West-Ungarn, Tiere östlicher Rasse im mittleren Alföld.

Das Pferd ist das „Lieblingstier" des Magyaren und genießt die größte körperliche und „seelische" Pflege. Klima und Boden werden für die Rassen bestens ausgewählt; auf das Wetter wird größte Rücksicht genommen. Von Mai bis August werden die Pferde tagsüber auf die Weide geführt und in kleinen Herden von berittenen Hirten bewacht. Nachts und im Winter stehen sie in gut ausgebauten Stallungen. Die Futtergabe wird nach Menge und Güte regelmäßiger gestaltet als die der Rinder. Der Eignung des Magyaren für die Pferdezucht, den Bemühungen der Regierung und den Anstrengungen des Großgrundbesitzes verdankt das Land einen hochwertigen, Bedarf und Auslandsverkehr deckenden, Pferdebestand. Im Jahre 1895 betrug die Ausfuhr an Pferden 2,7 % des Warenverkehrs (28/202).

Gesamtbestand (26; 28; 35):

Jahr	Stück	auf 100 qkm der Gesamtfläche
1870	1 711 536	844,5
1895	1 780 835	791
1928	917 974	975,5

Der zahlenmäßige Fortschritt des Bestandes ist bis 1895 gering (4 %), der bezügliche rückläufig. In Rumpf-Ungarn sind die Wirkungen aller Bestrebungen, den Bestand zu bessern, deutlich zu sehen.

bb) Zeitlich-räumliche Verbreitung nach politischen und natürlichen Landschaften:

1870: Kerngebiet (21 bis 10 DL.): Torontál, Bács-Bodrog, Temes, Pest, Bihar;
Randgebiet:
innerer Kreis (8 bis 5 DL.): 12 Komitate;
äußerer Kreis (4½ bis ½ DL.): 38 Komitate.

Kerngebiet ist das südliche, westliche und östliche Alföld, durch welches ein geschlossenes Gebiet von Pest nach dem südlichen Alföld zieht.

1895: Nicht erfaßt: Baja;
Kerngebiet (22½ bis 13 DL.): Torontál, Bács-Bodrog, Pest, Temes;
Randgebiet:
innerer Kreis (9 bis 5 DL.): 10 Komitate;
äußerer Kreis (4½ bis ½ DL.): 39 Komitate.

Das südliche und westliche Alföld ist Kerngebiet und gleichzeitig geschlossenes Gebiet.

1928: Kerngebiet (15½ bis 10 DL.): Pest, Somogy;
Randgebiet:
innerer Kreis (7½ bis 5½ DL.): 5 Komitate;
äußerer Kreis (4½ bis ½ DL.): 24 Komitate.

Das Kerngebiet bildet zwei Inseln: eine im westlichen Alföld und eine in West-Ungarn.

Vergleich: Zwischen 1870 und 1895 hat sich das Kerngebiet räumlich verkleinert. Das südliche und westliche Alföld hat sich zum Kerngebiet und geschlossenen Gebiet entwickelt. Nach dem Verlust des Südens erscheint Pest (1928) als Kerngebiet, zu welchem Somogy getreten ist. Die Standorte haben sich im Kerngebiet und im inneren Kreis des Randgebiets vermindert. Die Veränderungen in der Stärke der Standorte waren bis 1895 sehr gering. Pest verstärkte sich um ein Drittel.

4. Kleintiere.

a) Schweine.

aa) Landwirtschaftsgeographische Beschreibung: In Alt-Ungarn waren folgende Rassen verbreitet (149/76—82; 151; 58/I. 362—368):

Bergschwein und Bakonyerschwein werden spät reif, sind zäh, abgehärtet und widerstandsfähig, für jede Weide, besonders im Gebirge, gut geeignet. Sie werden als Fleischtiere gehalten. Salontaer-Schwein ist das wertvollste Fleischschwein im Osten, gibt guten Speck und verwertet außer der Weide Molkereiabfälle. Das kraushaarige Mangalica-Schwein wurde 1833 aus Serbien eingeführt. Es ist frühreif, abgehärtet, widerstandsfähig und genügsam. Es wird als Fettschwein gehalten und ist am meisten verbreitet (85 % des Gesamtbestandes). Mecklenburgische Schweine wurden seit 1870 eingeführt und seit 1905 mit Berkshire- und Yorkshire-Schweinen gekreuzt. Sie verwerten gut Milchabfälle und werden als Fleischtiere gehalten.

Die Pflege der Schweine ist auf die Zucht von Fleisch- und Fettschweinen gerichtet. Im allgemeinen bleiben die Tiere bis zur Mastzeit auf der Weide. In den Jahren 1848/49 entstanden die Mastanstalten in Steinbruch (Köbánya) bei Budapest; im Jahre 1869 wurde die erste ungarische Schweinemast-A.-G. gegründet. Im Jahre 1880 wurden die tierärztlich-polizeilichen Vorschriften verschärft, um den Absatz ins Ausland zu sichern. Im Auftrieb des

Großhandels werden Fett- und Fleischschweine, Herrschafts- und Bauernschweine unterschieden. Die Ausfuhr von Schweinen beteiligte sich 1895 mit 7,13 % des Warenverkehrs, die von Schweinefett mit 0,79 % (28/202).

Gesamtbestand (26; 28; 35):

Jahr	Stück	auf 100 qkm der Gesamtfläche
1870	3 191 037	1 488
1895	5 675 605	2 522
1928	2 661 539	2 860

Der Schweinebestand ist von 1870 bis 1895 um 78 % gewachsen und in Rumpf-Ungarn dichter als in Alt-Ungarn.

bb) Zeitlich-räumliche Verbreitung nach politischen und natürlichen Landschaften (K. 17, 18, 19):

1870: Kerngebiet (31 bis 21 DL.): Bihar, Pest, Torontál, Somogy, Bács-Bodrog;
Randgebiet:
innerer Kreis (16 bis 10 DL.): 11 Komitate;
äußerer Kreis (9 bis 1 DL.): 32 Komitate.

Das östliche, westliche und südliche Alföld und Somogy in West-Ungarn bilden das Kerngebiet. Ein geschlossenes Gebiet starker Schweinehaltung liegt im mittleren und südlichen Ungarn.

1895: Kerngebiet (50½ bis 21½ DL.): 14 Komitate, darunter Bihar, Pest, Torontál, Bács-Bodrog, Somogy;
Randgebiet:
innerer Kreis (19½ bis 10 DL.): 14 Komitate;
äußerer Kreis (9 bis ½ DL.): 26 Komitate.

Ein geschlossenes Gebiet überzieht West-Ungarn und das Alföld.

1928: Kerngebiet (31½ bis 31 DL.): Somogy, Pest;
Randgebiet:
innerer Kreis (18½ bis 10½ DL.): 13 Komitate;
äußerer Kreis (9 bis 1 DL.): 16 Komitate.

Das Kerngebiet liegt in West-Ungarn und im westlichen Alföld.

Vergleich: Die Zunahme des Gesamtbestandes drückt sich in der Ausdehnung des Kerngebiets aus. Der innere Kreis des Randgebiets wurde nach außen gedrückt. Das Gebiet stärkerer Schweinehaltung ist von 1870 zu 1895 größer und geschlossener geworden. Die Standorte haben sich vermehrt, im Kerngebiet von fünf auf vierzehn. Alle Standorte sind zwischen 1870 und 1895 verstärkt worden. Eine Schwächung ist bei den unversehrten Komitaten des Jahres 1928 deutlich wahrnehmbar. Im Kerngebiet wurden die Standorte von 31 auf 50½ DL. verstärkt, die übrigen fast zu gleichen Teilen um 50 %, 100 % und mehr. Das Maß der Schwächung war im Jahre 1928 bei Pest größer als bei Somogy. Sonst war das Maß der Schwächung in den Weidegebieten am größten. Der Dichtebestand ist von Osten über Süden nach Westen gewandert.

b) Schafe.

aa) Landwirtschaftsgeographische Beschreibung: Nach dem Erzeugungsziel leben in Ungarn folgende Rassen (149/70—76; 58/I. 356 bis 362):

1. Die landeigenen Rassen, das langschwänzige Zackelschaf (vom asiatischen Wollschaf stammend) und das Czigayaschaf, sind sogenannte Melkschafe; sie lassen eine vielfache Verwendung zu: sie liefern Milch, Fleisch, Felle, Leder und Wolle.

2. Das landfremde spanische Merino (Elektoral-Negretti-Schaf) wurde unter Maria Theresia (1773) eingeführt und mit ungarischen oder Rambouillets-Schafen gekreuzt, um beste Kammwolle zu erzeugen.

Die Pflege der landeigenen Rassen ist gering. Ihre Bedeutung liegt darin, daß sie Klima, Boden und Wirtschaft angepaßt sind. Sie sind die besten Weidetiere während des ganzen Jahres. Die landfremden Rassen brauchen Stallhaltung im Winter und während heißer Sommer und müssen sorgfältiger ernährt werden. Nach dem Zusammenbruch der Wollschafzucht sind die staatlichen Bestrebungen darauf gerichtet, hochwertige Melkschafe zu erhalten. Die Milch wird vor allem im Gebirge und im westlichen Alföld verwertet. Das wichtigste Erzeugnis für die Ausfuhr ist „Liptauer Käse" (Brinza) und ungarischer „Roquefort". Die Ausfuhr von roher Schafwolle betrug 1895 1,75 % des Warenverkehrs (28/202).

Gesamtbestand (26; 28; 35):

Jahr	Stück	auf 100 qkm der Gesamtfläche
1870	12 448 169	5 803
1895	5 876 075	2 611
1928	1 566 451	1 683

Der tatsächliche Bestand hat bis 1895 um rund 53 %, der auf die Fläche bezogene bis 1928 um 71 % abgenommen. Hier liegt ein völliger Zusammenbruch vor. Trotz Abnahme der Weidefläche stand den Schafen im Jahre 1928 eine größere Fläche zur Verfügung als vorher.

Jahr	auf 100 Schafe kommen ha Weiden
1870	26,6
1895	48,9
1928	64,3

Im Jahre 1870 waren vom Schafbestand rund 38 % veredelte und rund 62 % gewöhnliche Schafe (26/102).

bb) Zeitlich-räumliche Verbreitung nach politischen und natürlichen Landschaften (K. 20, 21, 22):

1870: Kerngebiet (89½ bis 20 DL.): 33 Komitate, darunter Pest, Bács-Bodrog, Heves, Bihar, Somogy, Weißenburg, (Fejér), Hajdu;
Randgebiet:
innerer Kreis (18½ bis 11 DL.): 6 Komitate;
äußerer Kreis (9½ bis 4½ DL.): 9 Komitate.

Das Kerngebiet zieht als geschlossenes Gebiet über Alföld, West-Ungarn, Kleines Alföld und nördliches Hügelland.

1895: Nicht erfaßt: 2 Stadtgebiete;
Kerngebiet (41 bis 20 DL.): 13 Komitate, darunter Somogy, Krassó-Szörény, Torontál, Weißenburg (Fejér) Bihar;
Randgebiet:
innerer Kreis (19½ bis 10 DL.): 18 Komitate;
äußerer Kreis (9½ bis ½ DL.): 21 Komitate.

Das Kerngebiet bilden das östliche West-Ungarn und das Alföld, ausgenommen den mittleren Teil. Das geschlossene Gebiet zerfällt in einen mittleren und einen östlichen Teil.

1928: Nicht erfaßt: 2 Stadtgebiete;
Kerngebiet: —
Randgebiet:
innerer Kreis (16 bis 10½ DL.): 8 Komitate;
äußerer Kreis (9½ bis 1 DL.): 21 Komitate.

Ein Kerngebiet im Sinne der Jahre 1870 und 1895 ist nicht vorhanden.

Vergleich: Das Kerngebiet hat sich außerordentlich verengt. Während es 1870 noch fast ganz Ungarn überzog, gehört ihm 1895 nur ein kleiner Teil West-Ungarns und des äußeren Alfölds an. Im Jahre 1928 stehen Somogy und Pest an der Spitze des Randgebiets, dessen äußerer Kreis am größten ist. Die Standorte des Kerngebiets haben sich bis 1895 um mehr als das Zweiundeinhalbfache vermindert zugunsten der Standorte im Randgebiet. Außer Jász, das verstärkt wurde und Máramaros, das sich halten konnte, wurden alle Standorte geschwächt. Im Kerngebiet betrug das Maß der Schwächung bis 1895 48 DL. Da die Spitze gewechselt hat, ist der Ausfall noch größer, Pest sank ab um 62½ DL., Bács-Bodrog um 55½ DL., Hajdu um 50½ DL.! Die Verstärkung von Jász ist tatsächlich nicht erfolgt; denn die Begrenzung der Komitate Heves, Jász und Borsod hatte sich geändert. Bis zum Jahre 1928 wurden die unversehrten Komitate weiter geschwächt: um ⅓ bis ½ und mehr des Bestandes von 1895.

c) Ziegen.

aa) Gesamtbestand (26; 28):

Jahr	Stück	auf 100 qkm Gesamtfläche
1870	268 395	125
1895	168 771	75

bb) Zeitlich-räumliche Verbreitung: Der Bestand war immer gering und hat sich um 37 % verkleinert. Es werden auch keine Maßnahmen getroffen, ihn zu erhöhen; denn ein großer Bestand gilt als Verarmung der Bevölkerung. Die Kerngebiete, die bis 1895 um 50 % und mehr geschwächt wurden, liegen in Krassó-Szörény, Bihar, Máramaros, Arad und Szilágy, d. h. im östlichen Bergland. Im Jahre 1928 wurden Ziegen für das Statistische Jahrbuch nicht gezählt.

d) Geflügel.

aa) Landwirtschaftsgeographische Beschreibung: Das Landschaftsbild einzelner Komitate und die Umgebung größerer Städte wird durch die Unzahl von Gänsen, Enten, Puten und Hühnern wesentlich bestimmt, die oft zu mehreren Hundert vereinigt Wiesen, Weiden, Sümpfe und Stoppelfelder bevölkern. Eine bewußte Pflege, die bei der Auswahl der Arten und Rassen Klima, Boden und Wirtschaftsweise berücksichtigte, setzte erst nach 1870 und 1890 ein. Damals wurden vom Staat Plymouth- und Langsham-Hühner, französische Truthähne, Peking-Enten und Emdener Gänse eingeführt und in Geflügelzuchtanlagen für den allgemeinen Bedarf gezüchtet (58/I. 388; 160/194, 22). Als Erzeugungsziel wurden lebendes und geschlachtetes Fleisch-Geflügel, Federn, Eier für den eigenen Bedarf und Ausfuhr verfolgt. Das Erzeugungsziel der Hühnerzucht hat oft gewechselt. In Rumpf-Ungarn wird die Gewinnung von Eiern und Fleisch gleichmäßig verfolgt (30/XXVII. 4. 27). Im Jahre 1895 beteiligten sich Eier mit 1,73 %, totes Geflügel mit 0,94 %, lebendes Geflügel mit 0,62 % am Warenverkehr (28/202).

Gesamtbestand (30/XXVII. 4. 27):

Jahr	Stück	auf 100 qkm kommen
1895	25 972 855	11 540

bb) Zeitlich-räumliche Verbreitung nach politischen und natürlichen Landschaften:

1895: Kerngebiet (290½ bis 103 DL.): Bács-Bodrog, Torontál, Pest, Bihar, Temes, Jász, Somogy, Békés;
Randgebiet:
innerer Kreis (96½ bis 50½ DL.): 18 Komitate;
äußerer Kreis (49 bis 3½ DL.): 28 Komitate.

Das Kerngebiet lag im südlichen, westlichen und östlichen Alföld und in Somogy in West-Ungarn. Die Landschaften des Donau-Theiß-Beckens (westliches Alföld) und am rechten Donau-Ufer (West-Ungarn) hatten den höchsten (zusammen 48 %), die Landschaften am rechten Theiß-Ufer (nördl. Hügel- und Gebirgsland) den niedrigsten Bestand (7,6 %)[76].

5. Verhalten der Standorte der Wirtschaftstiere.

a) Entwickelung des Gesamtbestandes: Der Bestand der Großtiere hat sich stetig vergrößert. Bis 1895 ist die Zahl der Rinder siebenmal schneller gewachsen als die Zahl der Pferde (S. 83, 85). Im Jahre 1928 können die Pferde auf einer doppelt so großen Fläche weiden als die Rinder (S. 78). Die Kleintiere entwickelten sich in entgegengesetzter Richtung: der Bestand der Schweine nahm ständig zu, der Bestand der Schafe und Ziegen nahm ab.

Mit der wechselnden Größe des Bestandes änderte sich die Richtung und der Kern der Viehhaltung. Während sie im Jahre 1870 eine Schaf-Rinder-Haltung war, in deren Kern die Schafhaltung stand, ist sie in Rumpf-Ungarn eine Schweine-

Rinder-Haltung, gerichtet auf gütemäßige Rinderzucht. Die arbeitsarme Viehweidewirtschaft entwickelte sich zur arbeitsreichen Viehstallwirtschaft. Die Verdrängung der Weiden und Wiesen und der Anbau von Futterpflanzen änderte die Ernährung des Viehs (S. 81). Das Erzeugungsziel wechselte von Wolle für die Ausfuhr, Zug- und Fleischtieren für den eigenen Bedarf auf Mast-, Fleisch-, Fett- und Milchtiere für eigenen und fremden Bedarf[77]).

b) Wachstum oder Schrumpfung der Kerngebiete: Die Kerngebiete der Rinder und Schweine haben sich vergrößert, die der Pferde und Schafe verengt; das Kerngebiet der Ziegen ist räumlich gleich geblieben. In Rumpf-Ungarn haben sich Pest und Somogy zu Kerngebieten ausgewachsen.

c) Verdichtung oder Verdünnung im Kerngebiet: Die Standorte im Kerngebiet der Rinder haben sich sechsfach, in dem der Schweine dreifach vermehrt. Im Kerngebiet der Pferde und Schweine haben sie sich vermindert, in dem der Ziegen blieben sie unverändert.

d) Eine Verstärkung oder Schwächung im Kerngebiet der Pferde, Schweine, Schafe und Ziegen trat im Gefolge der Vergrößerung oder Verminderung des Gesamtbestandes regelrecht ein. Das Kerngebiet der Rinder dagegen verstärkte sich nicht, weil es wanderte. Trotzdem, daß der Bestand bis 1928 weiter anwuchs, verstärkten sich die Kerngebiete der Rinder und Schweine nicht, weil sie sich vergrößerten.

e) Im Kerngebiet der Rinder und Schweine hat die Spannung bis 1895 zugenommen, im Kerngebiet der Pferde, Schafe und Ziegen abgenommen. Sie ist 1895 im Gebiet der Schweine am größten (29 DL.) und erreicht in dem des Geflügels 187 DL. D. h. Pferde, Schafe und Ziegen sind gleichmäßiger verteilt als Rinder und Schweine. Im Jahre 1928 ist die Spannung allgemein sehr schwach, die Verteilung gleichmäßiger.

f) Die Beziehungen zwischen Gesamtbestand, Wachstum, Verdichtung, Verstärkung und Spannung im Kerngebiet bis 1895 sind bei Rindern, Schweinen und Schafen gleichgerichtet. Im Gebiet der Pferde drückt sich der Zugang in der Verstärkung aus, in dem der Ziegen der Abgang in der Schwächung[78]).

g) Die Verdrängung der Schafe war vollständig bis zum Verlust des Kerngebiets. Neben dem Umbruch der Weiden, der Besäung der Brache und der Verdrängung aus den Kleinwirtschaften durch das Schwein war der Einbruch der außereuropäischen Wolle in den europäischen Markt die stärkste verdrängende Kraft. Die landeigenen Rassen waren durch landfremde Rassen verdrängt worden. Ihre Kraft erlahmte, als sie sich den veränderten wirtschaftlichen Verhältnissen nicht anpassen konnten. Mit der Abnahme der Ergiebigkeit verlieren sie ihre Verdrängungskraft, trotzdem ihnen eine „höhere" Wirtschaftsform und wertvollere Güter eigen sind, und weichen anspruchslosen, vielseitig verwendbaren, Klima und Boden angepaßten Wirtschaftstieren. Diese wiederum werden durch Rinder und Schweine in die Randgebiete abgedrängt.

Die landfremde Rasse der Rinder, Pferde und Schweine hat die landeigene Rasse verdrängt, weil ihre Leistungen und Erzeugnisse in der arbeitsreichen Viehstallwirtschaft und ihrem größeren Marktbereich wertvoller, ergiebiger und wirtschaftlicher sind. Damit ist eine größere Beweglichkeit und Wanderung der Standorte verbunden, wie sie besonders bei den Rindern nachgewiesen wurde. (S. 84.)

h) Aus der Spannung im Kerngebiet ist zu erkennen, daß sich reine Vormachtstellungen nur in seltenen Fällen haben bilden können. Ein solcher Fall liegt im Gebiet der Schweine vor: bis 1895 nahm Bihar eine vorgeschobene Stellung ein, im Jahre 1928 Somogy und Pest. Überhaupt ist der Aufstieg von Pest zu beachten. Im Bereich der Rinder stand es schon 1895 an erster Stelle, in das der Pferde rückte es in Rumpf-Ungarn an die Spitze, in dem der Schweine hielt es seine Stellung bis 1928.

i) Da die Zahl der Wirtschaftstiere unverändert blieb, können nur die landfremden Rassen das Alter der Standorte beeinflussen. Das geschah zuerst durch die Einführung landfremder Schaf- und Pferderassen am Ende des 18. Jhdts. Seither überzogen die Standorte der Schafe Alt-Ungarn. Mit ihrer Verdrängung nach 1870 ziehen sich die Standorte der landeigenen und restlichen landfremden Rassen auf die Ebene zurück. Landfremde Schweinerassen (S. 86) ließen keine neuen Standorte entstehen, sondern verstärkten die alten. Aber die Standorte ihrer Mastanstalten bestehen erst seit 1848/49. Die landfremden Rinderrassen wählten neue Standorte im westlichen Hügelland und im nördlichen Gebirgsland. Die Einführung landfremder Geflügelrassen seit 1870 und 1890 zog neue Standorte im Alföld und in West-Ungarn nach sich.

k) Abgrenzung der Kerngebiete nach naturgeographischen Landschaften: Nur Ziegen konnten dauernd geschlossene Gebiete bilden und das östliche Bergland besetzen. Die mit der Vermehrung des Gesamtbestandes wachsenden Inseln der Pferde verbreiteten sich über die Ebene, die der Schweine über Ebene und westliches Hügelland. Umgekehrt lösten sich die geschlossenen Gebiete der Schafe mit der Verminderung des Gesamtbestandes in zwei Inseln auf, die in der Ebene und im Hügelland liegen. Mit der Vermehrung des Rinderbestandes entstand kein geschlossenes Gebiet, sondern er verteilte sich auf das südwestliche Hügelland und die Ebene. Das Geflügel bevölkerte Ebene und Hügelland. Während sich im Jahre 1870 die Kerngebiete der Schaf-Rinder-Haltung über Alt-Ungarn ohne nördliches Gebirgsland ausdehnten, liegen im Jahre 1928 die Kerngebiete der Schweine-Rinder-Haltung in der Ebene und im westlichen Hügelland.

C. Ergebnis.

Die Standorte der Wirtschaftspflanzen, der Nährflächen und der Wirtschaftstiere sind während der untersuchten 58 Jahre nach Zeit und Raum wie im Ganzen und seinen Teilen mehrfach verändert worden. Sie wuchsen und schrumpften, verstärkten und schwächten sich, verdichteten und verdünnten sich, verdrängten und wurden verdrängt; sie ruhten und wanderten, alterten und verjüngten sich. Einzelne Räume erhoben sich zu Vormachtstellungen und verloren sie wieder. Seit Mitte des 19. Jhdts. verharrten die Standorte dinglich-zeitlich-räumlich nicht in Ruhe, sondern sie setzten sich in Bewegung, sie blieben nicht standfest und standsicher, sondern wurden schwankend und wandelbar. Diese Umgestaltung erfaßte die Ebene des Alfölds stärker als das Hügelland West-Ungarns und das Gebirgsland. Im Kampf um den Raum hat das Ackerland aus Nährflächen für Wirtschaftstiere und aus Neuland Gelände gewonnen. Getreide hat an Nicht-Getreide Gelände verloren, nicht aber die Herrschaft im Gesamtraum. Die Vielheit der Wirtschaftspflanzen steht im umgekehrten Verhältnis zu ihrer räumlichen Ausdehnung; es fehlt die Mannigfaltigkeit nach Menge und Güte. Das Hügelland West-Ungarns ist darin ausgeglichener, die Ebene des Alfölds zugespitzter.

Der innere Aufbau des Viehbestandes wurde umgeschichtet, die Ernährung gewechselt, die Bewirtschaftung dem Ackerland angepaßt. Das Getreideland drängte zur Einförmigkeit und zwang die Viehwirtschaft, ihm zu folgen. Erst am Ende des 19. Jhdts. ist der Übergang von der Viehweidewirtschaft über die Viehstallwirtschaft zur Landwirtschaft allgemein vollzogen: Viehhaltung und Ackerbau sind ineinander verflochten.

Im Kern des Wirtschaftslandes liegen Weizen und Mais, Schweine und Rinder, und dieser scharf heraustretende Kern ist die Ebene des Alfölds. Die wichtigste und wertvollste, vielseitigste und entwickelungsfähigste Landschaft Rumpf-Ungarns ist Pest-Pilis-Solt-Kiskun.

Der Unterschied der naturgeographischen Landschaften wird bei der zeitlich-räumlichen Verbreitung der Wirtschaftspflanzen und Wirtschaftstiere wohl beobachtet, die Grenzen der Frucht- und Viehlandschaften sind naturgegeben, aber nicht gebieterisch dauernd naturgebunden[79]).

IV. Zum landwirtschaftsgeographischen Verständnis der Standorte aus der naturgeographischen, volklichen und wirtschaftlichen Erfüllung des Landes. Geographische und wirtschaftliche Ursächlichkeit; Abhängigkeit und Anpassung.

A. Wirtschaftspflanzen.

1. Getreide.

a) Weizen.

aa) Naturgeographische Voraussetzungen:

Das Kerngebiet und der innere Kreis des Randgebiets sind vom südlichen Alföld, das wärmer und trockener ist und dessen Niederschläge ungleichmäßiger verteilt sind, über das mittlere in das nördliche Alföld gewachsen, das kühler und feuchter ist und dessen Luftwärme und Niederschläge jahreszeitlich gleichmäßiger verteilt sind. Sie griffen auch nach West-Ungarn über, das klimatisch ausgeglichener erscheint (S. 19 f., 22, 60 f.).

Diesen klimatischen Unterschieden der Naturlandschaften mußten räumliche Unterschiede der Sortenwahl folgen, um ein hohes Maß der Anpassung zu erreichen. Wachstumsbedingungen und Klimaablauf müssen stimmen.

Das südliche Alföld erhält während der Wachstumszeit die höchsten Wärmebeträge und die kleinste Menge der Niederschläge (S. 16 f.) und leidet sätrker unter Naturschäden (S. 26). Der südliche Teil von West-Ungarn ist nach Wärme- und Niederschlagsmenge und Niederschlagsverteilung günstig gestellt (S. 22). Bács-Bodrog, Torontál und Temes weisen trotz ungünstiger klimatischer Stellung die größten Anbauflächen auf. Der ungarische Weizen ist der Trockenheit angepaßt (S. 58).

Der Anbau von Winterweizen (S. 58) ist dadurch gerechtfertigt, daß Ungarn kein ausgeprägtes Landklima hat (S. 17), daß eine Schneedecke von November bis März wahrscheinlich ist (S. 24) und daß demnach die längere Wachstumszeit ausgenutzt werden kann. Hier ist die Anpassung durch Bevorzugung des winterfesten Ungarweizens durchgeführt, der auch hohe Sommerwärme verträgt (S. 58), und dessen Güte und Erntemenge durch die Menge der Niederschläge im Oktober gefördert wird.

Die Saatzeit fällt zweckmäßig auf Ende Oktober, um der sogen. Fliegengefahr zu begegnen, die Fruchtfolge innezuhalten, die regelmäßige Wiederkehr der Niederschläge zu treffen und Frostschäden auszuweichen (S. 58 f., 18, 25 f.). Der ungarische Weizen begnügt

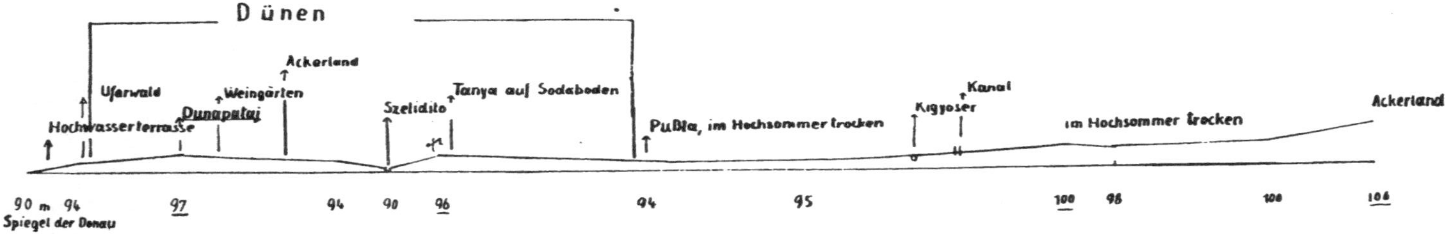

Profil WNW-SSO über Dunapataj zur Erklärung der abflußlosen Sodaboden- u. Flugsandlandschaft

Die Höhen 97 (Dunapataj), 96, 100 und 106 m begrenzen drei Mulden und verhindern den Abfluß zur Donau. Daraus ergibt sich ein Wirtschaftsgefälle vom Weingarten zum Weideland. (im Vergleich zur Länge überhöht)

sich mit einer kurzen Wachstumszeit, geringen Niederschlägen und reift früh, ist also den klimatischen Gegebenheiten angepaßt (S. 58). Die Erntezeit fällt auf Ende Juni bis Anfang Juli, weil die Höchstbeträge der Luftwärme und der Niederschläge nicht in denselben Monat fallen, Mainiederschläge das Wachstum der Körner gefördert haben und August und September warm und trocken sind (S. 19, 58). Die Unterschiede der jahreszeitlichen Verteilung der Luftwärme, der jährlichen Niederschlagsmenge und der jahreszeitlichen Verteilung der Niederschläge in der Ebene und im Hügelland West-Ungarns müssen durch die Auswahl „nasser" und „trockener", früh- und spätreifender Sorten überbrückt werden (S. 58 f.).

Der Ausfall der Ernte ist von mehrjährigen Schwankungen der klimatischen Werte, dem unregelmäßigen Eintritt der Jahreszeiten und der Stärke der Naturschäden abhängig (S. 20, 25).

Im äußeren Kreis des Randgebiets fehlen die klimatischen Voraussetzungen des Weizenbaus (S. 22, 59 f.).

Klima und Weizenbau sind aufeinander abgestimmt. West-Ungarn, das allgemein klimatisch günstiger gestellt ist als das Alföld, ist nicht Kerngebiet des Weizenbaus.

Das Kerngebiet liegt in der Ebene auf den fruchtbarsten Bodenarten. Seine Verbreitung über das Alföld zeugt von der Wachstumskraft und dem Ausdehnungsdrang des ungarischen Weizens. Eine gleichmäßig flächengroße Ausdehnung wird im westlichen und mittleren Alföld durch Flugsand- und Alkaliböden gehemmt (S. 33 f.). Die Weizenfelder werden durch sodahaltige Mulden des Alkalisand- und Szikbodens scharf begrenzt. Wegen ihrer nordwest-südöstlichen Erstreckung (S. 29) erscheint im west-östlichen Querschnitt des Landschaftsbildes ein eigenartiges Wirtschaftgefälle (P 1): auf Weingärten in der Nähe der Siedlungen folgt Ackerland (Weizen und Mais) auf sandiger Steppenschwarzerde und gebundenem Flugsandboden, unterbrochen durch feuchte (wasserbeständige oder wasserunbeständige) Mulden, die als Viehweiden dienen. Mit der Entfernung von der Siedlung (Thünensche Kreise) wächst die Tanyawirtschaft auf Sodaboden, die von der hochsommertrockenen Viehweide und endlich dem Ödland, wirtschaftlich noch unerschlossenem Land, abgelöst wird. Die Fruchtlandschaft wird von der Viehweidelandschaft zerstückelt. Diese hält sich solange, bis der Sodaboden nicht entwässert und verbessert ist oder solange seine jahreszeitlich bedingte Weidemöglichkeit es erlaubt (3. Bild).

Wachstum und Verstärkung der Weizenflächen in Pest und Hajdu beweisen, daß die Heideböden der Pußten Bugac und Hortobágy zum Fruchtland geworden sind (S. 61). In Pest wurde nicht nur das Weideland aufgebrochen, sondern es wurden Gerste und Hafer, die Klima und Boden nicht angepaßt sind, verdrängt. Es ist sogar zu beobachten, daß der bodenbedingte Roggen vom Weizen und noch stärker vom Mais verdrängt wird. In Hajdu und Debrecen haben Roggen, Gerste und Hafer 50 % verloren. Die Pußten sind keine Natursteppen. Der Sommer ist kühler, die Monate der Wachstumszeit sind feuchter (S. 34); der Boden kann zur Fruchtlandschaft zurückverwandelt werden.

Klima und Boden gehören zu den allgemeinen Voraussetzungen der räumlichen Verbreitung des Weizenbaus auch in Ungarn. Sie und die Anpassung des Weizens erklären auch Einzelzüge der Verbreitung (S. 3, 95). Zum Verständnis der feineren Erscheinungen im Gebiet der Weizenbaulandschaft müssen noch andere Kräfte gesucht werden.

bb) Volkliche Zugehörigkeit der Kerngebiete: Im Jahre 1870 liegen die Kerngebiete des Weizens im südlichen Alföld, jenem volklich stark z e r s p l i t t e r t e n Gebiet, in welchem die rumänische Bevölkerung, aber auch Deutsche, Magyaren und Serben einen großen Anteil haben (S. 42).

Bis zum Jahre 1895 hat sich das Kerngebiet zunächst auf die volklich ähnlich zusammengesetzten Komitate Bihar und Arad ausgedehnt; dann aber ist es über die Landschaften des Donau-Theiß-Beckens und Somogy mit überwiegend m a g y a r i s c h e r Bevölkerung gezogen (S. 42). Im Jahre 1928 hielt sich das Kerngebiet in den magyarischen Landschaften, unter denen Békés einen starken slowakischen, Pest und Somogy einen kleinen deutschen Einschlag haben (S. 42).

Obwohl der Weizen als Steppenpflanze gilt, die Magyaren auf ihrer Wanderung durch die Steppe gekommen sind und von bulgartürkischen Völkern Pflanzenbau gelernt, ihre Stämme sogar aufgenommen haben, ist weder das klimatisch bevorzugte West-Ungarn, das Kernland und alte Kulturland, noch das von Magyaren bewohnte Alföld Ausgangs-Kerngebiet des Weizenbaus, sondern das südliche Alföld, in dem die Magyaren nicht überwiegen und das erst spät neu erschlossen wurde (S. 36 ff., 40, 42). Es kann dagegen nicht eingewendet werden, daß das Alföld durch die Türkenherrschaft verwüstet war; denn dann müßte erst recht das türkenfreie West-Ungarn Kerngebiet geworden sein, und das südliche Alföld war länger besetzt als das nördliche. Ob das Alföld vor der Herrschaft der Türken Weizenland war, steht hier nicht zur Untersuchung. Auch der Einwand, daß im nördlichen Alföld Kumanen, Jaszygen und Petschenegen, also keine reinen Magyaren wohnen, kann entkräftet werden: sie siedelten früher auch in West-Ungarn bis zum Burgenland. Der Weizenbau ist von rumänischer und deutscher Bevölkerung ausgegangen; die Lage der Kerngebiete war von ihr abhängig.

Nun sind zwar die Rumänen ein Bauernvolk, in der Ebene Ackerbauer, im Gebirge Viehhalter, aber es fehlen ihnen wesentliche Eigenschaften, die zu einer Weizenbaulandschaft führen, wie sie im südlichen Alföld zu finden ist. Diese Eigenschaften besaßen die deutschen Einwanderer; ihretwegen wurden sie nach Batschka und Banat gerufen, und ausdrücklich mit der Aufgabe betraut, aus Sumpf- und Weideland Ackerland zu schaffen. Diese Aufgabe gelöst und den andern Völkern mustergiltig vorgearbeitet zu haben, ist ihr unbestreitbares Verdienst (S. 43 f). Diesem Vorbild sind die Magyaren am besten gefolgt. Sie entwickelten ihre bäuerlichen Anlagen, konnten sich anpassen und fortschrittliche Wirtschaftsgesinnung aufsaugen (S. 43 f.). Beiden war es möglich, die Kerngebiete des Weizenbaus über das Alföld und West-Ungarn auszudehnen und den Weizen zum wichtigsten Ausfuhrgut zu erzeugen (S. 59).

Wesentlich ist, daß die deutsche Bevölkerung in den Weizenkerngebieten stärker am Grundbesitz beteiligt ist als die anderen Bevölkerungsgruppen. Die Magyaren stellen auch die wenigsten selbständigen Besitzer. Ihr Einfluß auf die Landwirtschaft verringert sich dadurch, daß sie sich in größerer Anzahl als Knechte und landwirtschaftliche Arbeiter verdingen (S. 45). Der deutsche Einfluß ist auch durch die Besitzgröße gesichert. Klein- und Mittelwirtschaften sind in deutscher und magyarischer Hand. Der magyarische Einfluß wird durch den größeren Anteil am Zwergbesitz und den geringen Anteil am Großgrundbesitz vermindert (S. 44).

cc) Wirtschaftliche Abhängigkeit und Anpassung:

1. Zusammenhang zwischen Besitzverteilung und Weizenbau: In der Weizenkernlandschaft des Alfölds, und dort wieder im südlichen Alföld überwiegen Klein- und Mittelgrundbesitz, während im Weizenrandgebiet West-Ungarns Großgrundbesitz und Latifundien überwiegen (S. 46). Die Stärke der Kleinwirtschaften liegt im Ackerland (S. 47). Das Weizenkerngebiet des bodenunstäten Alfölds und des von Deutschen durchsetzten südlichen Alfölds ist an die vielseitigen und arbeitsreichen Kleinwirtschaften und an die arbeitsschwachen Mittelwirtschaften gebunden (S. 47).

2. Betriebsweise und Weizenbau: Die Dreifelderwirtschaft blieb in den Klein- und Mittelbetrieben des Alfölds länger erhalten als in den Großbetrieben, besonders West-Ungarns, die früher zur Fruchtwechsel- und freien Wirtschaft übergingen. Das zeigte auch die Verteilung der Brache (S. 48). Die Fruchtfolge ist im Großgrundbesitz größer (S. 49). In Torontál und Temes ist die Brachfläche klein, weil Zweifruchtwirtschaft üblich ist. In Bács-Bodrog hielt sich bei größerer Brache eher Dreifelderwirtschaft. Die verdrängende Kraft des Weizens konnte selbst dann nicht geschwächt werden, als seit Mitte des 19. Jhdts. die neuen Weizenländer, Vereinigte Staaten von Amerika, Argentinien und Kanada den europäischen Markt belieferten und durch billige Seefrachten den Weizenpreis auf eine unerwartet tiefe Stufe herabdrückten; denn solange die Klein- und Mittelwirtschaften freie Bedarfsdeckungswirtschaften sind, vergrößert sich die Anbaufläche, wenn die Preise sinken (24/201).

3. Bearbeitung des Bodens und Weizenbau: Die Zeit der Einführung neuer Geräte, Maschinen, allgemeiner Düngung und planmäßiger Bodenverbesserungen erklärt Ausdehnung und Verstärkung des Weizenbaus nach 1870. Nach den Unterschieden, die hierin zwischen Großgrundbesitz und Bauernwirtschaften und ihrer räumlichen Verbreitung bestehen, mußten sich auch Unterschiede zwischen Alföld und West-Ungarn ergeben. Die Tanyawirtschaft, welche im Alföld am stärksten verbreitet ist, bestimmte die Betriebsweise und die Bearbeitung des Bodens. Der Boden erholte sich während der Brache oder es entstanden „Dungkreise", d. h. die Austragung des Dungs war von der Entfernung der Felder vom Wirt-

schaftshof abhängig (S. 50). Künstliche Düngewittel wurden zuerst vom Großgrundbesitz verwendet, die allgemeine Erkenntnis ihrer Zweckmäßigkeit setzt sich erst Anfang des 20. Jhdts. durch; denn West-Ungarn zählt 1895 nicht die meisten Wirtschaften mit Verwendung künstlichen Düngers, sondern Nordwest-Ungarn und das nördliche Gebirgsland. Im Theiß-Maros-Becken ist sie fast unbekannt (S. 50). Der Angriff auf die Alkaliböden im Alföld fällt auf das Ende des 19. und den Anfang des 20. Jhdts. (S. 50 f.). Entwässerungen, Berieselungen, physikalische und chemische Behandlung schaffen Neuland, das dem Weizenbau dient (S. 50).

4. Abhängigkeit des Weizenbaus von der Regelung der Flüsse: Im allgemeinen sind die Arbeiten zur Regelung der Flüsse von Mitte bis Ende des 19. Jhdts. fertig geworden. Innerhalb der Landschaften ergeben sich Unterschiede, von denen die Verbreitung des Weizenbaus abhängig war. Im südlichen Alföld, dem Kerngebiet um 1870, waren die Flußregelungen im wesentlichen bis 1800 beendet worden, der Anschluß an die Donau 1874 gegeben. Nach dem Stand der Arbeiten an den Dämmen und Durchstichen der Theiß konnte das mittlere und nördliche Alföld erst 1895 als Weizenbauland erscheinen. Außerdem hatte es unter den Rückschlägen der Flußregelungen zu leiden. Die Tatsache der verhältnismäßig späten und dauerhaften Regelung der Donau hat auf die Weizenverschiffung und damit auf den Weizenbau nachteilig gewirkt (S. 51—53).

Nach dem jeweiligen Stande der Wasserschutzbauten und ihren Wirkungen auf Gewinnung von Getreideneuland und auf die Getreideverschiffung ergibt sich ein räumlich verschiedenes Bild, das mit der Ausdehnung des Weizenbaus vom südlichen nach dem nördlichen Alföld übereinstimmt.

5. Die Beziehungen zwischen der Entwickelung des Eisenbahnnetzes und der Ausdehnung und Verstärkung der Weizenbaulandschaft können jeweilig sowohl als Ursache als auch als Wirkung aufgefaßt werden. Die Eisenbahnen, die weder planvoll gebaut wurden, noch vor der Verstaatlichung ihre volle wirtschaftliche Aufgabe erfüllten (S. 55), hatten nicht den Zweck, ein wirtschaftlich leeres Land zu erschließen und zu beiden Seiten ihrer Linien einen Streifen von Siedlungen und Ackerfluren zu schaffen. Das Land war wirtschaftlich erschlossen; es galt, ein vorhandenes Verkehrsbedürfnis zu befriedigen, das Innere des Landes mit Westeuropa zu verbinden. Nachdem aber die Eisenbahnen fuhren, wirkten sie unmittelbar auf die Vergrößerung der Anbauflächen und die Erhöhung des Getreideüberschusses. Dieser Erfolg reizte wiederum dazu, das Eisenbahnnetz schnell und planmäßiger zu gestalten und zu verdichten.

Im südlichen Alföld übernahmen die Flüsse, die dort zuerst ausgebaut worden waren, trotz mannigfacher Mängel und mit ihnen verbundener Umwege die Verfrachtung des Getreides. Darum wurde die Eisenbahnlinie Budapest-Neusatz (Ujvidék) erst 1882 gebaut, und die Donauuferbahn Budapest-Baja-Zombor weist bis heute eine Streckenlücke zwischen Dunapataj, Kalocsa und Baja auf (S. 54,

56). Mit Rücksicht auf die Verfrachtung des Weizens aus Ost-Ungarn nach dem Auslande wurde der Bahnbau im Alföld bevorzugt (S. 54). West-Ungarn, das Weizenrandgebiet, erhielt Eisenbahnlinien zu einer Zeit, als im Alföld schon Verbindungsbahnen gebaut wurden. Die Strecke nach Szeged war sieben Jahre früher in Betrieb als diejenige nach Nagyakanizsa, die nach Arad 25 Jahre früher als die nach Szekszárd und Dombóvár! (S. 53.) Die Bahnen von Fünfkirchen (Pécs) nach Mohács und Zákány dienten nicht dem Getreideverkehr, der die Drau benutzte, sondern dem Kohlenverkehr (S. 54, 57).

Die fächerförmige Anlage des Eisenbahnnetzes, seine Verkehrsrichtung auf Budapest und die Vorrangstellung des Alfölds stehen in Wechselwirkung mit dem Weizen als versandfähigem und frachttragfähigem Ausfuhrgut und der Entwickelung der Weizenbaulandschaft.

dd) Treibende Kräfte: Da das Klima Ungarns weder ein übertriebenes (exzessives) Landklima noch das Muster eines Trockenklimas örtlicher Natur ist, kann ihm nicht die Bedeutung zugesprochen werden, die es oft im Schrifttum erhält. Witterungsschwankungen und Wetterschäden der einzelnen Jahre können wohl das Ernteergebnis vorübergehend bessern oder verschlechtern, aber sie können das Gesamtbild nicht grundlegend ändern. Vergleiche mit anderen Ländern können nur unter gleichen naturgeographischen, volklichen und wirtschaftlichen Grundlagen gezogen werden (S. 5).

Klima und Boden allein erklären nicht die Weizenbaulandschaft. Es sind dort, wo beide den Lebensbedingungen des Weizens entsprechen, keine Kerngebiete entstanden. Die verdrängende Kraft erwuchs dem Weizen aus der volklichen und wirtschaftlichen Erfüllung des Raumes.

b) Mais.

aa) Naturgeographische Voraussetzungen: Die klimatische Lage im Mais-Kerngebiet ist ähnlich der im Weizen-Kerngebiet.

Mais wird im April gesät, der in der Ebene, besonders im Süden, und im Hügelland warm ist, und die für das Keimen nötige Bodenwärme und Bodenfeuchte hat. Der niederschlagsreiche Mai fördert das Wachstum (S. 19). Die Erntezeit fällt in die Monate August und September, also in den sehr trockenwarmen Spätsommer mit kräftiger Sonnenstrahlung, die zur Körnerreife nötig ist, nachdem die Niederschläge des Juli die Körnerbildung günstig beeinflußt haben (S. 19, 61).

Der ungarische Mais und seine Sorten, auch Zucker- und Pferdezahnmais, haben sich den klimatischen Abstufungen der Ebene und des Hügellandes, insbesondere der jahreszeitlichen Verteilung der Niederschläge angepaßt. Sie meiden die ihnen nicht zusagenden Berg- und Gebirgslandschaften, die in den äußeren Kreis des Randgebiets zu liegen kommen. Die Auslese der Landschaften ist größer als beim Weizen. Trotzdem, daß das mittlere und nördliche Alföld und große Teile West-Ungarns für Maisbau geeignet wären, liegen dort keine Kerngebiete, und klimatisch ungünstige Landschaften bauen noch stark Mais an (S. 16, 62).

Auch die Bodenlage ähnelt der des Weizens. Nach West-Ungarn ist Mais nur zögernd vorgedrungen, da er mehr feuchte Steppenschwarzerde bevorzugt. Das Landschaftsbild im Bereich der Alkaliböden weist dasselbe Wirtschaftsgefälle auf, wie es oben geschildert wurde (S. 95). Auch die Entwickelung in Pest, Hajdu und Debrecen gleicht der des Weizens (S. 62) (4., 5. Bild).

Weizen und Mais lassen ein fast gleich großes Maß von Abhängigkeit und Anpassung an Klima und Boden erkennen, und kämpfen mit nahezu gleich starken Kräften um den Raum. Weizen ist von Natur ein wenig wettbewerbsfähiger als Mais, aber ihm müssen noch andere Kräfte zu Hilfe kommen, um den größeren Raum zu gewinnen. Saat- und Erntezeit fällt für Weizen und Mais in verschiedene Jahreszeiten und Monate. Weizen ist allgemein Winterfrucht, Mais ist Sommerfrucht. Weizen wird zwei bis drei Monate früher geerntet als Mais. In der Fruchtfolge liegen sie nacheinander. D. h. Weizen und Mais stehen nicht in Arbeitswettbewerb, sondern die Arbeit, die sie beanspruchen, liegt zeitlich nacheinander, nicht nebeneinander; beide vertragen sich in ein und derselben Besitzgröße. Weizen ist Mais insofern überlegen, als er einen geringeren Arbeitsaufwand vom Beginn bis Ende der Wachstumszeit verlangt als Mais.

bb) Soweit sich die Kerngebiete des Mais mit denen des Weizens decken, gilt von den Wirkungen der volklichen Zugehörigkeit dasselbe. Der starke Anteil der Rumänen und Serben, für welche Mais Hauptnahrungsmittel ist, im Kerngebiet, ihr Anteil am Grundbesitz, ihre berufliche und soziale Gliederung erklären hinreichend das landwirtschaftsgeographische Bild (S. 42, 44). Die ursprüngliche Beschränkung auf diese Gebiete, die langsame Ausdehnung des Maiskerngebiets und sein Fehlen in West-Ungarn binden den Maisbau stärker an die volkliche Erfüllung des Raumes als den Weizenbau.

cc) Der Zusammenhang zwischen Besitzverteilung und Maisbau ist ähnlich gegeben wie im Weizenkerngebiet; die Bindung an die Klein- und Mittelwirtschaften erscheint noch stärker als dort. Soweit die Maiskerngebiete mit den Weizenkerngebieten zusammenfallen, gilt für sie über die Abhängigkeit von Betriebsweise und Bearbeitung des Bodens dasselbe. Die Maiskerngebiete sind nur im südlichen Alföld von der Regelung der Flüsse abhängig gewesen, und aus oben genannten Gründen der weiteren Flußregelung nicht gefolgt.

Der Eisenbahnbau hat auf die Entwickelung der Maislandschaft nicht den Einfluß ausüben können wie auf die Weizenlandschaft. Er hat dem Binnenverkehr in Mais gedient, aber, die oben genannten Bedingungen hinzugerechnet, der Maisanbau strebt nur nach einem Erzeugungsziel. Es fehlt ihm die treibende Kraft, Ausfuhrgut zu sein (S. 61). Er benötigt die Eisenbahn nicht als Fernverfrachter.

dd) Treibende Kräfte: Die Maiskerngebiete sind stärker als die Weizenkerngebiete an die volkliche Erfüllung des Raumes gebunden. Bestimmte Volksgruppen und ihre wirtschaftliche Gliederung bedingen die Lage des Maisbaus. Wesentlich ist, daß Mais Nahrungs- und Futtermittel ist und im Inlande verbraucht wird, daß also der Anreiz des Ausfuhrzieles, das Weizen besitzt, fehlt. Da die Auslese der Landschaften als Standorte größer als beim Weizen ist, naturgeographische Voraussetzungen nicht ausgenutzt und naturgeographische Mängel nicht beachtet werden, können Klima und Boden nur als allgemeine Bedingungen angesehen werden.

c) Roggen.

aa) Naturgeographische Ursächlichkeit: Ungarn liegt im Randgebiet des europäischen Roggenbaus. Damit ist die klimatische Lage gekennzeichnet und die kleine und abnehmende Anbaufläche geklärt. Ungarn hat kein „Roggenklima". Der Nyirer-Roggen hat sich dem Klima angepaßt, indem er früh reift und nach der Hauptregenzeit und vor der Trockenzeit geerntet wird (S. 63).

Die Kerngebiete liegen auf sandiger Steppenschwarzerde und sandiger brauner Walderde und haben sich auf den sandigen Schwarzerdeboden in Pest verstärkt zurückgezogen (S. 33, 64).

Der Roggenbau ist nicht klima-, sondern bodenbedingt. Er steht mit Weizen und Mais in keinem naturgeographisch begründeten Wettbewerb, auch nicht in Arbeitswettbewerb; denn er wird früher als Weizen gesät und ebenso früher geerntet (S. 63).

bb) Eine volkliche Zugehörigkeit der Kerngebiete kann nicht gefunden werden. Obwohl Roggen als Brotgetreide der deutschen Bevölkerung gilt, decken sich seine Kerngebiete nicht mit den deutschen Sprachgebieten, wenn auch der deutsche Einschlag in Pest beachtenswert ist (S. 42). Im Randgebiet des Roggenbaus ist der Anteil der Deutschen weit stärker, während die Kerngebiete, Pest und Szabolcs, räumlich, volklich und wirtschaftlich von Magyaren beherrscht werden (S. 42 f.).

cc) Wirklich treibende Kräfte fehlen dem Roggenbau, selbst wenn Roggen bis 1928 auch in steigender Menge ausgeführt wird (S. 63). Er ist bodenbedingt und nimmt die Stellung eines Not- oder Übergangsgetreides ein, das jederzeit aufgegeben werden kann.

d) Gerste.

aa) Naturgeographische Abhängigkeit und Anpassung: Für Sommer-Brau-Gerste ist das Klima Oberungarns, übrigens eines Ausläufers des böhmisch-mährischen Gerstengebiets, besonders geeignet, dem sich die Gerste durch Frühreife, Eiweißarmut und Stärkereichtum angepaßt hat. Die Anpassungsfähigkeit an das Klima bedingt auch die Standorte im Alföld und in West-Ungarn (S. 33 f., 64 f.).

Das gilt erst recht von der Winter-Futter-Gerste: sie ist weniger anspruchsvoll, und an ihre Güte werden geringere Anforderungen gestellt. Ihre Wachstumsbedingungen stimmen mit dem Klima des Alfölds überein (S. 64, 66).

Die Kerngebiete der Braugerste liegen auf den fruchtbaren Fluß-Überschwemmungs- und Schwarzerde böden Oberungarns und des Alfölds, die der Futtergerste auf den sandigen Steppenschwarzerden in Pest (S. 33 f).

bb) In den Kerngebieten der Braugerste ist zwar die deutsche Volksgruppe stark vertreten, ihr Anteil am Grundbesitz groß, aber auch die slowakische, und die Landschaften sind zu sehr mit magyarischen Mustergütern durchsetzt, so daß ihr die volkliche Zugehörigkeit nicht zugesprochen werden kann. Bier ist nicht Volksgetränk der Magyaren. In Pest baut die magyarische Bevölkerung Futtergerste als Schweinefutter (S. 42).

cc) Gerste ist klima- und bodenbedingt und angepaßt. Die Standorte bestimmen das Erzeugungsziel.

e) Hafer.

Die starke und dauernde Verdrängung des Hafers, der durchaus nicht alleiniges Pferdefutter ist, weist darauf hin, daß Klima und Boden seine Lebensbedingungen nicht erfüllen und er sich beiden auch nicht angepaßt hat. Sein Kerngebiet, außerhalb des europäischen Hafergebiets gelegen, blieb die heiße, sommerfeuchte Landschaft Bács-Bodrog, wo die fehlende Luftfeuchtigkeit durch Bodenfeuchte ersetzt wird. Aus dem warmen, luft- und bodentrockenen Pest wurde er vollständig verdrängt. In den luftfeuchten Mittelgebirgen hat sich Hafer nicht einbürgern können. Eine volkliche Zugehörigkeit und wirtschaftliche Abhängigkeit und Anpassung ist nicht ersichtlich (S. 22 f., 34, 42, 66).

f) Halbfrucht.

Trotzdem, daß Halbfrucht weder dem Klima noch dem Boden seiner Standorte angepaßt ist und niemals angepaßt werden konnte, da Weizen und Roggen verschiedene Lebensbedingungen haben, wurde sie stark angebaut. Als nach 1870 die Anbauflächen des Weizens und Mais wuchsen, weil ihre volkliche und wirtschaftliche Bewertung stieg, mußte Halbfrucht der Verdrängung nachgeben. Sie hat sich aus dem östlichen Alföld, obwohl dieses zum Kerngebiet des Weizens und Mais zählte, nicht verdrängen lassen, weil die rumänische Bevölkerung länger an dem Verbrauch von Halbfrucht als Nahrungs- und Futtermittel festhielt (S. 42, 67).

2. Nicht-Getreide.

a) Kartoffeln.

aa) Naturgeographische Ursächlichkeit: Die Kartoffel hat sich durch spät- und frühreife, landeigene und landfremde Sorten dem Klima angepaßt. Sie suchte zunächst die feuchten Gebirgslandschaften als Standorte auf. Die Stellung von Szabolcs, Pest und Somogy erklärt sich aber nicht aus den klimatischen Verhältnissen, denn ähnlich dem Roggen liegt das Kartoffelgebiet Ungarns im Randgebiet des europäischen Kartoffelbaus (S. 22, 35 f., 67 f.).

Die Standorte erklären sich vielmehr aus den Bodenarten: die Kerngebiete sind von den sandigen Gesteinsböden des Gebirgslandes auf sandige Schwarzerde (Pest), sandige braune Walderde (Szabolcs) und auf Bleicherden und Bleichsande (Somogy) gewandert. Die Standorte der Kartoffeln sind bodenbedingt wie Roggen. Die sprunghafte Verstärkung der Anbaufläche in Szabolcs erklärt sich daraus, daß dieses auch kühler und feuchter ist (S. 34).

bb) Volkliche Zugehörigkeit: In den Kerngebieten des Kartoffelbaus Alt-Ungarns wohnen Slowaken, Deutsche und Ruthenen, Volksgruppen, denen Kartoffeln Nahrungsmittel sind. Die magyarische Bevölkerung in Pest und Szabolcs ging zwangsweise zum stärkeren und arbeitsreichen Kartoffelbau über, um den Sandboden dieser Landschaften auszunutzen (S. 42, 34).

cc) Die Kerngebiete des Kartoffelbaus sind bodenbedingt. Soweit die Bevölkerung mit ihm nicht übereinstimmt, muß sie sich ihm anpassen.

b) Weingärten.

aa) Naturgeographische Ursächlichkeit: Klima und Boden verursachen Menge und Güte des ungarischen Weins. Der Gütewein des Berg- und Hügellandes und der Mengewein der Ebene stehen zunächst unter den gleichen klimatischen Bedingungen: hohe Sommerwärme, Sonnigkeit, ein warmer, trockener Herbst. Hohen Temperaturschwankungen ist die Rebe angepaßt. Im Berg- und Hügelland ist der Einfallswinkel der Sonnenstrahlen auf die geneigten, treppenförmig aufgeteilten Süd-, Südwest- und Südosthänge am größten. Am Plattensee (Balaton) werden die täglichen und jährlichen Wärmeschwankungen durch die Wasserfläche und ihren Wärmeumsatz (Reflex) verringert. Im Berg- und Hügelland stehen die Reben auf vulkanischem Boden: am Bakonywald und Plattensee, an den Südhängen des Börzsöny-, Mátra- und Bükkgebirges, der Hegyalja und am Tokajer Gebirgsstock. In der Ebene stehen sie auf gehäufeltem „Sandboden", der sich leicht und stark erhitzt, wasserdurchlässiger ist und stärker unter Frühfrösten leidet. Die Güte des Bergweins, seine Süße und sein Feuer, erklärt sich aus der hohen Besonnung, der Breitenlage und aus dem leicht erwärmbaren und wasserhaltigen vulkanischen Boden. Die Menge des Sandweins ist in erster Linie von der Lage in der Ebene und der Rebensorte abhängig (S. 29, 68 ff.).

Nach dem Auftreten der Reblaus wurde dem Boden, an den die Rebe an sich keine Ansprüche stellt, erhöhte Aufmerksamkeit zugewendet, da er, und nicht das Klima, nach seiner physikalischen und chemischen Zusammensetzung die Möglichkeit bot, die Reblaus zu bekämpfen und die Weingärten zu erhalten. So mußte der klimatischen Einteilung in Gütewein des Berglandes und Mengewein der Ebene eine Einteilung nach dem Boden in Weingärten auf giftfreiem und Weingärten auf nicht-giftfreiem Boden gegenübergestellt werden, die sich beide nicht decken. Der Boden hat als Voraussetzung und Ursächlichkeit eine größere Bedeutung als das Klima erhalten (S. 70 f.).

bb) Die Kerngebiete sind volklich an die magyarische Bevölkerung gebunden. Die große Verbreitung des Weinbaus spricht dafür, daß nicht nur die naturgeographische Möglichkeit ausgenutzt wurde, sondern auch dafür, daß der Weinbau beliebt und Wein Volksgetränk ist. Die vergrößerte Pflege der Reben ist nicht von der rumänischen oder serbischen Bevölkerung ausgegangen, sondern von deutschem Vorbild und staatlicher Unterstützung, gezwungen durch den Wettbewerb mit dem Auslande (S. 42, 70, 71).

cc) Lage und Zustand der Weingärten erklären sich ferner aus der Besitzverteilung: zwischen 32 bis 58 % liegen in Zwerg- und Kleinwirtschaften (S. 47). Aus der Verbreitung dieser Wirtschaftsgrößen, ihrem Verhältnis zum Großgrundbesitz und ihrem wirtschaftlichen Verhalten ergibt sich die Lage der Kerngebiete und die Bewirtschaftung der Weingärten (S. 46, 47, 70).

dd) Die Weingärten sind naturgeographisch bedingt und von volklichen Kräften beeinflußt.

c) Zuckerrüben.

Die Ursachen für Wachstum und Verstärkung der Standorte sind nicht im Klima zu suchen, sondern auf die staatliche Förderung der Zuckerindustrie zurückzuführen. Mit dem Verlust des Kleinen Alfölds wanderte das Kerngebiet in das Große Alföld, wo die Anforderungen an hohe Sommerwärme und trockenen warmen Spätsommer erfüllt werden. Dem Verlangen nach tiefgründigem, fruchtbarem Boden entsprechend werden Lehm-, Löß- und Schwarzerdeböden aufgesucht (S. 33 f., 72).

d) Tabak.

Das Klima ist dem Tabakbau in den Kerngebieten günstig: sommerwarm und feucht. Im südlichen Alföld erhält er auch den besten Boden zugewiesen. Wie weit sich der Tabak von den Lebensbedingungen seiner Heimat entfernen und anpassen kann, zeigt die Größe der Anbaufläche in Szabolcs, das kühl und feucht ist und wo er auf sandiger brauner Walderde gedeiht. Da er von Magyaren ebenso gern wie von anderen Volksgruppen gebaut wird, erhält er als arbeitsreiche Wirtschaftspflanze auch die größte Pflege, die mangelhafte Naturgegebenheiten ergänzen muß (S. 34, 42, 72).

e) Hülsenfrüchte, Gemüse, Obst und Gartenbau.

aa) Naturgeographische Ursächlichkeit: Für diese Gruppe von Wirtschaftspflanzen stellen Klima und Boden günstigste Bedingungen. Mangelhafte Niederschläge werden durch künstliche Bewässerung ergänzt, welche hier leichter durchzuführen ist, da Gemüse, Obst- und Gartenbau meist auf kleinen Flächen im Kleinbetrieb zu finden sind (S. 33 f., 47, 73).

Der Gemüsebau nimmt im Alföld auf Steppenschwarzerde und sandiger Steppenschwarzerde die weitaus größten Flächen ein und ist „punktartig“ verteilt und nach Arten gesondert (S. 73). Es hat also eine weitgehende Arbeitsteilung stattgefunden, die sich auf Weiterverarbeitung und Verkehr auswirkt (6. Bild).

Die obstbaumreichsten Landschaften liegen im klimatisch ausgeglichenen West-Ungarn auf brauner Walderde und im warmen Theiß-Maros-Becken auf Schwarzerde (S. 34 f., 33, 73 f.) Dem Klima dieser Landschaften verdankt das Obst seinen hervorragenden Geschmack und seine Würze, die es durch die lange Reifezeit während der trockenen Spätsommermonate erhält.

bb) Die Verteilung der Obstsorten ist durch die Verteilung der Bevölkerung sichtbar verursacht. Das gilt für das obstreiche und obstvielfältige West-Ungarn und seine vom Deutschtum stark durchsetzte Bevölkerung ebenso wie für die Pflaumenbaumlandschaften des Theiß-Maros-Beckens und seine rumänisch-serbische Bevölkerung. Das Gartenland in Krassó-Szörény wird von Rumänen, die 50 % Anteil am Grundbesitz haben, gepflegt S. 42, 44).

cc) Neben der Bindung an die Volksgruppen tritt eine solche an die Besitzverteilung. Zwerg- und Kleinwirtschaften besitzen das meiste Gartenland (S. 45, 47) und pflanzen Obstbäume. Beide haben dort die Brache weitestgehend verdrängt (S. 48 f.).

Die Ausdehnung des Gemüse- und Gartenlandes ist zu einem guten Teil durch Verbesserung des Bodens und Neulandgewinnung bei der Flußregelung verursacht worden. Die größeren und kleineren Bodenflächen, die bei der Eindämmung und Begradigung gewonnen wurden, sind vom Zwergbesitz in Gemüse- und Gartenland verwandelt worden. Das ist besonders in der Nähe größerer Städte längs Donau und Theiß zu beobachten (Foktö-Kalocsa, Szolnok, Szeged), während fern dieser das Neuland mit Getreide oder Wiesen besetzt wurde.

Gleichzeitig mit der Erzielung von Güteobst und Gütegemüse durch Vereinheitlichung der Sorten, der Scheidung von Gütesorten, durch Massenangebot güteverläßlicher Markenwaren, angepaßt an Wünsche und Bedürfnisse des Abnehmers, mußte danach gestrebt werden, Obst und Gemüse aus den ländlichen Erzeugungsgebieten in städtische und ausländische Verbrauchsgebiete schnell und sicher zu befördern. Das konnte nur mit Hilfe eines dichten Eisenbahnnetzes einschließlich Zubringerlinien erreicht werden. Geschlossene Obstzüge von Kecskemét erreichen (1934) Wien in 18 St., Prag in 27 St., Berlin in 48 St. und London in 79 St. Die Rückwirkung blieb nicht aus: gerade darum, weil der Versand möglich, gesichert und frachttragfähig war, dehnte sich das Gartenland aus und suchte nach besten naturgeographischen Voraussetzungen fern vom städtischen Verbrauchsgebiet!

dd) Gemüse-, Obst- und Gartenbau sind engräumlich gebunden, werden aber von naturgeographischen, volklichen und wirtschaftlichen Kräften gleichmäßig getragen.

f) Raps.

Der klimatisch ungünstige Standort mußte durch größere Bodenfeuchte verbessert werden. Darum lagen die Kerngebiete im südlichen Alföld. Die Einführung landfremder Öle für Speisezwecke und technische Rohstoffe hat den Anbau verdrängt (S. 33 f., 74).

g) Hanf

hat sich durch kurzlebige Sorten dem Klima seiner Kerngebiete angepaßt. Mangelhafte Niederschläge werden durch feuchten, nährstoffreichen Boden seiner Standorte ergänzt. Diese waren verbrauchsständig; denn sie lagen im bodenfeuchten Flußgebiet der Donau-Theiß-Drau, wo der größte Bedarf an Tauwerk, Segelzeug und Säcken bis zur Einführung der Dampfschiffahrt vorhanden war. Mit der Abnahme des Bedarfs und der zunehmenden Verflechtung in die Weltwirtschaft hat auch der Anbau nachgelassen. In der nationalen Planwirtschaft wird er wieder einen größeren Raum einnehmen (S. 34 f., 74).

h) Flachs.

In Alt-Ungarn lagen die Kerngebiete in den feuchten und kühlen Gebirgslandschaften und auf feuchtem, gegen Nässe geschütztem Boden, also dort, wo eine gute Faser erzeugt und von slowakischer und ruthenischer Bevölkerung versponnen werden konnte. In Rumpf-Ungarn verteilt sich die größere Hälfte der Anbaufläche auf die kühl-feuchten Berg- und Hügellandschaften West-Ungarns. Auf dem klima- und bodenungeeigneten Alföld wächst Samenflachs, der ein Drittel der Gesamtfläche einnimmt. Der Flachsbau Alt-Ungarns war klima-, boden- und verbrauchsgebunden. Ein Wettbewerb mit Hanf war weder nach dem Erzeugungsziel noch nach dem Standort vorhanden; beide ergänzen sich. Beide aber wurden durch die weltwirtschaftliche Verflechtung und den Wettbewerb mit Baumwolle und Kunstseide verdrängt (S. 22 f., 42, 20, 74).

3. Ergebnis.

Die Standorte der Wirtschaftspflanzen sind aus der naturgeographischen, volklichen und wirtschaftlichen Erfüllung des Landes zu verstehen.

Die Hauptwirtschaftspflanzen, Weizen und Mais, und die Nebenwirtschaftspflanzen: Gerste, Hanf, Flachs, Tabak, Gemüse, Wein, Obst und Gartenland, z. T. auch Zuckerrüben stimmen mit Klima und Boden überein; sie sind von ihnen abhängig und ihnen angepaßt. Roggen, Kartoffeln und Raps sind nur bodenbedingt. Hafer und Halbfrucht sind klima- und bodenfremd.

In einer nationalen Wirtschaft können Hanf, Flachs und Tabak größere Anbauflächen erhalten; denn sie wurden durch die weltwirtschaftliche Verflechtung verdrängt. Diese konnte, aber sie mußte nicht allgemein auf die Standorte und Anbauflächen wirken (Weizen).

Die Ausrichtung auf das Erzeugungsziel trägt wesentlich zum Verständnis der Standorte bei. Ihr Verhalten erklärt sich aus der bewußten Zwecksetzung des Wirtschaftsmenschen, der höhere Erträge und größere Mengen für die Ernährung oder die Ausfuhr erstrebt.

Volkliche und wirtschaftliche Kräfte erweisen sich nach 1870 stärker als naturgeographische. Sie überwinden natürliche Mängel oder stärken die natürliche Ausstattung.

Die Weizen-Maisbau-Landschaft Ungarns ist auf einer unveränderlichen naturgeographischen Grundlage durch volkliche und wirtschaftliche Kräfte aufgebaut, in Bewegung gesetzt und in ihren Kerngebieten begrenzt worden. Klima und Boden geben die Möglichkeit der Entfaltung, aber sie zwingen nicht dazu (potentielle Energie). Sie sind nicht Naturkräfte, sondern Bedingungen. Menschlicher Wille und menschliches Handeln gestalten und verändern das Gefüge der Wirtschaftslandschaft und lassen die Tatsache der Beweglichkeit der Standorte und ihre dinglich-räumlich-zeitliche Veränderung verstehen.

B. Wirtschaftstiere.

1. Nährflächen.

a) Weiden und Wiesen.

aa) Naturgeographische Stellung: Die Kerngebiete der Weiden und Wiesen lagen um 1870 in der sommerheißen Ebene mit ausgeprägter regelmäßiger Wiederkehr der Niederschläge und zum kleinen Teil im luftkühlen und niederschlagsreichen Gebirgsland und Vorland. Das klimabegünstigte West-Ungarn lag im Randgebiet (S. 78, 79).

Die Tatsache der starken Verbreitung der Weiden und Wiesen könnte dazu führen, sie als klimabedingt anzusehen. Ein Vergleich des Klimas mit den Lebensbedingungen der Weiden- und Wiesenpflanzen zeigt jedoch, daß das Klima für Grasfluren der Mittelzone höchst ungeeignet ist. Klima- und bodenbedingt sind die Wiesen der Überschwemmungsgebiete und die Weiden im Mittelgebirge. Dort wurden die Standorte auch verstärkt. Im übrigen wurden sie verdrängt. Der geringe Widerstand, den Weiden und Wiesen, die niemals größere geschlossene Gebiete bedeckten, der Verdrängung durch das Ackerland entgegensetzen konnten und die Stellung West-Ungarns im Randgebiet beweisen, daß beide nicht klimagebunden und kein Merkmal der Naturlandschaft Ungarns sind, sondern eine wirtschaftsgeschichtliche Erscheinung (S. 81 f.).

Mit Änderung in der Bewirtschaftung des Bodens erfordert ihre Verdrängung keine Zwangsmaßnahmen. Die Vormachtstellung einzelner Landschaften erklärt sich aus dem Maß der Umwandlung des Bodens in Ackerland (S. 48, 81 f.). Weiden und Wiesen fehlt die nötige Luft- und Bodenfeuchtigkeit, der Boden ist zu reich, um nicht Ackerland tragen zu können.

bb) Die Verdrängung der Weiden und Wiesen durch das Ackerland, ihre Anpassung an die klimatischen Verhältnisse des Berglandes und der Überschwemmungsgebiete, die Vormachtstellung einzelner Landschaften, der Unterschied zwischen West-Ungarn und dem Alföld sind der Ausdruck der veränderten Wirtschaftsweise unter Führung der Deutschen und Magyaren und unter Anpassung oder Verharrung der anderen Volksgruppen (S. 43 f.).

cc) Im Jahre 1895 fiel ein großer Anteil der Wiesen auf die Kleinwirtschaften, der Weiden auf Mittel- und Großwirtschaften (S. 47). Da die Verdrängung im Alföld größer war als in West-Ungarn, fiel nicht nur ihr Kerngebiet mit den Klein- und Mittelwirtschaften zusammen, sondern auch die Verdrängung und Umwandlung in Ackerland war in dieser Besitzgröße und im Alföld am größten. Die Standorte im Alföld, die verstärkt wurden, gehörten dem gebundenen Besitz oder Gemeinden an (S. 46). Die Vormachtstellung von Pest beweist nicht das Gegenteil; denn die Standorte wurden am meisten geschwächt; sie ist im Gesamtbild zu werten.

Der Einfluß der Flußregelung auf die Standorte war nur vorübergehend spürbar. Wiesen- und Weideland im ehemaligen Überschwemmungsgebiet gingen in Fruchtland über oder blieben Weideland auf entstehendem Sodaboden, bis Bodenverbesserungen und Bewässerung einsetzten, die der Großgrundbesitz vornahm und vornehmen mußte; denn nach der Bauernbefreiung waren ihm große Teile der ehemaligen Überschwemmungsgebiete zugefallen (S. 50, 46, 51 f.).

Der zeitlich frühe Ausbau des Eisenbahnnetzes im Alföld, der zur Ausdehnung des Ackerlandes beitrug, ist damit auch eine der verdrängenden Kräfte gewesen. Die stark geschwächten Komitate Békés, Csongrád und Heves waren seit 1857, 1858 und 1867 an das Bahnnetz angeschlossen (S. 54 f.).

b) Futterbau.

aa) Naturgeographische Abhängigkeit und Anpassung: Die angebauten Futterpflanzen stellen verschiedene Anforderungen an Klima und Boden. Die bodengenügsamen Wicken haben die feuchteren Landschaften in West-Ungarn und Bihar aufgesucht. Futter- und Grünmais wird im Gegensatz zum Körnermais zum größeren Teil im feuchteren West-Ungarn angebaut. Rotklee ist dem Klima nicht angepaßt. Futterrüben gedeihen im trokkenen Alföld besser als Zuckerrüben. Esparsette wächst auf den Kalkböden des Mittelgebirges. Mohar und Luzerne sind klima- und bodenbedingt und -angepaßt. In der Luzerne ist eine Futterpflanze gefunden worden, die der mangelnden Feuchtigkeit des Bodens und den sommertrockenen Monaten durch Tiefwurzeln begegnet. Sie kann auf kalk- und sodahaltigem Boden angebaut werden. Wenn ihre Sortenzucht abgeschlossen sein wird, daß sie auch auf Sandboden angebaut werden kann, wird sie zu den wichtigsten und kräftigsten Futterpflanzen gehören (S. 80).

Futterpflanzen verlangen größere Niederschlagsmengen und reichlichere Bodenfeuchtigkeit, als Ebene und Hügelland aufzuweisen haben. Der Übergang zum Futterbau und der stärkere Futterbau in West-Ungarn erklärt sich nicht aus Klima und Boden, ausgenommen Luzerne.

bb) Die Änderung der Wirtschaftsweise, welche die Ausdehnung des Ackerlandes zum Ziele und die Verdrängung der Weiden und Wiesen zur Folge hatte, mußte die Viehhaltung, die bis 1870 im wesentlichen Viehweidewirtschaft ohne oder in lockerer Verbindung mit der Fruchtlandwirtschaft gewesen war, grundlegend beeinflussen. Entweder mußte im Gefolge der verringerten Futterfläche auch die Zahl der Tiere abnehmen, was im Klein- und Mittelgrundbesitz geschehen ist, oder es mußten Futterpflanzen angebaut und die Viehwirtschaft in die Ackerwirtschaft eingegliedert werden. Solange und soweit an der Dreifelderwirtschaft festgehalten wurde, war kein Raum für Futterbau vorhanden. Der Mittel- und Großgrundbesitz, der zuerst zur Fruchtwechselwirtschaft überging, hatte damit auch die Möglichkeit, Futterpflanzen zu bauen und die Ernährung des Viehs auf eine andere Grundlage zu stellen, seine Güte zu verbessern und das Erzeugungsziel zu wechseln. Die Standorte des Futterbaus erklären sich zum Teil aus der Besitzverteilung (S. 45 f., 47).

c) Zusammenfassung.

Zustand und Bewegung der Standorte der Vieh-Nahrungspflanzen sind auf wirtschaftliche Kräfte zurückzuführen. Sie zwangen zur Verdrängung der Weiden und Wiesen und zum Futterbau, dem Erfahrung und wissenschaftliche Erkenntnisse die klima- und bodengemäßen Futterpflanzen finden halfen.

2. Großtiere.

a) Rinder.

aa) Naturgeographische Abhängigkeit und Anpassung: Der unmittelbare Einfluß des Klimas auf die Verbreitung der Rinder ist aus der Verbreitung der Rassen und ihrem Zuchtziel zu erkennen. Im sommerheißtrockenen Alföld lebt das landeigene, sommer- und winterfeste Steppenrind, das wenig Milch liefert und als Zugtier genutzt wird. Im räumlich unterschiedlichen, jahreszeitlich gleichmäßigeren Klima West-Ungarns und im feuchtkühlen Berg- und Gebirgsland werden landfremde westliche Rassen gehalten, und zwar als Mast- und Milchtiere (S. 82). Obwohl die westlichen Rassen ein feuchtkühles Klima verlangen, drangen sie doch nach 1870 auch in das Alföld ein. Erst die Erfahrung lehrte, daß sie auf West-Ungarn beschränkt bleiben müßten, wenn ihre Leistungen nicht gefährdet werden sollten. Umgekehrt wurde gerade dadurch der Wert der landeigenen Rasse für das Alföld erkannt (S. 83). Die Bestandsverluste, welche die Steppenrinder in trockenen Jahren erleiden, sind eine mittelbare Folge des Klimas (hervorgerufen durch Futtermangel, Mangel an Fürsorge).

bb) Die landeigene Rinderrasse im Alföld war Magyaren und Rumänen (Bihar) eigen, die landfremde Rasse in West-Ungarn Magyaren und Deutschen. Die staatliche Förderung der landeigenen Rasse stimmt nicht nur mit der Eignung der Bevölkerung und ihrem wirtschaftlichen Verhalten, sondern auch mit dem Klima, der Verharrung der Weiden und Wiesen und der geringeren Ausdehnung des Futterbaus überein (S. 42).

Rinderzucht war bis 1870 ungeeignet, weil die Ernährungsgrundlage fehlte; denn Weiden und Wiesen waren nicht klimabedingt (S. 107). Die Rinderhaltung und Viehweidewirtschaft hielt sich solange, wie der Boden nicht anders genutzt werden konnte und weil diese Art der Viehwirtschaft dem Magyaren und seiner Leidenschaft für frei weidende Tiere entsprach. Erst mit dem Aufbruch der Weide, der Verkleinerung der Nährfläche, der Ausdehnung des Ackerlandes und der Einträglichkeit des Getreidebaus und der Verbindung mit dem Ackerbau wurde die Rinderzucht ermöglicht, zeitgemäß und unabhängig von Naturnährflächen (S. 83 f.).

cc) Das Verhalten der Standorte und die Aufteilung der Wiesen, des Ackerlandes und des Hornviehs auf die B e s i t z g r ö ß e n lassen darauf schließen, daß die Bewegung der Standorte innerhalb der K l e i n w i r t s c h a f t e n erfolgte. Großgrundbesitz und Musterwirtschaften hatten den Anstoß zum Futterbau und zur Einführung westlicher Rassen gegeben, zur Durchführung fehlte es ihnen an Arbeitskräften. Im Kerngebiet gingen Somogy und Zala wieder verloren; die ersten Milchverwertungsgenossenschaften entwickelten sich schlecht. Die arbeitshöchstgespannten Kleinwirtschaften führten die begonnene Bewegung fort (S. 47, 83 f.).

Im ganzen gesehen behielt der Mittel- und Großgrundbesitz, der im Besitz der großen Weideflächen blieb und nur 21 % des Hornviehs besaß, Rinderhaltung und Rinderzucht als selbständige Wirtschaftsform bei. In den Kleinwirtschaften, in denen Heugewinnung, Brachgang und Ackerwirtschaft die Ernährungsgrundlage der Wirtschaftstiere bilden, stand die Rinderhaltung nicht neben dem Ackerbau, sondern verschmolz mit der Fruchtlandschaft zur Landwirtschaft. Diese Entwickelung war 1895 zu einem gewissen Abschluß gelangt. Jede der beiden Betriebsweisen ist zeitgebunden und zeitgemäß; sie kann nicht als „extensiv oder intensiv“ bewertet werden[77]).

dd) Treibende Kräfte: Die Standorte der Rinder r a s s e n sind klimatisch und volklich bedingt; die Bewegung der Standorte seit 1870 ist volklich und wirtschaftlich verursacht. Weidewirtschaft ist für die Rinderzucht ungeeignet, weil die Ernährung nach Klima und Boden nicht sichergestellt ist. Rinderstallfütterung und Einpassung in die Fruchtlandschaft wurde vom wirtschaftlichen Verhalten der Volksgruppen und von der Betriebsweise der Besitzgrößenklassen eingeleitet.

b) P f e r d e.

aa) Naturgeographische Abhängigkeit und Anpassung: Die Standorte der hochwertigen Pferdezucht stimmen nach Auswahl der Rassen und ihrer Pflege mit den k l i m a t i s c h e n Gegebenheiten und den räumlichen Unterschieden überein. Das Kerngebiet liegt in der E b e n e, deren Geländeformen den Jungtieren die nötige Bewegungsfreiheit geben. Das südliche Alföld trägt schwere Warmblutpferde, im mittleren Alföld, wo das Steppenrind als Zugtier benutzt wird, herrschen östliche Rassen vor; in West-Ungarn, das Fleisch- und Milchvieh hält, gewinnt das Arbeitspferd. Zuchtverfahren und Rassenauswahl wurden mehrfach geändert, um die Rassen auszuwählen, die Klima, Witterung und Boden angepaßt sind (S. 85 f., 19).

bb) Selten hat ein Wirtschaftstier soviel v o l k l i c h e und s t a a t l i c h e Pflege erfahren wie das Pferd in Ungarn. Keinem werden soviel persönliche Zuneigung und soviel wissenschaftlich begründete Aufmerksamkeit gewidmet. Diese innere Verbundenheit des Magyaren mit dem Pferd erklärt zunächst nicht restlos die Kerngebiete, die im volklich zersplitterten südlichen Alföld lagen, sondern die Güte des Pferdebestandes. Die Eignung des Magyaren für Pferdezucht drückt sich weniger in der Zahl der Tiere und ihrer wirtschaftlichen Verwendung aus als vielmehr in seinem Umgang mit ihm (S. 42, 85).

cc) Das Wesen der Kleinwirtschaften, arbeitshöchstgespannte Betriebe zu sein, wird auch durch den Anteil am Pferdebestand (73 %) bestätigt. Darum decken sich die Kerngebiete mit ihnen. Mittel- und Großbetriebe sind arm an Pferden, wenn auch auf den Einzelbetrieb naturgemäß eine große Zahl entfällt. Sie halten weniger Gebrauchspferde wie die Kleinwirtschaften, sondern Aufwandspferde und treiben Pferdezucht als Liebhaberei. Damit soll kein absprechendes Urteil ausgesprochen werden. Im Gegenteil: den Gestüten des Großgrundbesitzes wie des Staates ist die Güte des ungarischen Pferdes, seine Verbreitung und seine Zucht zu verschiedenen Zwecken zu danken. Die wirtschaftlichen und nationalen Ziele der Züchter treffen sich in persönlicher Veranlagung und persönlichen Idealen! (S. 47, 85).

Kerngebiete der Weiden sind auch Kerngebiete der Pferdezucht gewesen. Wahrscheinlich ist das geringe Wachsen des Gesamtbestandes bis 1895 auf die Verdrängung der Weiden zurückzuführen, wie auch die Verstärkung der Standorte beider gleich läuft (S. 78).

dd) Die Pferdezucht stützt sich gleichermaßen auf Klima und Boden, Volksgruppe und Besitzverteilung.

3. Kleintiere.

a) Schweine.

aa) Naturgeographische Abhängigkeit und Anpassung: Ein unmittelbarer Einfluß des Klimas und Bodens auf die Verbreitung der Schweine ist nur vor der Einwanderung fremder Rassen erkennbar. Die landeigenen Rassen sind dem Klima des Gebirges und östlichen Hügellandes angepaßt, wohin auch das serbische Schwein eingeführt wurde und wo es die Standorte verdichtete. Wachstum und Wanderung der Standorte können nicht auf klimatische Verhältnisse zurückgeführt werden (S. 86).

bb) Für Magyaren, Rumänen und Serben sind die Erzeugnisse der Schweinehaltung Hauptnahrungsmittel. Darum konnte sich auch das serbische Schwein, welches als Kerngebiet Bihar verstärkte, leicht einbürgern (S. 42, 87).

cc) Die Zunahme des Gesamtbestandes, das Wachstum der Kerngebiete, ihre Verstärkung und Wanderung von Osten nach Westen bleiben an Zwerg- und Kleinwirtschaften gebunden. Da das Jahr 1895 innerhalb der untersuchten Jahre einen Höchststand aufweist, im Jahre 1928 wesentliche Kerngebiete geschwächt wurden, also offenbar eine Sättigung vorlag, ist dies für diese Betriebsgrößen und ihre Betriebsweise verständlich. Mittel- und Großgrundbesitz haben trotz ihres großen Anteils am Weideland nicht mehr Schweine aufgenommen (S. 47).

Die Schwächung und Verstärkung des Schweinebestandes folgte der Verdrängung oder auch vereinzelten Verstärkung der Weidenflächen und der Erhaltung der Dreifelderwirtschaft und damit Brache im Alföld. Die Kerngebiete der Schweinehaltung fallen mit den Kerngebieten des Mais und der Futtergerste, die als Schweinmast dienen, zusammen. Da dort auch der Zwerg- und Kleingrundbesitz vorherrscht, wird ein großer Teil der Schweine auch vom Bauer, nicht nur vom Händler gemästet, so daß auch die Schweinehaltung mit dem Ackerbau verbunden ist. In West-Ungarn werden in den Kleinwirtschaften infolge der Milch-Rinderzucht Molkereiabfäle verfüttert. Der Großgrundbesitz hält verhältnismäßig viel Schweine. Da er aber auch die größten Weideflächen, Röhricht- und unfruchtbaren Flächen hat, ist hier die Schweinehaltung mehr diesen Flächen angepaßt, weniger dem gesamtwirtschaftlichen Betrieb. Wachstum und Wanderung der Standorte vollzogen sich innerhalb der Kleinwirtschaften, deren Betriebsweise nach Verbindung zwischen Viehhaltung und Fruchtlandschaft strebte. Mit der Zunahme des Gesamtbestandes wuchs die Möglichkeit und der Zwang zur Ausfuhr. Sie wurde durch das Eisenbahnnetz und tierpolizeiliche Vorschriften unterstützt, und beeinflußte rückwirkend die Erzeugung (S. 47, 87, 81).

dd) Treibende Kräfte: Bis zum Jahre 1870 sind die Standorte der Schweinehaltung von Klima, Boden und Bevölkerungsgruppen abhängig und ihnen angepaßt. Wachstum und Wanderung der Standorte, wie sie um 1895 und später erscheinen, sind wirtschaftlich bedingt. Die Ausdehnung der Schweinehaltung, die Verdrängung der Brache und Weiden und die Verdrängung der Schafe hat die Richtung der Viehhaltung grundsätzlich geändert. Es ist nicht nur ein Wirtschaftstier anstelle eines andern getreten, sondern auch innerhalb der Besitzgrößen und der naturgeographischen Landschaften ist die Viehhaltung umgeschichtet worden.

b) Schafe.

aa) Die Abhängigkeit vom Klima ist bei beiden Rassen deutlich erkennbar. Während das landeigene Zackelschaf in der Ebene wie im Gebirge dem Klima angepaßt ist, sind der landfremden Rasse Klima und Boden fremd geblieben. Darum wurde sie auch leicht verdrängt. Soweit noch fremdrassige Wollschafe gehalten werden, benötigen sie eine abweichende Pflege, um der Witterung begegnen zu können (S. 88).

bb) Die einstige allgemeine Verbreitung der Schafzucht täuscht darüber hinweg, daß die landfremde Wollschafrasse auch der Bevölkerung fremd geblieben ist. Dagegen ist das heimische, zuerst verdrängte, dann wieder geförderte Zackelschaf den slavischen Völkern wie Magyaren immer verbunden gewesen, weil es sich eigenwirtschaftlich bestens einfügte (S. 42, 89).

cc) Nach dem Zusammenbruch der Schafzucht sind die Kleinwirtschaften noch im Besitz von 30% des Bestandes, die Großwirtschaften von 48%, die Mittelwirtschaften von 18% (S. 47). Es ist möglich und wahrscheinlich, daß der Mittel- und Großgrundbesitz um 1870 mehr Schafe gehalten hat. Das würde seinen Bemühungen um die Wollschaftzucht, der Lage der Kerngebiete und der Verteilung in anderen Ländern entsprechen. Jedenfalls hat er sie zuerst wieder abgestoßen, während die Kleinbetriebe herkömmlicher dachten oder das Zackelschaf wieder aufnahmen. Der geringe Bestand in den Zwergbetrieben (4 %) zeigt, daß das Schaf für sie ungeeignet ist (S. 47).

Die Verdrängung der Schafzucht ist auf den Rückgang der Brache und Stoppelweide stärker zurückzuführen als auf den des Weiden- und Wiesenlandes; denn nach 1895 standen den Schafen größere Weideflächen zur Verfügung als vorher. Der arbeitsschwache Mittel- und Großgrundbesitz mit Fruchtwechselwirtschaft und großen Weidenflächen hielt Schafe als wirtschaftlich bedingte Ergänzungstiere. Die Kleinwirtschaften ernähren sie auf Stoppelweide, Brache, Weiden und Wiesen und durch Abfallstoffe (S. 48 f.).

dd) Die Verdrängung der Wollschafe war nicht nur weltwirtschaftlich, sondern auch durch Klima, Bevölkerung, Besitzverhältnisse und Betriebsweise bedingt. Das landeigene Zackelschaf ist naturgeographisch, volklich und wirtschaftlich abhängig und angepaßt.

c) Ziegen.

Die Ziege ist dem Klima und Boden des Berglandes, den dortigen Rumänen, Serben und Magyaren und der Betriebsweise der Klein- (51 %) und Zwerg- (47 %) Wirtschaften angepaßt (S. 42, 47).

d) Geflügel.

aa) Enten und Gänse sind anspruchsvoller an die Niederschlagsmengen als Hühner. Sie bevorzugen die Sodateich- und Seenlandschaft des Donau-Theiß-Beckens, die allerdings im Hochsommer teilweise austrocknet, und die bodenfeuchten Landschaften des südlichen Alfölds. Die verschiedenen Hühnerrassen sind durch Zuchtwahl den klimatischen Verhältnissen angepaßt worden (S. 90).

bb) Es ist verständlich, daß die arbeitsreiche Geflügelzucht an die arbeitsangespannten Zwerg- und Kleinwirtschaften gebunden blieb. Die Großwirtschaften sind nach ihrer Betriebsweise dafür ungeeignet. Es decken sich Verteilung der Betriebsgrößen, Großlandschaften und Kerngebiete der Geflügelzucht. Dreifelderwirtschaft, Brache, Wiesen, Weiden, Stoppelfelder und Mais als Kraftfutter geben die Ernährungsgrundlage (S. 47).

Mit dem Ausbau des Eisenbahnnetzes konnte das Erzeugungsziel, Federn, Eier, Lebend- und Schlachtgeflügel, von der Deckung des eigenen Bedarfs auf Ausfuhr erweitert werden, und umgekehrt: da die Erzeugung auch auf Ausfuhr gerichtet ist, leistet ihr das Eisenbahnnetz wesentliche Dienste.

cc) Die Zucht des Geflügels ist weitgehend der naturgeographischen, volklichen und wirtschaftlichen Erfüllung des Raumes angepaßt.

4. Ergebnisse.

Die Hauptwirtschaftspflanzen haben nicht gewechselt; die Viehhaltung ist nach Richtung und Stärke verändert worden.

Die Weizen-Maisbau-Landschaft blieb an die naturgeographischen Kräfte stärker gebunden als die Viehlandschaft.

Um 1870 stimmt die Ernährungsgrundlage der Wirtschaftstiere mit Klima und Boden nicht überein. Standorte, Zahl und Erzeugungsziel der Wirtschaftstiere wurden auch von nichtangepaßten Kräften bestimmt. Vieh z u c h t innerhalb der damaligen Viehweidewirtschaft war ungeeignet.

Die Rassen bleiben Klima und Boden angepaßt.

Um 1895 wird Haltung und Zucht der Wirtschaftstiere von volklichen und wirtschaftlichen Kräften bestimmt.

Das Erzeugungsziel trägt zum Verständnis der Standorte, ihrer Lage und Bewegung wesentlich bei.

Die weltwirtschaftliche Verflechtung hat die Wollschafzucht anders beeinflußt als den Weizen.

Mangelnde Anpassung an naturgeographische Kräfte und starke Abhängigkeit und Anpassung an volkliche und wirtschaftliche Kräfte führten von der Schaf-Rind-Haltung über die Schaf-Schweine-Haltung zur Schweine-Rind-Haltung.

Die Gesamtentwickelung führte zur Überlegenheit der Fruchtlandschaft über die Viehlandschaft.

V. Landwirtschaftsgebiete.

Die im folgenden gekennzeichneten Landwirtschaftsgebiete ergeben sich aus den Kerngebieten der Frucht- und Viehlandschaften. Es sind nur Kerngebiete bis zu 20 DL. abwärts berücksichtigt worden. um das Wesen der Landwirtschaftsgebiete und ihrer Veränderungen zwischen 1870 und 1928 rein erfassen zu können. Randgebiete werden nicht berücksichtigt[80]) [81]).

A. Im Jahre 1870:

1. Fruchtlandschaften[82]).

Torontál erscheint als ausgeprägte Zweifruchtlandschaft, und zwar als Weizen-Maisbau-Landschaft (52 : 26 DL.). Bács-Bodrog ist Dreifruchtlandschaft: Weizen-Hafer-Mais (44½ : 33 : 28½ DL.). Unter anhaltendem Gefälle folgen Einfruchtlandschaften, und zwar Weizenlandschaften: Heves, Temes und Békés; Roggenlandschaften: Pest und Szabolcs; Maislandschaften: Bihar.

Diese acht Landschaften gehören der großen Ebene (Alföld) an, Bihar hat Anteil am Bergland.

2. Viehlandschaften[83]).

Landschaften mit einfachen Nährflächen (nach dem Gefälle geordnet): Weiden als Nährflächen haben: Bács-Bodrog, Jász, Torontál, Arad, Krassó-Szörény, Szabolcs, Zemplén, Békés, Csongrád und Trencsén; Wiesen als Nährflächen haben: Szatmár, Zala.

Landschaften mit zweifachen Nährflächen: Weiden und Wiesen als Nährflächen haben: Pest (61½ : 33 DL.), Bihar, Heves; Wiesen und Weiden haben: Máramaros (31 : 24½ DL.) und Temes.

Von diesen 17 Landschaften liegen 13 in der Ebene, 3 im Gebirgsland und eine im Hügelland West-Ungarns.

Die größte Zahl der Landschaften tritt als Einvieh-Landschaft auf. Zu den Schaf-Landschaften gehören 28. Davon liegen 10 in West-Ungarn, 9 im Berg- und Gebirgsland und 9 in der Ebene. Zweiviehlandschaften, und zwar Schafe-Schweine-Landschaften sind: Pest (89½ : 23 DL.), Bács-Bodrog und Somogy. Dreiviehlandschaften sind: Schafe-Schweine-Rinder-Landschaften: Bihar (72 : 31 : 22½ DL.) und Schafe-Schweine-Pferde-Landschaften: Torontál (53 : 21½ : 21 DL.). Von den Mehrvieh-Landschaften liegen 3 in der Ebene und je eine in West-Ungarn und im Berg- und Hügelland.

Während die größten Nährflächen in der Ebene liegen, verteilen sich die 33 Viehlandschaften fast gleichmäßig auf West-Ungarn, Ebene und Bergland (11 : 12 : 10). Dies bestätigt, daß um 1870 in West-Ungarn die Viehstallhaltung und die Verbundenheit mit der Fruchtlandschaft verbreiteter war als in der Ebene (Viehweidewirtschaft).

B. Im Jahre 1895:

1. Fruchtlandschaften[82]).

Torontál ist Weizen-Maisbau-Landschaft geblieben. Die Maisfläche ist stärker gewachsen als die Weizenfläche, so daß sich beide jetzt wie 4 : 3 gegenüberstehen. Temes und Bihar sind zu den Zweifruchtlandschaften übergetreten. Bács-Bodrog blieb Dreifruchtlandschaft, wurde aber durch Verdrängung des Hafers und Ausdehnung der Maisfläche zur Weizen-Mais-Hafer-Landschaft.

Einfrucht-Landschaften, und zwar Weizenlandschaften blieben Jász (anstelle Heves) und Békés. Arad und Somogy traten neu hinzu. Krassó-Szörény wurde zur Mais-Landschaft erhoben. Szabolcs schied aus. Pest nahm Weizen und Mais auf und wandelte sich zur Dreifruchtlandschaft.

Die Landschaften gehören nicht mehr allein der Ebene an. Ihre Gesamtzahl hat sich um 2 vermehrt. Die Einfruchtlandschaften haben sich vermindert, die Mehrfrucht-Landschaften vermehrt, und zwar im Alföld.

2. Viehlandschaften[83]).

Landschaften mit einfachen Nährflächen: Weiden als Nährflächen: es sind 6 verblieben, 4 ausgeschieden, Temes neu eingetreten; Wiesen als Nährflächen: Szatmár verblieb, Zala schied aus.

Landschaften mit zweifachen Nährflächen: Weiden und Wiesen: Pest (54½ : 31½ DL.) und Bihar verblieben; Heves schied aus; Krassó-Szörény trat über; Wiesen und Weiden haben: Máramaros erscheint verstärkt wieder.

Die Anzahl der Landschaften hat um 5 abgenommen; West-Ungarn ist ausgeschieden.

Die Schaf-Landschaften sind von 28 auf 5 zurückgegangen. Davon liegen 3 im Hügelland West-Ungarns, 2 im Bergland; die Ebene ist ausgeschieden.

Zu den Einvieh-Landschaften sind aus der Ebene und aus West-Ungarn 4 als Schweine-Landschaften neu getreten.

Zu den Zweivieh-Landschaften gehören:
- Schweine-Schaf-Landschaften: Bihar, Temes, Szabolcs;
- Schweine-Rinder-Landschaften: Zala;
- Rinder-Schweine-Landschaften: Eisenburg (Vas).

Dreivieh-Landschaften sind:
- Schafe-Schweine-Rinder-Landschaft: Somogy;
- Schweine-Schafe-Rinder-Landschaft: Bács-Bodrog;

Schweine-Schafe-Pferde-Landschaft: Torontál;
Schweine-Rinder-Schaf-Landschaften: Pest, Szatmár.

Von den Mehrvieh-Landschaften liegen 6 in der Ebene, 3 in West-Ungarn und eine im Bergland. In der Ebene sind sie um das Zweifache, in West-Ungarn um das Dreifache gestärkt worden. Trotzdem behält die Ebene eine Vormachtstellung wie 2 : 1.

Die Gesamtzahl der Viehlandschaften ist seit 1870 von 33 auf 19 zurückgegangen. Die Einvieh-Landschaften verminderten sich, die Mehrvieh-Landschaften verdoppelten sich; die Anzahl der Dreivieh-Landschaften stieg von 2 auf 5.

Weiden und Wiesen als Nährflächen haben an Bedeutung für die Viehlandschaften verloren, auch im Alföld, obwohl dort die restlichen Nährflächen verblieben sind. Die Viehlandschaften verteilen sich nicht mehr gleichmäßig auf Hügelland, Ebene und Gebirgsland, sondern wie 7 : 9 : 3. Die Schaflandschaften sind auf die ihnen gemäßen Naturlandschaften verwiesen worden.

C. Im Jahre 1928.

1. Fruchtlandschaften[82]).

Nach dem Verlust des südlichen Alfölds und eines großen Teils von Bihar erscheinen in Rumpf-Ungarn Jász und Békés (versehrt) als Weizen-Mais-Landschaften. Somogy ist Weizen-Landschaft geblieben. Pest hielt sich als Dreifruchtlandschaft, wechselte aber die Rangordnung in Roggen-Mais-Weizen. Die Landschaften gehören der Ebene und West-Ungarn an.

2. Viehlandschaften[83]).

Pest blieb Weiden-Wiesen-Landschaft in der Ebene und ging zur Schweine-Rinder-Haltung über. Somogy wandelte sich zur Einvieh-Landschaft (Schweine).

D. Entwickelung der Landwirtschaftsgebiete zwischen 1870 und 1928.

1. Die Entwickelung zu Landwirtschaftsgebieten soll an folgenden Merkmalen erkannt werden:

Vermehrung der Fruchtlandschaften und Ausdehnung auf West-Ungarn;

Verdrängung der Einfrucht-Landschaften; Vermehrung der Mehrfrucht-Landschaften im Alföld;

Verdrängung der Nährflächen (Weiden und Wiesen) für das Vieh im Alföld und in West-Ungarn; Vergrößerung im Gebirgsland;

Verminderung der reinen Viehlandschaften;

Verdrängung der Einvieh-Landschaften;

Vermehrung der Mehrvieh-Landschaften im Alföld und in West-Ungarn.

2. Nach diesen Merkmalen und der Stärke ihrer Durchschlagskraft lassen sich die Komitate in drei Gruppen aufteilen (K. 23):

Erste Gruppe: Sie umfaßt Landschaften, die Vormachtstellungen innehalten, mit Ein- oder Zweifrucht besetzt sind, große

Nährflächen (Weiden und Wiesen) haben und zu den Viehlandschaften gehören. Viehwirtschaft und Pflanzenbau bestehen getrennt nebeneinander. In diese Gruppe fallen: Torontál, Temes, Krassó-Szörény und Máramaros, die in der Ebene und im Berg- und Gebirgsland liegen.

Zweite Gruppe: Landschaften mit Mehrfrucht und Mehrvieh oder Entwickelung dahin und abnehmenden Nährflächen halten eine Übergangsstellung. Zu ihnen gehören Bács-Bodrog, Heves, Jász, Békés, Bihar, Szatmár, Arad, Zemplén, Trencsén, Zala und Eisenburg (Vas), von denen die Mehrzahl in der Ebene liegt.

Dritte Gruppe: Landschaften, in denen sich Mehrfrucht, Mehrvieh und klima- und bodenbedingte Nährflächen gegenseitig das Gleichgewicht halten, und in denen die Viehwirtschaft der Fruchtlandschaft angepaßt ist, sind zu Landwirtschaftsgebieten geworden. Die wirtschaftlich wichtigsten von ihnen liegen in der Ebene und in West-Ungarn: Preßburg (Pozsony) Ödenburg (Sopron), Komárom, Pest, Szabolcs, Csongrád, Hajdu, Somogy, Weißenburg (Fejér), Veszprém, Tolna und Baranya.

In Pest haben sich Mehrfrucht- und Mehrvieh-Landschaft außerordentlich entwickelt und sind trotz Vormachtstellung in Roggen, Mais, Hafer, Gerste, Kartoffeln, Wein und Gemüse im Gleichgewicht geblieben. Weiden und Wiesen haben sich verringert, nehmen aber, der Naturlandschaft entsprechend noch große Flächen ein. Der Rückgang der Brache auf weniger als ein Drittel der Fläche von 1870 und die Vormachtstellung im Futterbau weist auf den Einbruch in die Dreifelderwirtschaft hin. Die Viehhaltung ist mit der Fruchtlandschaft und der Naturlandschaft eng verbunden.

Quellen, Karten, Schrifttum.

Bibliographie.

1. Bücherschau. (Ungarische Jahrbücher. Begründet von R. Gragger, herausgegeben von Julius v. Farkas; Berlin und Leipzig.)
2. Bibliographia Hungariae; II. Geographica; Politico-oeconomica. Verzeichnis der 1861—1921 erschienenen, Ungarn betreffenden Schriften in nichtungarischer Sprache. Zusammengestellt vom Ungarischen Institut an der Universität Berlin (Ungarische Bibliothek, herausgegeben von R. Gragger); Berlin und Leipzig 1926.
3. Cholnoky, J. v.: Die Fortschritte der Länderkunde von Europa. Ungarn (1910—1928). (Geographisches Jahrbuch, herausgegeben von H. Wagner, XIV. Band 1928, S. 181—192) Gotha 1929.
4. Deutsche Auszüge ungarischer wissenschaftlicher Zeitschriften, herausgegeben vom Landesverband der Ungarischen wissenschaftlichen Gesellschaften und Institute. Beilage der Ungarischen Jahrbücher. (2. Halbjahr 1934.)

Zur methodischen Einführung.

5. Ritter, Carl: Einleitung zur allgemeinen vergleichenden Geographie und Abhandlung zur Begründung einer mehr wissenschaftlichen Behandlung der Erdkunde. Berlin 1852.
6. Bokor, Gustav: Geschichte und Organisation der amtlichen Statistik in Ungarn. Herausgegeben vom Kgl. Ungarischen Statistischen Bureau; Budapest 1896.
7. Stavenhagen, W.: Skizze der Entwicklung und des Standes des Kartenwesens des außerdeutschen Europa. Gotha 1904.
8. Hettner, Alfred: Geographische Anschauung. Geographische Zeitschrift 1913, S. 35 ff.
9. Bernhard, Hans: Die Agrargeographie als wissenschaftliche Disziplin. Petermanns Mitteilungen 1915, S. 12, 99, 179, 212.
10. Tiessen, Ernst: Einheitskarten. Eine statistisch-kartographische Grundlage der Wirtschaftsgeographie. Petermanns Mitteilungen 1918, S. 1—10.
11. Troll, Karl: Die Landbauzonen Europas in ihrer Beziehung zur natürlichen Vegetation. Geographische Zeitschrift 1925, S. 265—280.
12. Hettner, Alfred: Die Geographie, ihre Geschichte, ihr Wesen und ihre Methoden. Breslau 1927.
13. Tiessen, Ernst: Über Wirtschaftskarten. Düsseldorfer Geographische Vorträge und Erörterungen; 1. Teil: Kartenwissenschaft und Wirtschaftslehre, herausgegeben von M. Eckert, Breslau 1927, S. 11—14.

14. Tiessen, Ernst: Die Eingrenzung der Geographie, Petermanns Mitteilungen 1927, S. 1—9.
15. Wegener, Georg: Der Mensch und das Antlitz der Erde. Geographische Zeitschrift 1927, S. 369—378.
16. Winkler, Arno: Wirtschaftsgeographie. 1. Teil: Das Deutsche Reich. Berlin 1927.
17. Rühl, Alfred: Das Standortsproblem in der Landwirtschaftsgeographie. Berlin 1929.
18. Tiessen, Ernst: Die wesentlichen Forderungen an wirtschaftsgeographische Karten. Hermann-Wagner-Gedächtnisschrift. Gotha 1930, S. 265—274.
19. Hettner, Alfred: Vergleichende Länderkunde. Band I—IV. Leipzig und Berlin 1933—1935.
20. Waibel, Leo: Probleme der Landwirtschaftsgeographie. Breslau 1933.
21. Winkler, Arno: Vaterländische Erdkunde als Unterrichts- und Erziehungsgrundsatz. Geographische Wochenschrift 1934, S. 710—712.
22. Waibel, Leo: Probleme der Landwirtschaftsgeographie. Verhandlungen und wissenschaftliche Abhandlungen des 25. Deutschen Geographentages zu Bad Nauheim 1934. Breslau 1935, S. 100—117.
23. Fels, Edwin: Der Mensch als Gestalter der Erde. Leipzig 1935.
24. Wagemann, Ernst: Narrenspiegel der Statistik. Hamburg 1935.
25. Hassinger, Hugo: Wirtschaftsgeographie. (Klute, F.: Handbuch der geographischen Wissenschaft. Band Allgemeine Geographie II., S. 256 ff.) Wildpark-Potsdam 1936.

Statistische Quellen.

26. Statistisches Jahrbuch für Ungarn. Verfaßt und herausgegeben durch das Kgl. Ungarische Statistische Bureau. 1. Jahrg., Budán 1872; 2. Jahrg. 1874.
27. Ungarisches Statistisches Jahrbuch 1886.
28. Ungarisches Statistisches Jahrbuch. N. F. III. 1895. Budapest 1896.
29. Ungarisches Statistisches Jahrbuch. N. F. IV. 1896. Budapest 1897.
30. Ungarische Statistische Mitteilungen. H. v. Kgl. Ungar. Statist. Zentralamt. N. F.

Bände I, II, III: Ergebnisse der in den Ländern der Ungar. Krone am Anfange des Jahres 1891 durchgeführten Volkszählung.
I. Teil: Allgemeine Demographie,
II. Teil: Berufs-Statistik der Bevölkerung,

Band XV. Landwirtschaftliche Statistik,
I. Teil: Die Entwickelung der ungar. landwirtschaftlichen Statistik und die Hauptergebnisse der Konskription vom Jahre 1895.

Band XVIII. II. Teil: Landwirtschaftliche Produktion in den Jahren 1895 und 1896.

Band XXIV. III. Teil: Verteilung der Wirtschaften nach Charakter und Größe (1895).

Band XXVII. IV. Teil: Endergebnisse (1895).

N.S. II. Band I. Teil: Volkszählung des Jahres 1900.

II. Teil: Berufstätigkeit der Bevölkerung nach Gemeinden.
31. Ungarisches Statistisches Jahrbuch 1900. Budapest 1902.
32. Ungarische Statistische Mitteilungen. N. S. 41. Band, herausgegeben vom Kgl. Ungarischen Statistischen Zentralamt. Budapest 1913. Viehstand in den Ländern der Ungarischen Heiligen Krone (1895 und 1911).
33. Annuaire Statistique Hongrois 1919—1922, 1923—1925. Herausgegeben vom Kgl. Ungarischen Statistischen Zentralamt. Budapest.
34. Statistisches Jahrbuch für das Deutsche Reich 1928. Berlin 1929.
35. Ungarisches Statistisches Jahrbuch, N. S. XXXVI. 1928. Budapest 1929.
36. Ungarisches Statistisches Jahrbuch für 1930. Budapest 1932.
37. Ungarisches Statistisches Jahrbuch. N. F. 1932. Budapest 1933.
38. Statistisches Handbuch der Weltwirtschaft. Bearbeitet im Statistischen Reichsamt. Berlin 1936.

Karten.

39. Kartenwerke des Kgl. Ungarischen Kartographischen Instituts in Budapest. Spezialkarten: Rumpfungarn, 122 Blätter, 1:75 000. Neue Spezialkarte, 1:75 000. Übersichtskarte Rumpfungarns 1:750 000. Administrative Karte Rumpfungarns, 1:500 000, (Csonka Magyarország) Umgebungskarten, 1:75 000.
40. Kogutowicz, Manó: Magyarország Közigazgatési térképe. (Administrative Karte Ungarns) 1:900 000. Budapest o. J.
41. Ungarn und ein Teil von Siebenbürgen nach Adolf Stielers Angabe, entworfen und gezeichnet von Pr. L. v. Stülpnagel. Gotha 1825.
42. Stielers Handatlas. Gotha o. J. (1878—1881). Blatt 29, Länder der Ungarischen Krone. Revidiert 1883. 1:850 000.
43. Finch and Baker: Geography of the World's Agriculture. Washington 1917.
44. Teleki, P.: Ethnographische Karte von Ungarn. Budapest 1920.
45. Teleki—Illés—Halász: The economies of Hungary in maps. Budapest 1921.
46. Lóczy, Louis: Geological Map of Hungary. 1:900 000. Budapest 1890 bis 1910. Publ. by the Hungarian Geographical Society. Budapest 1922.
47. Ungarn vor und nach dem Krieg in wirtschaftsstatistischen Karten. Herausgegeben vom staatswissenschaftlichen Institut der Ungarischen statistischen Gesellschaft. Budapest 1926 (A. Edvi Illés und Halász).
48. Fodor, Teleki, Cholnoky: Wirtschaftsgeographische Karte von Ungarn, 1:1 500 000. Budapest 1927, 3. Auflage.
49. Krische, P.: Bodenkarten und andere kartographische Darstellungen der landwirtschaftlichen Produktion verschiedener Länder. Berlin 1928.
50. Medvey, Aurel: Das topographische Kartenwesen Ungarns. Mitteilungen des Reichsamts für Landesaufnahme 1932/33, Heft 2, Seite 99 bis 114.
51. Krische, Paul: Landwirtschaftliche Karten als Unterlagen wirtschaftlicher, wirtschaftsgeographischer und kulturgeschichtlicher Untersuchungen. Mit 209 Karten von 34 Ländern. Berlin 1933.

Allgemeines und Gesamtdarstellungen.

52. Teleki, P. v.: Ungarns Wirtschaftslage. Die Vielgestaltigkeit ihrer Schwierigkeiten. Budapest o. J.
53. Schwartner, Martin von: Statistik des Königreichs Ungarn. 1. Teil, 2. Auflage. Ofen 1809; 2. und 3. Teil, 2. Auflage. Ofen 1811.
54. Thiele, C. I. von: Das Königreich Ungarn. 6 Bände. Kaschau 1833.
55. Wirth, Max: Ungarn und seine Bodenschätze. Statistisches Handbuch ungarischer Landeskunde nach amtlichen Quellen. Frankfurt a. M. 1885.
56. Imendörfer, Gerlai, Sziklay: Nach und durch Ungarn. Zürich, o. J. (1890).
57. Woenig, Franz: Eine Pußtafahrt. Bilder aus der ungarischen Tiefebene. Leipzig 1892.
58. Matlekovits, A.: Das Königreich Ungarn, volkswirtschaftlich und statistisch dargestellt. 2 Bände. Leipzig 1900.
59. Supan, A.: Ungarn. Fläche, Bevölkerung, Orte. 1900. Ergänzungsheft zu Petermanns Mitteilungen, Nr. 163, S. 34. Gotha 1909.
60. Supan, A.: Ungarn. Einteilung nach natürlichen Landschaften. Ergänzungsheft zu Petermanns Mitteilungen, Nr. 163, S. 36. Gotha 1909.
61. Prinz, G.: Geographie von Ungarn. Budapest 1914.
62. Lux, J. A.: Ungarn. Eine mitteleuropäische Entdeckung. München 1917.
63. Lóczy, L. von: Die geographische, soziologische, kulturelle und volkswirtschaftliche Beschreibung der Länder der ungarischen heiligen Krone. Budapest 1918.
64. Ungarn. Land und Volk. Geschichte, Staatsrecht, Verwaltung und Rechtspflege, Landwirtschaft, Industrie und Handel, etc. Vorwort von Albert von Berzeviczy. Leipzig 1917.
65. Lóczy, L.: La Hongrie, géographique, économique et sociale. Budapest 1919.
66. Buday, L. von: Ungarn nach dem Friedensschluß. Berlin und Leipzig 1922.
67. Szana, A.: Ungarn. (Perthes kleine Länder- und Völkerkunde.) Gotha 1922.
68. Halmay, E.: Das Ungarn von heute. Budapest 1925.
69. Hassinger, Hugo: Die Tschechoslowakei. Wien, Leipzig, München (1925).
70. Prinz, Gyula: Magyarország földrajza. Pécs—Danubia 1926 (mag.).
71. Rungaldier, R.: Ungarn. (Andree—Heiderich—Sieger. Geographie des Welthandels. 4. Auflage. Band Europa, S. 369—420.) Wien 1926.
72. Machatschek, Fritz: Landeskunde der Sudeten- und Westkarpatenländer. Stuttgart 1927.
73. Pfister, J.: Pannonien in politisch-geographischer Bedeutung. (Ungarische Jahrbücher VIII, Heft 1—4, Weimar 1928). Diss. Freiburg i. Br. 1928.
74. Cholnoky, Jenö: Magyaroszág földrajza. Pécs-Danubia 1929 (mag.).
75. Fellner, F. de: Le revenu national de la Hongrie Actuelle. La Haye 1930.
76. Ungarn. Lloyd Reisebücher. Budapest 1930.

77. Prinz, Julius: Ungarn. (Klute, F., Handbuch der geographischen Wissenschaft; Band Südost- und Südeuropa, S. 1—42). Wildpark-Potsdam (1931).
78. Debre, I.: Trianon-Ungarn. Berlin 1933.
79. Der Donauraum und seine Probleme. Auslandkundliche Vorträge der Technischen Hochschule Stuttgart, herausgegeben von E. Wunderlich. 1933, Heft 7.
80. Rungaldier, Randolf: Städte und Landschaften Pannoniens. Mitteilungen der Geographischen Gesellschaft in Wien. 78 (1935), S. 178—194.
81. Winkler, Arno: Ungarn: Volk und Raum. Deutsche Handelsschulwarte, Ausgabe B. Berlin 1935, S. 407—409.
82. Handbuch für Donaureisen 1936, herausgegeben von der Donau-Dampfschiffahrts-Gesellschaft, Wien.
82a. Riedl, Franz: Ungarn. Reichenau 1936.

Klima.

83. Staub, M.: Phänologische Karte von Ungarn. Petermanns Mitteilungen 1882, S. 335—339.
84. Die östereichisch-ungarische Monarchie in Wort und Bild. Band 1—15. Wien 1888—1894. Übersichtsband. 1. Abteilung. Wien 1887. Hann, J.: Die klimatologischen Verhältnisse Österreich-Ungarns, S. 135—184.
85. Köppen, W.: Versuch einer Klassifikation der Klimate, vorzugsweise nach ihren Beziehungen zur Pflanzenwelt. Sonderabdruck Geographische Zeitschrift 1901 und Geographische Zeitschrift 1900, S. 593, 657.
86. Róna und Fraunhofer: Die Temperaturverhältnisse von Ungarn. Offizielle Publikationen der Kgl. Ungarischen Reichsanstalt für Meteorologie und Erdmagnetismus. Budapest 1904.
87. Hegyfoky, J.: Die jährliche Periode der Niederschläge in Ungarn. Offizielle Publikationen der Kgl. Ungarischen Reichsanstalt für Meteorologie und Erdmagnetismus. Budapest 1909.
88. Héjas, E.: Jahresgang der Gewitter in Ungarn auf Grund zehnjähriger Beobachtung (1896—1905). Meteorologische Zeitschrift 1909, S. 501 bis 507.
89. Róna, S.: Eghajlat. 2 Bände. Budapest 1909. 1. Band Allgemeiner Teil, 2. Band Klimatographie Ungarns. Auszug: Meteorologische Zeitschrift 1911.
90. Hegyfoky, K.: Die tägliche Regenperiode auf der ungarischen Tiefebene. Meteorologische Zeitschrift 1910, S. 561—564.
91. Hegyfoky, K.: Über den Regenfall in Ungarn. Meteorologische Zeitschrift 1910, S. 464—466. (Gegründet auf Regenmessungen von 1871 bis 1905).
92. Róna, S.: Das Klima von Ungarn. Meteorologische Zeitschrift 1911, S. 16—28, 53—66.
93. Héjas, E.: Die durchschnittliche Verteilung der Jahresmengen des Niederschlags in Ungarn auf Grund zehnjähriger (1901—1910) Beobachtung. Offizielle Publikationen der Kgl. Ungarischen Reichsanstalt für Meteorologie und Erdmagnetismus 1910. Budapest 1913.
94. Köppen, W.: Klassifikation der Klimate nach Temperatur, Niederschlag und Jahreslauf. Petermanns Mitteilungen 1918, S. 193, 243.

95. Geiger, R.: Das Klima der bodennahen Luftschicht. Braunschweig 1927.
96. Köppen, W.: Grundriß der Klimakunde. 2. Auflage. Berlin und Leipzig 1931.
97. Wagner, R.: Die Windverhältnisse des ungarischen Alföld. Szeged 1931. (Deutscher Auszug.)
97[a]. Réthly, A.: Das Klima von Ungarn. Budapest 1937.

Boden.

98. Cholnoky, E. von: Die Oberflächengestalt des Alföld (Földrajzi Közlemények). Mitteilungen der Ungarischen Geographischen Gesellschaft, Internationale Ausgabe. Budapest 1910, S. 275—296.
99. Inkey, B. von: Geschichte der Bodenkunde in Ungarn. Budapest (1914).
100. Magyarország (Hongrie) (L'état de l'étude et de la cartographie du sol dans divers pays de l'Europe, Amérique, Afrique et Asie. Comité international de pédologie V ème Commission: „Cartographie du Sol".) Bucarest 1924, S. 121—136, darin: László und Treitz: Stand der Agrargeologie und Pedologie in Ungarn, Inkey, B. von: Geschichte der Bodenkunde in Ungarn, Treitz, Peter: Die Verbreitung der Sec-Böden im Alföld.
101. Treitz, Peter: Naturgeschichte der Alkaliböden. Budapest 1924. Auszug in Nr. 100, Magyarország, S. 129—136.
102. Soó, R. von: Die Entstehung der ungarischen Pußta. Ungarische Jahrbücher; herausgegeben von R. Gragger, Berlin und Leipzig 1927, S. 258—276.
103. Treitz, Peter: Csonka-Magyarország Termötalaja. Budapest 1929.
104. Sigmond, A. A. J. von: Böden trockener Gebiete. (Blanck, E.: Handbuch der Bodenlehre. III. Band, S. 294—340.) Berlin 1930.
105. Treitz, Peter: Ein Beispiel für moderne Bodenuntersuchung. Die Bodenkarte Ungarns. Ernährung der Pflanze, herausgegeben von Paul Krische, Berlin 1933, S. 24—31.

Volk, Geschichte.

106. Fényes, Elek: A magyar birodalom nemzetiségei és ezek száma varmegyek és járások szerint. Pest 1867. Auszug: Zur Statistik der Nationalitäten in Ungarn. Zeitschrift der Gesellschaft für Erdkunde. Berlin 1867, S. 459—463.
107. Vambéry, A.: Der Ursprung der Magyaren. Leipzig 1882.
108. Jekelfalussy, J. von.: Nationalitätenverhältnisse der Länder der ungarischen Krone. Petermanns Mitteilungen 1885, S. 41—47.
109. Keleti, Karl: Die Ernährungs-Statistik der Bevölkerung Ungarns auf physiologischer Grundlage, bearbeitet von ... Budapest 1887.
110. Supan, S.: Die Bevölkerung der Erde. Gotha 1909.
111. Hoeniger, Robert: Das Deutschtum im Ausland vor dem Weltkrieg. 2. Auflage. Leipzig und Berlin 1918.
112. Szekfü, I.: Der Staat Ungarn. Eine Geschichtsstudie. Berlin 1918.
113. Kuzsinszky, V.: Aquincum. Budapest 1924.
114. Maull, Otto: Politische Geographie. Berlin 1925.

115. Teleki, P. von: Die weltpolitische und weltwirtschaftliche Lage Ungarns in Vergangenheit und Gegenwart. Zeitschrift für Geopolitik. Berlin 1926, S. 381—409.
116. Winkler, W.: Statistisches Handbuch des gesamten Deutschtums. Berlin 1927.
117. Tamß, F.: Die Bevölkerung der Erde. Die Bevölkerung Ungarns im Jahre 1930. Gotha 1931, S. 308.
118. Klocke, H.: Banat. (Handwörterbuch des Grenz- und Ausland-Deutschtums). Breslau 1933, S. 215—217; Batschka, S. 296—298.
119. Petersen, Scheel u. a.: Handwörterbuch des Grenz- und Ausland-Deutschtums. Breslau 1933 ff.
120. Buchner, Hans: Die Wirtschaftsbeziehungen zwischen Ungarn und Deutschland. München 1934.
121. Isbert, O. A.: Volk und Nation bei Deutschen und Ungarn. Ungarische Jahrbücher 1934, Heft 1/2.
122. Jókay, Zoltán: Die Herkunft der Ungarn. München 1934.
123. Klocke, Helmut: Der gesellschaftliche Aufbau eines magyarischen Dorfes. Verpelét im Komitat Heves. Ungarische Jahrbücher, herausgegeben von Julius von Farkas, Berlin und Leipzig 1934, S. 353—384:
124. Andresen, Karsten: Die deutsch-ungarischen Wirtschaftsbeziehungen und das Problem ihrer engeren Ausgestaltung. Rostock 1935.
125. Bartucz, L.: Ein Abriß der Rassengeschichte in Ungarn. Zeitschrift für Rassenkunde ..., herausgegeben von Egon v. Eickstedt, Stuttgart 1935, Heft 1—3.
126. Käubler, R.: Die Nationalitätenverhältnisse in der Slowakei und in Karpatenrußland. Geographische Wochenschrift 1935, S. 1014 bis bis 1016.
127. Marek, R.: Das politisch-geographische Bild Ungarns. Geographische Wochenschrift 1935, S. 569 ff.
128. Das Deutschtum im Ausland, Ungarn. Unter Mitwirkung von K. Bell u. a. Dresden 1936.
129. Hummel, R.: Die Deutschen im Banat. (Wirtschaftsgeographische Probefahrten, herausgegeben von E. Scheu, S. 100—118.) Breslau 1936.
130. Isbert, O. A.: Zur Psychologie der Madjarisierung. Deutsches Grenzland. Jahrbuch des Instituts für Grenz- und Auslandsstudien 1936, herausgegeben von M. H. Boehm und K. C. v. Loesch, Berlin, S. 59 bis 71.

Regelung der Flüsse und Entwickelung der Eisenbahnen.

131. Die Regelung der Theiß. Zeitschrift der Gesellschaft für Erdkunde, Berlin 1867, Band 2, S. 467—470. (Ref. Hulfalvy, J., in österreichische Revue 1867, I., S. 38 ff.)
132. Stefanović von Vilovo: Über die Ursachen der Katastrophe von Szegedin. Mitteilungen der K. K. geographischen Gesellschaft 1879.
133. Hieronymi, Karl: Die Theißregulierung. Budapest 1888.
134. Penck, A.: Die Donau. Wien 1891.
135. Vujevic, P.: Die Theiß. Leipzig 1906.

136. Cholnoky, Jenö von: Über die Lageveränderungen des Tiszabettes. Sonderabdruck Földrajzi Közlemények 1907, XXXV/X.
137. Cvijić, J.: Entwickelungsgeschichte des Eisernen Tores. Gotha 1908.
138. Balaton. Resultate der wissenschaftlichen Erforschung des Balatonsees. Herausgegeben vom Balaton-Ausschuß der ungarischen geographischen Gesellschaft. I. Band, Physische Geographie. Wien 1920; 2. Teil, Hydrographie von Cholnoky.
139. Lósy-Schmidt, E. von: Geschichte des Brückenbaues über den Fluß Hortobágy, der längsten steinernen Straßenbrücke Ungarns. (mag. mit deutschem Auszug). Debrecen 1926.
140. Jicinský, J.: Die Pécser Steinkohlenbergwerke der Ersten Donau-Dampfschiffahrts-Gesellschaft 1852—1931. Pécs (Fünfkirchen) 1931.
141. Hésser, von: Verkehrsgeographie Ungarns. Földrajzi Közlemények 1934, 7/9.
141a. Lageplan, Längenschnitt und Querprofile der Tisza. Bearbeitet auf Grund der Aufnahme aus den Jahren 1929—31 durch die Hydrographische Anstalt des Kgl. Ung. Ackerbauministeriums. Budapest 1934, 85 Kartenblätter mit Vorwort und Texterläuterungen in deutscher Sprache.
142. Winkler, Arno: Freihafen Budapest. Geographische Wochenschrift 1935, S. 771—776.

Landwirtschaft.

Allgemeines.

143. Ditz, Heinrich: Die ungarische Landwirtschaft. Volkswirtschaftlicher Bericht an das Kgl. bayrische Staatsministerium des Handels und der öffentlichen Arbeiten. Leipzig 1867.
144. Wenzel: Geschichte der ungarischen Landwirtschaft. Budapest 1888.
145. Tisza, Stefan von: Ungarische Agrarpolitik. Die Ursachen des Preisfalles der landwirtschaftlichen Produkte und die Mittel der Abhilfe. Leipzig 1897.
146. Ungarns Landwirtschaft 1896. Herausgegeben vom Kgl. Ungarischen Minister für Ackerbau. Budapest 1897.
147. Kún, Emil: Sozial-historische Beiträge zur Landarbeiterfrage in Ungarn. Jena 1903.
148. Mailath, Josef: Studien über die Landarbeiterfrage in Ungarn. Wien und Leipzig 1905.
149. Szasz: Die ungarische Landwirtschaft der Gegenwart. Berlin 1907.
150. Simko, Gyula: Die Besiedlung von Nyiregyháza und seiner Tanyas. Mitteilungen der Ungarischen Geographischen Gesellschaft. Internationale Ausgabe. Budapest 1910, S. 43.
151. Vielhaack, Erich: Ungarische Reisebilder. Landwirtschaftliche Gesellschaftsreise. Berlin 1912.
152. Cholnoky, J. von: Geographische Lage von Budapest. Mitteilungen der Ungarischen Geographischen Gesellschaft 1915, S. 198. (Internationale Ausgabe 1923, S. 1—29.)
153. Fodor, F.: Conditions of productions in Hungary. Budapest 1921. Landwirtschaftliche Produktionsverhältnisse in Ungarn. Budapest 1924.

154. Weber, Max: Wirtschaftsgeschichte. München und Leipzig 1923.
155. Mandl, Felix: Die neue Siedlungsgesetzgebung in Ungarn, verglichen mit der in Deutschland und ihr Einfluß auf die landwirtschaftlichen Verhältnisse in Ungarn. Budapest 1924. (Diss. Göttingen.)
156. Prinz, G.: Die Siedlungsformen Ungarns. Ungarische Jahrbücher 1924, S. 127—142, 333—352.
157. Fodor, F.: Die Wirtschaftsgeographie von Ungarn. Budapest 1925. (mag.)
158. Begach, Paula: Die Besiedlung des Banats. Berlin 1926 (ungedruckt).
159. Tornyay, G. H. von: Die Bodenreform und ihre Wirkung auf die Entwicklung der ungarischen Landwirtschaft. Budapest 1926.
160. Gratz und Bokor: Ungarisches Wirtschaftsjahrbuch. Wien, Budapest, Berlin 1927, 1928, 1929, 1934, 1936.
161. Schandl, K.: Agrarpolitik und Bodenreform in Ungarn. Budapest 1927.
162. Die Wirtschaft des Auslandes 1900—1927. Bearbeitet im Statistischen Reichsamt, Berlin 1928, S. 279—293.
163. Haushofer, H.: Die Agrarreformen der östereichisch-ungarischen Nachfolgestaaten. München 1929.
164. Illyefalvi, Ludwig I.: Geographische Bilder aus der Vergangenheit und Gegenwart der Haupt- und Residenzstadt Budapest, o. J. (nach 1930).
165. Kenéz, Béla: Die Agrarreform in Ungarn. (Sering, M.: Die agrarischen Umwälzungen im außerrussischen Osteuropa.) Berlin, Leipzig 1930, S. 255—275.
166. Köhler-Dahlen: Ergebnisse von Weizendüngungsversuchen in Ungarn 1927. Steigerung der Ernteerträge in Ungarn nach Versuchen 1926 bis 1928. Ernährung der Pflanze. 1930, S. 184—186.
167. Wischer-Halle: Aus der ungarischen Landwirtschaft. Ernährung der Pflanze. 1930, S. 181—184.
168. Fekete, B.: Neue Bodenuntersuchungs- und Feldversuchs-Ergebnisse in Ungarn. Ernährung der Pflanze. 1931, S. 492—497.
169. Fekete, B. I.: Düngungsversuche auf schwerem Tonboden in Ungarn. Ernährung der Pflanze. 1931, S. 25—26.
170. Frehe, Kurt: Die Schwarzerde (Tschernosiom) und ihre wirtschaftsgeographische Bedeutung. Diss. Berlin 1931.
170a. Isbert, O. A.: Das südwestliche ungarische Mittelgebirge, Bauernsiedlung und Deutschtum. Langensalza, Berlin, Leipzig 1931.
170b. Rungaldier, R.: Die Pußta Hortobágy und die Frage der Pußtenbildung in Ungarn. Geographische Zeitschrift 1928, S. 401—411.
171. Rungaldier, R.: Kecskemét, Landschaft und Wirtschaft im Mittelpunkt der ungarischen Flugsandkultur. Sonderabdruck der Mitteilungen der Geographischen Gesellschaft. Wien 1931.
172. Rungaldier R.: Szegedin. Landeskundliche Skizze einer südungarischen Stadt. Geographischer Anzeiger 1931, herausgegeben von H. Haack, Gotha 1931, S. 66—74.
173. Die Landwirtschaft Ungarns stellt sich dem XVI. internationalen Landwirtschaftskongreß vor. Budapest 1934.
174. XVI. Internationaler Landwirtschafts-Kongreß in Budapest 13.—20. Juni 1934. Ernährung der Pflanze, 1934, S. 324.

175. Treiber, K.: Wirtschaftsgeographie des ungarischen Großen Alfölds. Kiel 1934.

Wirtschaftspflanzen und Wirtschaftstiere.

176. Keleti: Viticulture. Budapest 1876.
177. Reinhardt, Ludwig: Kulturgeschichte der Nutztiere. München 1912.
178. Gálszécs, Emil: Der Körnermaisbau im Königreich Ungarn. Leipzig (1917).
179. Crohn, Hertha: Der Mais in der Weltwirtschaft. Berlin 1926.
180. Pollatsek, Tibor: Der ungarische Weizenbau mit besonderer Rücksicht auf das Trockenklima. Budapest 1927.
181. Feige, E.: Grundzüge der Haustierverbreitung. Geographische Zeitschrift 1928, S. 340—354.
182. Feige, E.: Die Haustierzonen der Alten Welt. Gotha 1928.
183. Schickele, R.: Die Weidewirtschaft in den Trockengebieten der Erde. Jena 1931.
184. Beke, László: Die besten Erzeugnisgebiete landwirtschaftlicher Exportartikel Ungarns. Budapest o. J. (1936).
185. Teleki, Sigmund: Weinbau und Weinwirtschaft in Ungarn. Berlin, Wien, Zürich 1937.

Anmerkungen.

Die Nummern verweisen auf das Verzeichnis der Quellen, Karten und Schriften.

[1]) Obwohl Siebenbürgen politisch bis zum Jahre 1920 zu Ungarn gehörte, wird es aus geographischen Gründen nicht einbezogen. Ferner ist damit gesagt, daß die seit dem Jahre 1920 verlorenen Gebiete für das Jahr 1928 nicht untersucht werden. Diese Gebiete sind an vier Nachbarstaaten verteilt worden. Wenn sie mitbetrachtet werden sollten, müßte die Ackerbaustatistik (soweit sie im folgenden als Quelle benutzt wird) von fünf verschiedenen Staaten herangezogen werden. Das würde bei der Ungleichheit der Erhebungen auf kleinem Raum bedeuten, daß sich die Fehler vervielfachen und die gezogenen Schlüsse an Beweiskraft verlieren.

[2]) Nr. 5, Ritter: „Über das historische Element in der geographischen Wissenschaft" sprach schon Carl Ritter 1833. Wenn die geographische Wissenschaft „eine wirkliche Lehre der irdischen Raumverhältnisse sein will", wenn sie „die Raumerfüllung selbst in ihren wesentlichen Verhältnissen" geben will, kann sie des historischen Elementes nicht entbehren. S. 153; S. 159; S. 182 ff.: Der tellurische Zusammenhang der Natur und Geschichte in den Produktionen der drei Naturreiche, oder Über eine geographische Produktenkunde (1836).

[3]) Vgl. die beigegebenen Karten mit der Kartoffel-, Roggen-, Mais- und Weinkarte in Meyers Kleinem Lexikon. 8. A., Leipzig 1931, 1. Band, zw. Sp. 752 und 753 und Nr. 43, Finch and Baker, S. 70, 28, 33, 86, 87.

[4]) Vgl. die entsprechenden Karten bei Nr. 43, Finch and Baker.

[5]) Wessely, J.: Der europäische Flugsand und seine Kultur, Wien 1873; Drucker, E.: Der Weinbau Ungarns. Budapest 1905.

[6]) Nr. 86, Róna und Fraunhofer, S. 120—122: Zehnjährige Monatsmittel (1891—1900) aus Terminablesungen.

[7]) Um die Wachstumszeit (Vegetationsperiode) genauer begrenzen und bestimmen zu können, müßte die Anzahl der Tage mit mehr als 5° C bekannt sein.

[8]) Die wahre mittlere Luftwärme betrug während dieser Monate in Budapest 16,9° C, in Ó-Gyalla 16,5° C, Túrkeve 17,3° C, Szeged 17,9° C. Berechnet nach Nr. 89, Róna, 2. Bd., S. 57: Wahre Temperaturmittel (1871 bis 1900).

[9]) Nr. 83, Staub, S. 336 f.: Der Frühlingseinzug, beobachtet nach der Blütezeit der Holzgewächse, fällt in dem Gebiet, das begrenzt wird durch etwa 47° n. Br. bis 18½° ö. L. bis 46½° n. Br. bis im Osten einschließlich Kecskemét, 41 bis 45 Tage früher als in Árva (im Mai).

10) Nr. 28, Jahrbuch, 1895, S. 12 ff.; Nr. 89, Róna, 2. Bd., S. 57; Nr. 86, Róna und Fraunhofer, S. 46 f., 49; entnommen und berechnet.

Wärmebeträge für Weizen für die Zeit Aussaat—Ernte (Oktober bis Juni) und für die Mindestdauer der Wachstumszeit (März—Juni); berechnet nach der mittleren Luftwärme im Jahre 1895. Diese und folgende (Nr. 11) Aufstellung soll als Versuch gewertet werden. Sie gehen von der Annahme aus, daß nicht nur die Höhe der Wärme, sondern auch der Gesamtbetrag der Wärme während der Wachstumszeit von Bedeutung ist. Es sind nur die Wärmemengen der Wachtumszeit beachtet worden; die Wärme unter 0° C wurde nicht berücksichtigt. Dagegen sind Wärmegrade, die unter dem Nullpunkt der Wachstumszeit liegen, mitenthalten, weil dieser unbekannt ist.

Alföld	Budapest	Kecskemét	Kalocsa (Stadt)	Baja	Szeged	Pancsova
	Pest-Pilis-Solt-Kiskun				Csongrád	Torontál
Okt.-Juni	63,2	64,4	70,4	65,3	64,7	71,2
März-Juni	47,2	49,9	51,3	48,6	52,3	52,1

	Arad	Túrkeve	Debrecen
	Arad	Jász	Hajdu
Okt.-Juni	70,3	63,7	63,6
März-Juni	51 0	49,3	47,5

West-Ungarn	Ó-Gyalla	U.-Altenburg	Köszeg	Mária-Falva
	Komárom	Moson	Vas	
Okt.-Juni	60,1	61,8	59,1	53,5
März-Juni	45,3	46,4	44,4	42,1

	Keszthely	Pécs
	Zala	Baranya
Okt.-Juni	69,9	64,0
März Juni	51,5	47,5

Gebirgsland	Árvaváralja	Iglo	Selmecbánya	Ungvár
	Árva	Szepes	Bars	Ung
Okt.-Juni	44,9	43,6	48,5	62,4
März-Juni	34,7	35,0	37,1	45,9

11) Nr. 28, Jahrbuch, 1895, S. 12 ff.; Nr. 89, Róna, 2. Bd., S. 57; Nr. 86, Róna und Fraunhofer, S. 46 f., 48, entnommen und berechnet:

Wärmebeträge für Mais (ungar.) für die Zeit Aussaat—Ernte (April—Oktober). Vgl. Nr. 10.

Alföld	Budapest	Kecskemét	Kalocsa	Baja	Szeged
April Okt.	108,3	114,9	123,4	114,0	123,0
	Pancsova	Arad	Túrkeve	Debrecen	
April—Okt.	122,1	121,2	114.3	111,6	
West-Ungarn	Ó-Gyalla	U.-Altenburg	Köszeg	Mária-Falva	
April—Okt.	108,0	112,5	106,9	98,9	
	Keszthely	Pécs			
April—Okt.	122,4	112.5			
Gebirgsland	Árvaváralja	Iglo	Selmecbánya	Ungvár	
April—Okt.	87,8	87,5	95.8	109,1	

12) Nr. 92, Róna, S. 24; Supan in Kirchhoff, A.: Länderkunde von Europa, Wien, Prag, Leipzig 1889, I. 2, S. 236, vertritt noch die Ansicht Kerners. Nr. 100, Magyarország, S. 135; Nr. 102, Soó, S. 258—276; Nr. 96, Köppen, S. 263, rechnet die ungarischen Pußten nicht mehr zum Steppenklima, sondern zur Abteilung der C-Klimate, und zwar C x als Nebenform von Cf. Nr. 19, Hettner, IV, S. 134.

13) Nr. 89, Róna, 2. Bd.; Nr. 28, 35, Jahrbuch 1895, 1928.

Jahresmengen der Niederschläge.

	1871—1900 Höhe		1895 Höhe		1928 Höhe		Normal
	m	mm	m	mm	m	mm	mm
Budapest	112,5	657,2	153	711	129,6	434	638
Erlau (Eger)	173	598,5	173	686	163	511	603
Nyiregyháza	117	626,8		592			
Debrecen	129	633,2	129	611	129	509	608
Kalocsa	102	610,9		704	108,7	525	598
Baja	111	615,2	111	780			
Szeged	95	562,3	95	698	84,6	394	568
Arad	114	633,7	134	731			
Pancsova	76	682,6	76	762			

14) Nr. 28, Jahrbuch 1895, S. 12 ff.; Nr. 89, Róna, II. S. 428 ff.; Nr. 87, Hegyfoky, S. 60, 66, 101, Nr. 86, Róna und Fraunhofer.

Menge der Niederschläge für Weizen für die Zeit Aussaat—Ernte (Oktober—Juni) und für die Mindestdauer der Wachstumszeit (März bis Juni). Berechnet nach der Niederschlagsmenge i. J. 1895.

Alföld	Budapest	Kalocsa	Baja	Szeged	Pancsova	Arad	Debrecen	Szolnok
Okt.—Juni	613	591	**668**	590	653	633	**484**	417
März—Juni	314	281	**309**	240	**211**	255	**213**	222

West-Ungarn	Ó-Gyalla	U.-Altenburg	Köszeg	Keszthely	Pécs	Pozsony
Okt.—Juni	616	633	706	**612**	871	513
März—Juni	332	408	434	354	366	262

Gebirgsland	Árvaváralja	Iglo	Selmecbánya	Ungvár	Szombathely
Okt.—Juni	595	427	871	843	475
März—Juni	262	262	403	419	340

15) siehe 14.

Menge der Niederschläge für Mais (ungar.) für die Zeit Aussaat—Ernte (April—Oktober). Berechnet nach der Niederschlagsmenge i. J. 1895.

Alföld	Budapest	Kalocsa	Baja	Szeged	Pancsova	Arad	Debrecen
April—Okt.	420	467	521	431	431	409	374

West-Ungarn	Ó-Gyalla	U.-Altenburg	Köszeg	Keszthely	Pécs
April—Okt.	420	539	684	553	686

Gebirgsland	Árvaváralja	Iglo	Selmecbánya	Ungvár	Szombathely
April—Okt.	530	528	577	759	637

16) Nr. 29, Jahrbuch 1896, S. 115: Durch Elementarschäden verwüstete Fläche in % des gesamten Ackerlandes:

1.	Theiß-Maros-Becken	1,98
2.	Donau-Theiß-Becken	1,77
3.	linkes Donau-Ufer	1,69

4. rechtes Theiß-Ufer	1,53
5. rechtes Donau-Ufer	1,34
6. linkes Theiß-Ufer	1,31

17) Nr. 34, Jahrbuch 1928, S. 82: Durch Elementarschäden verwüstete Saatfläche in % der Anbaufläche:

1. Alföld	0,9
2. Donau-Hügelland (West-Ungarn)	0,8
3. Nördliches Hügelland	0,5
4. Ungarn	0,8

18) Nr. 34, Jahrbuch 1928, S. 82.

Die durch Elementarschäden verwüstete Fläche im Jahre 1928 in ha und berechnet.

Benennung der Schäden.

	Überschwemmung	Dürre	Frost	Hagel	sonstige	zus.	in % d. Saatfläche
Winterweizen	206	5	5 052	8 430		17 218	1,0
Sommerweizen	6		22	29		70	0,3
Winterroggen	55	1	2 035	5 526		8 091	1,2
Sommerroggen	4		9			13	0,1
Wintergerste		6	392	683		1 196	1,5
Sommergerste	40	23	9	1 978		2 062	0,6
Hafer	14	12	9	1 311		1 346	0,5
Körnermais	92	7 106	171	739		8 113	0,8
Kartoffeln	40	1 250	167	257		1 714	0,6
Raps	9		73			183	1,3
Tabak	17	11		10		51	0,2
Elementarschaden in % d. verwüsteten Fläche	1,3	23,4	20,0	44,0	11,3		0,8

19) Nr. 99, Inkey, im Anhang ein Verzeichnis von 305 Nummern agrargeologischer Schriften; Nr. 100, Magyarország; Nr. 104, Sigmond; Nr. 101, Treitz.

20) Nr. 100, Treitz, S. 129: Sik- (Szik-, Sec-) Böden werden schon auf den Kartenwerken des 18. Jhdts. genannt: das Wort wird von „siccus" (trocken) abgeleitet. Nr. 104, Sigmond, S. 325: strenger toniger Szikboden und Sodaböden genannt. Die einen finden sich im Flachlande der Theiß und ihrer Nebenflüsse, die andern vorwiegend zwischen Theiß und Donau. Nr. 104, Sigmond, S. 337: innerhalb des heutigen Ungarns gehören etwa 750 000 ha, d. h. 8 % der Gesamtfläche den Szikböden an, oder auf 5 610 000 ha Ackerland entfallen 13,4 % !

21) Nr. 100, Magyarország, S. 132: die Sodateiche sind entweder solche mit weißem Wasser oder solche mit schwarzem Wasser (weiße und schwarze Seen). Das Wasser der weißen Seen ist infolge der fein verteilten kolloiden kohlensauren Salze des Kalks und der Magnesia milchig trübe, ihre Böden sind unfruchtbar. Das Wasser der schwarzen Seen ist dunkel gefärbt (kolloide eisenhaltige Humusstoffe); der Boden ist unfruchtbar.

[22]) Nr. 100, Magyarország, S. 129 f.: die Entstehung des Alkalibodens erklärt Treitz aus geologischen (trockene Entgasung), biologischen (Tätigkeit von Bakterien) und klimatologischen (Anhäufung von Salzen bei ungenügender Auslaugung des Bodens im semi-ariden Klima) Kräften. Nr. 104, Sigmond, S. 294: Zur Bildung eines Szikbodens ist das Zusammenwirken von drei Hauptkräften nötig: trockenes Klima, ein wasserundurchlässiger Untergrund und hydrologische Verhältnisse, „die die zeitweise übermäßige Befeuchtung der Böden ermöglichen".

[23]) Schlacht bei Mohác 1526: Eroberung von Ofen 1541; Rückeroberung von Ofen 1686.

[24]) Das Ungarische Statistische Zentralamt in Budapest schätzt die Zahl der Juden im heutigen Ungarn auf mindestens 550 000. (Geographische Zeitschrift, 1937, S. 230 f.)

[25]) Nr. 110, Supan, S. 34, berechnet (1900).

Landschaft	Magyaren	Deutsche	Slowaken	Ruthenen	Kroaten	Serben	Rumänen	sonst.
l. Donau-Ufer	7,66	8,84	63,68	0,04	1,56	0,04	0,02	5,78
r. Donau-Ufer	26,10	32,65	0,95	0,02	93,02	3,42	0,06	34,88
Donau-Theiß-Becken	32,36	22,63	4,55	2,44	1,87	33,50	0,18	34,32
r. Theiß-Ufer	10,50	5,86	24,67	55,44	0,27	0,01	0,08	6,57
l. Theiß-Ufer	18,17	4,41	3,90	41,78	0,29	0,03	40,98	2,00
Theiß-Maros-Becken	5,21	25,61	2,25	0,28	2,98	63,00	58,68	16,45
	100	100	100	100	100	100	100	100

Landschaft	Magyaren	Deutsche	Slowaken	Ruthenen	Kroaten	Serben	Rumänen	sonst.	
l. Donau-Ufer	29,29	7,60	62,14						100
r. Donau-Ufer	69,93	19,71							100
Donau-Theiß-Becken	77,20	12,15							100
r. Theiß-Ufer	49,11	6,18	29,48	14,03					100
l. Theiß-Ufer	60,91	3,33		7,58			24,58		100
Theiß-Maros-Becken	19,88	21,98				13,41	39,99		100
Ungarn	54,70	12,32	13,96	2,96	1,28	3,05	9,78	1,95	100

[26]) Nr. 36, Jahrbuch 1930, S. 12: Nach der Volkszählung im Jahre 1930 verteilte sich die Bevölkerung nach der Muttersprache wie folgt:

Landschaft	Magyaren	Deutsche	Slowaken	Kroaten	Serben	Rumänen	sonstige	100 %
Donau-Hügelland	86,8	10,9	0,4	0,9	0,1	0,0	0,9	100
Alföld	93,6	3,7	1,7	0,1	0,1	0,3	0,5	100
nördl. Hügelland	98,2	0,6	0,9	0,0	0,1	0,0	0,2	100
Ungarn	92,1	5,5	1,2	0,3	0,1	0,2	0,6	100

[27]) Vgl. Ratzel, Fr.: Die Erde und das Leben, Leipzig 1901—1902, II., S. 674; Nr. 114, Maull, S. 411.

[28]) Friedrich List, Staatsinteresse und Privatwirtschaft. Eine Auswahl aus den Schriften von ... Deutsche Bibliothek, Berlin o. J. S. 202, hat (1844—45) mit seltener Sehergabe Deutschland auf Südost-Europa, insbesondere auf Ungarn verwiesen.

[29]) Nr. 30, Mitteilungen, Bd. 56; vgl. Nr. 118, Klocke, S. 216, 297.

Berufliche Gliederung: Von der Gesamtbevölkerung der Komitate sind landwirtschaftlich beschäftigt:

Komitate	Magyaren	Rumänen	Serben	Slowaken	Deutsche	zus.
Krassó-Szörény	3,61	89,11	3,73	0,25	3,30	100
Temes	9,80	48,82	16,40	0,70	24,28	100
Torontál	18,58	18,05	37,75	3,16	22,46	100
Bács	41,52	7,38	21,58	5,57	23,95	100
Banat	11,47	48,72	21,18	1,56	17,07	100

[30]) Es war nicht möglich, über die Besitzverteilung gleichwertige und vergleichbare Zahlen zu erhalten, da die Einteilung der Betriebsgrößen und Wirtschaften zwischen 1870 und 1928 gewechselt hat. Die Angaben für das Jahr 1870 stammen von Karl Keleti, Unsere Heimat und ihr Volk, zit. bei Nr. 58, Matlekovits, I. S. 186 f.; die Angaben für das Jahr 1895 aus Nr. 31, Jahrbuch, S. 68 ff., für das Jahr 1928 aus Nr. 35, Jahrbuch S. 58.

[31]) 1870 nach Keleti-Matlekovits berechnet.

Größenklassen	in ha		vom gesamten Bodenbesitz entfallen in %		
Zwerggüter	bis zu	2,87	15,6		45,7
Bauerngüter	von	2,87— 17,26	16,0	30,1	
kl. Mittelgrundbesitz	von	17,26— 115,1	14,1		
Mittelgrundbesitz	von	115,1 — 575,5	14,9		
Großgrundbesitz	von	575,5 —5755	32,0	39,4	
Latifundien	über 5755		7,4		

1895 nach Ungar. Stat. Jahrbuch berechnet.

Zwergwirtschaften	bis zu	2,87	5,8	52,3
Kleinwirtschaften	von	2,87— 57,55	46,5	
Mittelwirtschaften	von	57,55—575,5	15,4	
Großwirtschaften	über	575,5	32,3	32,3

1928 nach Ung. Stat. Jahrbuch berechnet.

kl. Mittelgrundbesitz	von	50— 100	9,7	31,5
Mittelgrundbesitz	von	100— 500	21,8	
Großgrundbesitz	von	500—5000	35,0	68 5
Latifundien	über 5000		33,5	

[32]) Das Landes-Bodenbesitz-Regulierungsgericht begann seine Arbeit am 20. Juni 1921. (Elemér, Ungarn von heute, S. 205, 219); Nr. 155,

Mandl; Nr. 159, Tornyay; Nr. 161, Schandl; Nr. 163, Haushofer; Nr. 165, Kenéz.

[33]) Nr. 146, Landwirtschaft, S. 125: Der Besitz der Gemeinden Debrecen betrug 48 000 ha, Szeged 41 000 ha, Szabadka 27 400 ha, Kecskemét 23 000 ha. Da die Feldmark nicht zusammenliegt, sondern von freiem Besitz unterbrochen wird, ergaben sich für sie die Größen: Debrecen 105 000 ha, Szeged 107 000 ha.

[34]) Nr. 30, Mitteilungen XXIV. 3., S. 91 ff., eigene Berechnungen.

Anteil der Größenklasse in den Landschaften an der Bodenfläche der Größenklasse, 1895.

Größenklasse in ha	l. D.-U.	r. D.-U.	D.-Th.-B. in %	r. Th.-U.	l. Th.-U.	Th.-M.-B.
bis 2,875	16,32	23,72	15,67	12,34	17,00	14,95
2,875— 57,55	14,50	19,94	19,00	11,80	17,28	17,48
57,55 —575,5	14,54	15,77	23,72	14,67	21,03	10,27
über 575,5	13,82	27,49	13,04	15,35	20,36	9,94

[35]) Nr. 30, Mitteilungen XXIV., 3., S. 91 ff., eigene Berechnungen.

Anteil der Größenklassen in den Landschaften an der Bodenfläche des Grundbesitzes der Landschaft, 1895.

Größenklasse in ha	l. D.-U.	r. D.-U.	D.-Th.-B. in %	r. Th.-U.	l. Th.-U.	Th.-M.-B.
bis 2,875	6,45	6,08	5,09	5,00	5,10	6,26
2,875— 57,55	43,95	39,20	47,38	38,00	39,75	56,10
57,55 —575,5	15,85	11,17	21,29	17,00	17,40	11,90
über 575,5	33,75	43,55	26,24	40,00	37,75	25,74
			100 %			

[36]) Nr. 35, Jahrbuch 1928, S. 58, berechnet.

Anteil der Größenklassen in den Landschaften an der Gesamtfläche der Größenklassen, 1928.

Größenklassen, ha	Anteil in % West-Ungarn	Alföld	Ndl. H.-L.	
50— 100	23,4	64,4	12,2	100
100— 500	30,3	50,9	18,8	100
500—5 000	37,1	42,4	20,5	100
5 000—über 50 000	51,8	36,1	12,1	100
50— 500	28,3	55,1	16,6	100
500—über 50 000	44,3	39,3	16,4	100

[37]) Nr. 35, Jahrbuch 1928, S. 58, berechnet.

Anteil der Größenklassen in den Landschaften an der Gesamtfläche des Grundbesitzes der Landschaft, 1928.

Größenklassen, ha	Anteil in %			%
50— 100	5,8	14,1	7,1	100
100— 500	16,8	25,0	24,8	100
500—5 000	33,2	33,6	43,5	100
5 000— über 50 000	44,2	27,3	24,6	100
50— 500	22,7	34,2	31,9	100
500— über 50 000	77,3	65,8	68,1	100

[38]) Nr. 146, Landwirtschaft, S. 125: Die fürstliche Familie Esterházy besaß 240 000 ha, Graf Schönborn 130 000 ha, Herzog Coburg 123 000 ha; Nr. 35, Jahrbuch, 1928, S. 58: Im Jahr 1928 besaßen in West-Ungarn drei Grundherren durchschnittlich je 32 396 ha, im Alföld vier Grundherren durchschnittlich je 37 568 ha.

[39]) Nr. 31, Jahrbuch 1900, S. 68 ff.

Verteilung der landwirtschaftlichen Betriebe nach Größenklassen und Kulturzweigen, 1895.

Auf die einzelnen Betriebskategorien entfiel von dem gesamten .... in %:

Größenklasse der Betriebe	Ackerland	Gärten	Wiesen	Weingarten bebaut	Weideland	Wald	Röhricht	unfruchtbarer Boden	Bodenfläche
Zwergwirtschaft	6,8	25,2	6,0	32,5	21,0	0,7	2,3	7,8	5,8
Kleinwirtschaft	57,6	60,0	62,8	57,8	27,7	10,8	25,0	25,8	46,5
Mittelwirtschaft	16,1	7,7	12,9	6,1	20,7	13,8	17,7	14,0	15,4
Großwirtschaft	19,5	7,1	18,3	3,6	49,5	74,7	55,0	52,4	32,3

100 %

[40]) Nr. 30, Mitteilungen XXIV., 3., S. 91 ff., berechnet.

Größe der Wirtschaft	Hornvieh	Pferde	Ziegen	Schweine	Schafe	Geflügel
Zwergwirtschaft	16,98	15,18	46,47	23,80	4,38	31,51
Kleinwirtschaft	56,30	70,74	50,73	49,31	29,72	57,69
Mittelwirtschaft	11,47	7,58	1,74	9,56	17,74	6,65
Großwirtschaft	15,25	6,50	1,06	17,33	48,16	4,15

100 %

[41]) Nr. 29, Jahrbuch 1896, S. 115; Nr. 35, Jahrbuch 1928, S. 82, berechnet.

Jahr	Fläche in ha des Ackerlandes	Fläche in ha der Brache	Brache in % des Ackerlandes
1870	7 934 155	1 196 925	15,09
1895	10 390 638	1 130 561	10,77
1928	5 539 000	199 000	3,59

[42]) Nr. 34, Jahrbuch 1928, S. 74, 75: im Deutschen Reich nahm die Brache 2,22 % des Ackerlandes ein, berechnet.

[43]) Im Jahre 1934 verpachtete die Stadt Debrecen die Tanya Groß-Hortobàgy jeweils auf ein Jahr. (Reise d. V.)

[44]) Nr. 26, Jahrbuch 1874, S. 156—159: Pflüge von Eisen 60 %; Nr. 149, Szasz, S. 17: 1875: 50 %; Nr. 30, Mitteilungen XXIV. 3., S. 83: 1895 waren 87 % einscharige Pflüge mit Holzgrindel, 13 % einscharige Pflüge mit Eisengrindel.

[45]) Nr. 26, Jahrbuch 1874, S. 156—159; Nr. 30, Mitteilungen XXIV. 3., S. 83; Nr. 35, Jahrbuch 1928, S. 90: Es gab (in Stück):

	1874	1895	1928
Dampfpflüge	7	159	
Dampfdreschmaschinen	2 388	8 920	22 720
Tiefkulturpflüge		19 067	
Lokomobile		9 365	

Von den	Lokomobilen	entfielen	39 %	auf	Großbetriebe
„ „	Dampfdreschmaschinen	„	39 %	„	„
„ „	Dampfpflügen	„	73 %	„	„
„ „	Holzpflügen	„	73 %	„	Kleinbetriebe
„ „	Eisenpflügen	„	47 %	„	„
„ „	Tiefkulturpflügen	„	46 %	„	„

Nr. 146, Landwirtschaft, S. 151 ff.: 1892 gab es auf 32 Domänen etwa 50 landwirtschaftliche Maschinen mit Dampfbetrieb; Nr. 149, Szasz, S. 17 f.: Die Firma I. Fowler u. Co. lieferte 1870—1880 18 Dampfpfluggarnituren, 1900—1905 135.

Nr. 35, Jahrbuch 1928, S. 90: Die Dampfdreschmaschinen verteilten sich zu 55 % auf West-Ungarn, zu 33 % auf das Alföld.

[46]) Nr. 58, Matlekovits, I., S. 209 f.; Nr. 149 Szasz, S. 26 ff.: 1887 wurde die erste ungarische Kunstdüngerfabrik, 1890 die Kunstdüngerfabrik Hungaria in Budapest und Sillein (Zsolna) errichtet. Den ersten künstlichen Dünger lieferten seit 1860 Zucker- und Spiritusfabriken als Nebenerzeugnis (Spodium).

[47]) Nr. 29, Jahrbuch, S. 111: 1895 hatten von der Gesamtzahl der Wirtschaften künstlichen Dünger verwendet:

linkes Donau-Ufer	0,64 %
rechtes Donau-Ufer	0,39 %
Donau-Theiß-Becken	0,15 %
rechtes Theiß-Ufer	0,50 %
linkes Theiß-Ufer	0,11 %
Theiß-Maros-Becken	0,08 %

Vgl. dazu die Verteilung der Betriebsgrößen. Nr. 166, Köhler, S. 184 f.; Nr. 169, Fekete, S. 26; Nr. 168, Fekete, S. 492 ff.

[48]) In Karcag befindet sich eine Versuchsanstalt zur Verbesserung des Sodabodens.

[49]) Nr. 149, Ssasz, S. 25: Die Sodawiesen von Békés-Csaba wurden 1900—1901 mit einer Bewässerungsanlage versehen.

[50]) Nr. 134, Penck, S. 24: das Gefälle vermindert sich von der Waagmündung abwärts auf 0,04 ‰; die Theiß hat im Tieflande ein Gefälle von 0,03 ‰.

[51]) Nr. 134, Penck, S. 27: bis 1887 waren 3420 km Dämme gebaut und 16 928 qkm Fläche gewonnen.

[52]) Nr. 77, Prinz, S. 11: das neu gewonnene Ackerland wird auf 3 Mill. ha geschätzt.

[53]) Nr. 99, Inkey, S. 20, Sodaboden gab es in Ungarn schon vor der Regelung der Flüsse, auch unabhängig von ihnen, was sich aus der Oberflächengestaltung und den Grundwasserverhältnissen erklärt. Nr. 135, Vujevic, S. 8 (Zit. Hunfalvy, Das ungarische Tiefland und die Mittel zur Abwendung des zeitweiligen Mißwachses, Österr. Revue, 1864, S. 94): das oberste Grundwasser steigt gegen die Mitte des Donau-Theiß-Zwischenstromlandes an. Daraus erklärt sich die sogenannte Grundflut (földvár): in weiter Entfernung von Flüssen und Teichen, aber bei hohem Wasserstand der Flüsse, steigt in sonst trockenen Mulden Wasser aus dem Boden auf.

[54]) Zusammenstellung.

1851 Budapest-Preßburg-Marchegg

1847 Budapest-Szolnok
1857 . . . . . . -Debrecen
1859 . . . . -Miskolc
1870 . . . . -Kassa-Eperjes

1853 Budapest-Czegléd-Félegyháza
1854 . . . . -Szeged
1857 . . . . -Temesvár
1858 . . . . -Báziás

1847 Budapest-Szolnok
1857 . . . . . . -Püspök-Ladány
1858 . . . . -Nagyvárad
1870 . . . . -Klausenburg

1847 Budapest-Szolnok
1858 . . . . . . -Csaba-Arad
1868 . . . . -Piski-Karlsburg
1870 . . . . -Piski-Petrozsény

1855 Bruck-Győr
1856 . . . . -Neuszöny
1860 . . . . -Székesfehérvár

1847 Katzelsdorf-Sopron
1865 . . . . -Szombathely-Kanizsa
1868 . . . . -Barcs-Pécs
1870 . . . . -Kanizsa-Zágráb

1861	Budapest-Székesfehérvár-Kanizsa
1870	. . . . -Zágráb
1867	Budapest-Hatvan-Salgótarján
1870	. . . . . . -Miskolc

[55]) Z. B. Kalocsa erhielt 1882 Anschluß an die Linie Budapest-Maria-Theriesienstadt über Kiskörös. Später wurde von Norden (Kun-Szent-Miklós) eine Linie über Solt nach Dunapataj gelegt. Das fehlende Stück Dunapataj-Kalocsa-Baja ist nicht gebaut worden. Die Angaben in Sydow-Wagners Methodischem Schulatlas, 19. A., Gotha 1931, K. 34 und Stielers Hand-Atlas 10. A., Gotha 1928/30, K. 49 entsprechen nicht den Tatsachen. Zwischen Budapest-Kalocsa-Baja verkehrt ein Reisekraftwagen auf asphaltierter Strecke (Beobachtung 1934).

[56]) Im Banat fuhr die erste Eisenbahn 1854, umgebaut 1856, nicht als Getreidebahn, sondern als Kohlenbahn von Oravica über Weißkirchen (Versec) nach Báziás.

[57]) Birk, A.: Die Straße..., Karlsbad-Drahowitz, 1934, S. 11 ff.

[58]) Nr. 58, Matlekovits, II., S. 690 ff.: Die Erste Donau-Dampfschifffahrts-Gesellschaft, gegründet am 13. März 1829, besaß 1875 205 Dampfer und 729 Schleppschiffe, beförderte 2 Mill. Personen und 12 Mill. dz Waren. Die Ungarische Fluß- und Seeschiffahrts-Gesellschaft, gegründet 1895, unterhält den Verkehr auf Donau, Theiß, Save und Drau, besaß 1896 30 Dampfer und 212 Schlepper und beförderte 254 000 Personen und 559 000 t Waren. Nr. 26, Jahrbuch 1870, S. 272 f.: Im Jahre 1870 bestanden 21 Schiffahrtsunternehmen mit 149 Dampfschiffen, 1039 Holzschiffen und 412 Schleppschiffen.

[59]) Nr. 142, Winkler, S. 775: Im Jahre 1932/33 wurde der Getreidespeicher des Freihafens Budapest zu 59 % von der Eisenbahn und zu 41 % durch das Schiff versorgt.

[60]) Die sogenannte Hessenfliege ist eine Gallmücke, deren Larven die Halme beschädigen und zum Umknicken bringen. Die Larven der Weizengallmücke (Cecidomyia destructor) leben in jungen Weizenkörnern. (Meyers Kleines Lexikon, 8. A., I. Bd., Leipzig 1931, Sp. 911.)

[60a]) Nr. 179, Crohn, S. 6; Nr. 85, Köppen, 1900, S. 661 f.; 1901, S. 23, 28: Wenn der Maisbau an ein Mindestmaß der Luftwärme von 19° C-Isotherme im Juni und 23° C-Isotherme im Juli gebunden wird, oder wenn das Maisklima mit einer Mindest-Durchschnittswärme des wärmsten Monats von 22° C gekennzeichnet wird, haben diese Angaben nur allgemeinen Wert. Sie berücksichtigen nicht Sortenwahl und Sortenzucht, die kürzere Wachstumszeiten und geringere Luftwärme ermöglichen (vgl. Kanada). Dasselbe gilt vom Weizen, wenn sein Gesamtwärmebetrag mit 1900° C angegeben wird (Volz, W.: Das Deutsche Reich, in Klute: Handbuch der geographischen Wissenschaft, S. 109).

[61]) Nr. 123, Klocke, S. 360: Anbau von Tafeltrauben ist seit etwa 30 Jahren in Verpelét (Heves) eingebürgert.

[62]) Nr. 29, Jahrbuch 1896, S. 130 und berechnet.

Landschaften	durch Phylloxera angegriffen in % der Weinbaufläche	durch Peronospora angegriffen in % der Weinbaufläche	durch Elementarschäden verwüstet
linkes Donau-Ufer	17,2	60,80	11,2
rechtes Donau-Ufer	33,3	74,32	14,5
Donau-Theiß-Becken	3,6	52,68	11,1
rechtes Theiß-Ufer	40,8	56,66	17,8
linkes Theiß-Ufer	22,1	60,09	14,5
Theiß-Maros-Becken	19,1	43,63	7,6
Ungarn	20,4	62,06	12,7

Höchstziffern der Verwüstung durch Reblaus erreichten: Krassó-Szörény: 68,1 %; 50 % und mehr: Zombor, Bereg, Baranya, Raab (Györ), Ung, Wieselburg (Moson), Szilágy.

[63]) Nr. 35, Jahrbuch 1928, S. 90 und berechnet. Ungarn: durch Phylloxera angegriffen 6,1 %, durch Peronospora angegriffen 20,9 %, durch Elementarschäden verwüstet 35,5 %.

[64]) Nr. 185, Teleki, S. 5, 64 ff.: Ein neues Weingesetz mit Neugliederung der Weinbaugebiete wurde am 20. September 1936 erlassen.

[65]) Nr. 26, 31, 35, Jahrbücher und berechnet. Nr. 58, Matlekovits, I., S. 269 gibt für 1870 eine Fläche von 18 500 ha an.

[66]) Nr. 30, Mitteilungen IV., S. 24, berechnet.

Obstbäume, 1895, Bäume in %

Obstbäume		l. Donau-Ufer	r. Donau-Ufer	Donau-Theiß-Becken	r. Theiß-Ufer	l. Theiß-Ufer	Theiß-Maros-Becken	Ungarn
Pflaumen	a	55	31	25	59	55	58	45
	b	17	16	9	14	21	23	100
Apfel	a	13	16	16	14	15	11	14
	b	12	27	18	10	19	14	100
Weichsel	a	3	9	16	3	7	6	8
	b	—	28	33		16		100
Birnen	a	10	9	8	8	6	3	7
	b	20	31	17				100
Pfirsiche	a	2	10	7	2	4	2	5
	b		47	22				100
Nuß	a	5	6	3	4	4	3	4
	b	14	34			16		100
Kirschen	a	5	5	4	4	3	4	4
	b	18	28					100
Aprikosen	a	1	2	8	1	1	1	3
	b		20	45				100
Kastanien	a		1					
	b		52					100
Mandel	a							
	b		40	34				100
zusammen	a	100	100	100	100	100	100	100
einschl. sonstige	b	14	24	16	10	18	18	100

a = in % der Obstbäume, b = in % der Sorte.

[67]) Beziehungen zwischen Getreideland und Nicht-Getreideland:

	1870		1895		1928	
	in 1000 ha	%	in 1000 ha	%	in 1000 ha	%
Getreideland	5936	88,11	7374	78,73	4104	76,85
Nicht-Getreideland	801	11,89	1991	21,27	1236	23,15
bestelle Fläche	6737	100,00	9365	100,00	5340	100,00

Eine entsprechende Berechnung für das Deutsche Reich und das Jahr 1928 ergibt (Nr. 34, Jahrbuch 1928): Getreideland 61,54 %, Nicht-Getreideland 38,46 %.

[68]) Verlagerungen innerhalb des Getreidelandes:

	1870	1895	1928
	in % des Getreidelandes		
Weizen	30,62	38,13	41,28
Mais	20,04	23,62	26,06
Weizen und Mais	50,66	61,75	67,34

[69]) Beziehungen:

Wirtschafts-pflanze	Gesamt-fläche	Wachs-tum	Verdich-tung	Ver-stärkung	Spannung 1870	1895	1928
Weizen	+	+	5—9	+	29½	61½	20½
Mais	+	+	3—6	+	3	37½	13½
Roggen	—	—	2—1	+	6	—	—
Gerste	+	±	±	+	2	4½	—
Hafer	—	±	±	—	—	—	—
Halbfrucht	—	—	—	—			
Kartoffel	+		5—6	±	2	2½	6½
Zuckerrüben	+		±	+	1	—	—
Weingärten	—	—	3—1	—	3	—	—
Raps	—	—	—	—			
Hanf	—	—	—	—		±	
Flachs	—	±	±	—			

[70]) Vormachtsstellungen:

Wirtschafts-pflanze	1870	1895	1928
Weizen	Torontál	Torontál	Jász
Mais		Torontál	Pest
Roggen		Pest	Pest
Gerste		Neutra (Nyitra)	Pest
Hafer	Bács-Bodrog	Bács-Bodrog	Somogy, Pest
Halbfrucht		Bihar	
Kartoffel			Szabolcs, Pest
Weingärten	Pest	Pest	Pest
Gartenland		Krassó-Szörény	
Zuckerrüben		Neutra (1900)	
Hirse		Torontál (1900)	
Tabak		Szabolcs (1900)	Szabolcs
Hülsenfrüchte			
Gemüse			Alföld (Pest, Szeged, Csanád)
Raps	Heves	Torontál (1900)	
Hanf	Bács-Bodrog	Bács-Bodrog (1900)	
Flachs	Zips-Szepes	Zips-Szepes (1900)	

[71]) Nr. 143, Ditz, S. 267: Samuel Teschedik, Pfarrer von Szarvas, brachte 1779 von Wien zwei Pfund Luzerne-Samen mit.

[72]) Nr. 26, 28, 31, 35, Jahrbücher.

Futterpflanzen	in % des Ackerlandes		
	1870	1900	1928
Wicken	0,59[1])	3,16[2])	0,98[3])
Futterrüben		1,41	1,89
Klee		2,42	2,48
Esparsette		0,15	
Futtermais		0,85	1,32
Luzerne		1,20	2,90
Futterpflanzen (Futterrüben, Zaboswicken[4]), Klee, Luzerne)			9,92

[1]) Wicken zu Samen und Futter.
[2]) Wicken, Erbsen, Roggen, Gemenge; Winter- und Sommerwicken.
[3]) Wicken, Erbsen, Mischfutter, ohne Zaboswicken.
[4]) ohne 3.

Futterpflanzen	in % des Ackerlandes 1870	1900	1928
Wicken			
Eisenburg (Vas)	11,3	3,2	
Baranya	7,2	4,0	
Somogy		7,1	
Bihar		7,8	
Futterrüben			
Pest		8,7	14,6
Jász		5,2	5,2
Somogy		4,8	6,0
Klee			
Eisenburg (Vas)		6,3	9,8
Somogy		5,3	12,7
Zala		4,5	9,4
Futtermais			
Pest		7,6	
Weißenburg (Fejér)		7,1	
Jász		6,1	
West-Ungarn			52,32
Alföld			38,61
nördliches Hügelland			9,06
Luzerne			
Jász		7,9	12,2
Békés		7,2	9,1
Pest		4,7	7,4

[73]) Futterrüben, Klee, Futtermais und Luzerne zusammen nehmen 1900 5,8 %, 1928 8,5 % des Ackerlandes ein.

[74]) Beziehungen:

Nährflächen	Gesamtfläche	Wachstum	Verdichtung	Verstärkung	Spannung 1870	1895	1928
Weiden	—	—	—(15—11)	— +	41½	32	—
Wiesen	—	—	—(7— 5)	— +	25	23½	—
Futterpflanzen	+	+	+	+ —	·	·	·

[75]) Nr. 26, Jahrbuch 1870, S. 102 ff.; Nr. 30, Mitteilungen 1913, S. 18* ff. und berechnet:

Rinder	1870	1895	1911
	in % der Gesamtzahl (Ungarn und Siebenbürgen)		
ungarische	80,1	53,8	27,8
schweizerische	19,5	29,2	57,7
sonstige		16,4	14,5
Büffel	0,4	0,6	
zusammen	100	100	100

[76]) Teilbestand der Landschaften in % des Gesamtbestandes, 1895, berechnet:

linkes Donau-Ufer	10,13
rechtes Donau-Ufer	23,21
Donau-Theiß-Becken	25,05
rechtes Theiß-Ufer	7,62
linkes Theiß-Ufer	16,47
Theiß-Maros-Becken	17,52
zus.	100

[77]) Die herkömmliche Begriffsbezeichnung würde hier von einer „Intensivierung" der Viehhaltung sprechen. Der Inhalt und Umfang dieses Kunstausdrucks schillert. Wenn in „extensiv" und „intensiv" gar eine Wertung eingeschlossen wird (im Sinne von unvollkommen, unvernünftig, unsachgemäß, verschwenderisch), ist die Bezeichnung irreführend. Wesentlich ist nicht die mehr oder weniger „intensive" Gestaltung des Betriebes, sondern das Maß der Anpassung der Betriebsweise an die geographische, volkliche und wirtschaftliche Erfüllung des Raumes. Solange die großen Brach- und Weideflächen nicht umgebrochen waren und der Wettbewerb der außereuropäischen wolleliefernden Länder fehlte, war die Schafhaltung durchaus „intensive" Nutzung des Bodens; denn sie erbrachte von ihm so, wie er war, den höchsten Reinertrag. Ebenso konnte die Milchverwertung erst mit wachsendem Butterbedarf einsetzen. Darum sind diese Ausdrücke, „intensiv" und „extensiv", hier vermieden worden.

[78]) Beziehungen:

Wirtschafts-tier	Gesamt-bestand	Wachs-tum	Verdich-tung	Ver-stärkung	Spannung 1870	1895	1928
Rinder	+	+	1— 6	+	—	9½	—
Pferde	+	—	5— 4	+	11	9½	5½
Schweine	+	+	5—14	+	10	29	28½
Schafe	—	—	33—13	—	69½	21	—
Ziegen	—	±		—	4	2	·

79) Landwirtschaftliche Nutzfläche, eigene Berechnung:

Kulturart	Fläche in 1000 ha 1870	in % d. lw. Nutzfläche 1870	Fläche in 1000 ha 1895	in % d. lw. Nutzfläche 1895	Fläche in 1000 ha 1928	in % d. lw. Nutzfläche 1928
Weizen	1 818		2 812		1 694	
Roggen	1 092		958		659	
Mais	1 190		1 742		1 070	
Gerste	782		965		416	
Hafer	841		821		265	
Halbfrucht	215		76			
Getreide	5 938	42,03	7 374	45,79	4 104	54,42
Hülsenfrüchte	38		29		18	
Buchweizen	25					
Hirse	52		41		9	
Kartoffeln	340		433		267	
Zuckerrüben	59		87		67	
Raps	105		31		14	
Flachs	13		8		3	
Hanf	82		46		7	
Futterpflanzen	47		976		531	
Tabak	42		40		23	
verschiedene			601		297	
Brache	1 197		1 131		199	
Ackerland	7 938	56,19	10 797	67,04	5 539	73,44
Gartenland	?		281	1,74	105	1,39
Wiesen	2 579	18,25	2 001	12,43	669	8,87
Weiden	3 315	23,47	2 863	17,78	1 008	13,36
Weingärten	295	2,09	163	1,01	222	2,94
Landw. Nutzfläche	14 127	100	16 105	100	7 542	100
Gesamtfläche	21 451		22 507		9 307	
Landw. Nutzfläche in % der Gesamtfläche		65,85		71,55		81,03

[80]) Fruchtlandschaften:

Kerngebiete	1870				1895				1928		
	Weizen	Roggen	Hafer	Mais	Weizen	Roggen	Hafer	Mais	Weizen	Roggen	Mais
Torontál[1])	52			26	81½			57½			
Bács-B.[2])	44½		33	28	64½		26	48½			
Heves[3])	28										
Temes[4])	27				50			33			
Békés[2])	22½				29				33		20½
Jász[3])					39				46		20½
Bihar[2])				25	29½			26			
Pest[3])		26			27	35		24	30	40	34
Arad[1])					27						
Somogy[3])					20				25		
Krassó-Sz.[4])								20			
Szabolcs[1])		20									
Nyitra[4])											
Pozsony[1])											
Trencsén[4])											
Szepes[4])											
Sáros[4])											
Vas[2])											
Zala[2])											
Baranya[2])											

[1]) Vereinigte Komitate.
[2]) Versehrte Komitate.
[3]) Unversehrte Komitate.
[4]) Verlorene Komitate.

) Viehlandschaften.

Kerngebiete	1870						1895						1928			
	Wiesen	Weiden	Schafe	Rinder	Schweine	Pferde	Wiesen	Weiden	Schafe	Rinder	Schweine	Pferde	Wiesen	Weiden	Rinder	Schweine
Bihar	45½	51½	72	22½	31		23½	40½	32½		50½					
Heves	23½	46½	79													
Máramaros	31	24½					44	31								
Pest	33	61½	89½		23		31½	54½	27	29½	39		31	41	21½	31
Szatmár	30½		25				20½		20	20½	23					
Temes	20½	20	38½					22½	20		27½					
Zala	21½		41½							23	23½					
Krassó-Sz.		26½	54				22½	40	39							
Arad		29½	21½					24½			27½					
Bács-B.		43	83½		20			24	28	21	38					
Békés		22½	29								26					
Csongrád		22½	32½													
Szabolcs		25½	56½						20		25					
Torontál		34	53		21½	21		36	35½		38	22½				
Trencsén		22½	21½					22½								
Komárom			28½													
Zemplén		25	35½					25								
Tolna			40						20							
Jász		37½						23½			22½					
Hajdu			63½													
Abaúj-T.			25													
Fejér			63½						34							
Baranya			22								22½					
Bars			23½													
Veszprém			42						20							
Borsod			38½													
Gömör			29													
Hont			24½													
Nógrád			48						32							
Nyitra			46													
Pozsony			29½													
Somogy			70		21				41	20	32					31½
Sopron			23½													
Szepes			20													
Vas			36½							25½	21½					

82) Fruchtlandschaften:

Jahr	Weizen-Mais	Weizen-Hafer-Mais	Weizen	Mais	Roggen
1870	Torontál	Bács-Bodrog	Heves Temes Békés	Bihar	Pest Szabolcs
		Weizen-Mais-Hafer			Roggen-Weizen-Mais
1895	Torontál Temes Bihar	Bács-Bodrog	Jász Békés Arad Somogy	Krassó-Szörény	Pest
					Roggen-Mais-Weizen
1928	Jász Békés		Somogy		Pest

[83]) Viehlandschaften:

Jahr	Weiden	Wiesen	Weiden-Wiesen	Wiesen-Weiden	Schafe	
1870	Bács-B.	Szatmár	Pest	Máramaros	Heves	Te
	Jász	Zala	Bihar	Temes	Hajdu	Bo
	Torontál		Heves		Fejér	Va
	Arad				Szabolcs	Ze
	Krassó-Sz.				Krassó-Sz.	Cs
	Szabolcs				Nográd	Po
	Zemplén				Nyitra	Bé
	Békés				Veszprém	Ko
	Csongrád				Zala	Gö
	Trencsén				Tolna	Sz
1895	Torontál	Szatmár	Pest	Máramaros	Krassó-Sz.	
	Zemplén		Bihar		Fejér	
	Arad		Krassó-Sz.		Nógrád	
	Bács-B.				Tolna	
	Jász				Veszprém	
	Temes					
	Trencsén					
1928			Pest			

Schafe	Schafe-Schweine	Schafe-Schweine-Rinder	Schafe-Schweine-Pferde		
Abaúj	Pest	Bihar	Torontál		
Hont	Bács-B.				
Bars	Somogy				
Sopron					
Baranya					
Trencsén					
Szepes					
Arad					

	Schweine-Schafe	Schafe-Schweine-Rinder	Schweine-Schafe-Pferde	Schweine-Rinder-Schafe	Schweine-Rinder
	Bihar		Torontál	Pest	Zala
	Temes	Somogy		Szatmár	
	Szabolcs				

	Schweine	Schweine-Schafe-Rinder	Rinder-Schweine		
	Arad	Bács-B.	Vas		
	Békés				
	Jász				
	Baranya				

	Somogy				Pest

Verzeichnis der Bilder.

Eigene Aufnahmen des Verfassers.

Verzeichnis der Karten.

1. Bild

Horgos bei Szeged (Szegedin)
Sodaausblühungen, soda- und salzliebende Pflanzen.
Zeit: 13. 9. 1934.

2. Bild

Halbinsel Tihany, Plattensee (Balaton)

Im Hintergrund verblassen die Höhen des Bakony Waldes; Mittelgrund: vulkanische Kuppen, höchste Erhebung 235 m; Vordergrund: steinbesäte Kalkrumpffläche. Wirtschaftliche Nutzfläche: auf Kalkboden: Weideland; auf vulkanischem Boden und seinen verschwemmten Massen werden Mais (helle Streifen im Bild), Weizen, Gemüse und Wein angebaut. Dazwischen Busch, Dornen-, Distelngesträuch, Wacholder, Heckenrosen.

Zeit: 25. 8. 1934.

3. Bild

Dunapataj

Im Kampfgebiet zwischen Frucht- und Viehweidelandschaft. Vordergrund links: die letzten Gräser des Maisfeldes stehen locker und werden immer kleiner; Mittelgrund: „Pußta"; Hintergrund: Tanyagebiet.

Zeit: 30. 8. 1934.

4. Bild

Nagykörös

Blick von der Höhe einer mit Mais bestandenen Düne über die Mulde zur nächsten Düne. Die feuchte Mulde ist Weideland (Rinder, Gänse). Am Horizont Tanya im Windschutz von Akazien.

Zeit: 14. 8. 1934.

5. Bild

Kecskemét

Landstraße schneidet eine nordwest-südöstlich streichende Düne aus lockerem, tonig-kalkigem Boden und schwach mächtiger Humusschicht, bestanden mit erntereifem Mais.

Zeit: 16. 8. 1934.

6. Bild

Horgos bei Szeged (Szegedin)

Die reifen Paprikaschoten werden gepflückt, mit einer Nadel auf Schnüre gereiht und zum Trocknen aufgehangen. Die rot leuchtenden „Teppiche" vor den Gehöften geben der Landschaft zur Zeit eine eigene und blickfangende Farbe mehr.

Zeit: 13. 9. 1934.

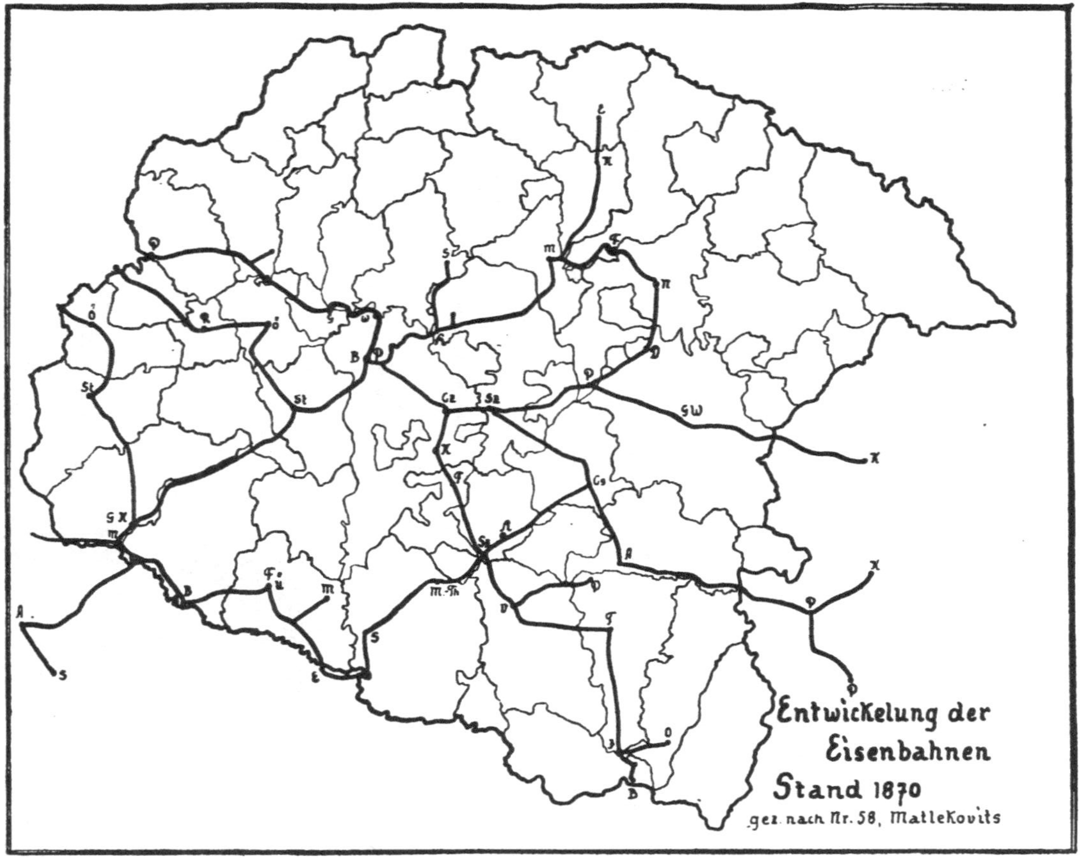
Entwickelung der
Eisenbahnen
Stand 1870
gez. nach Nr. 58, Matlekovits

Karte 1

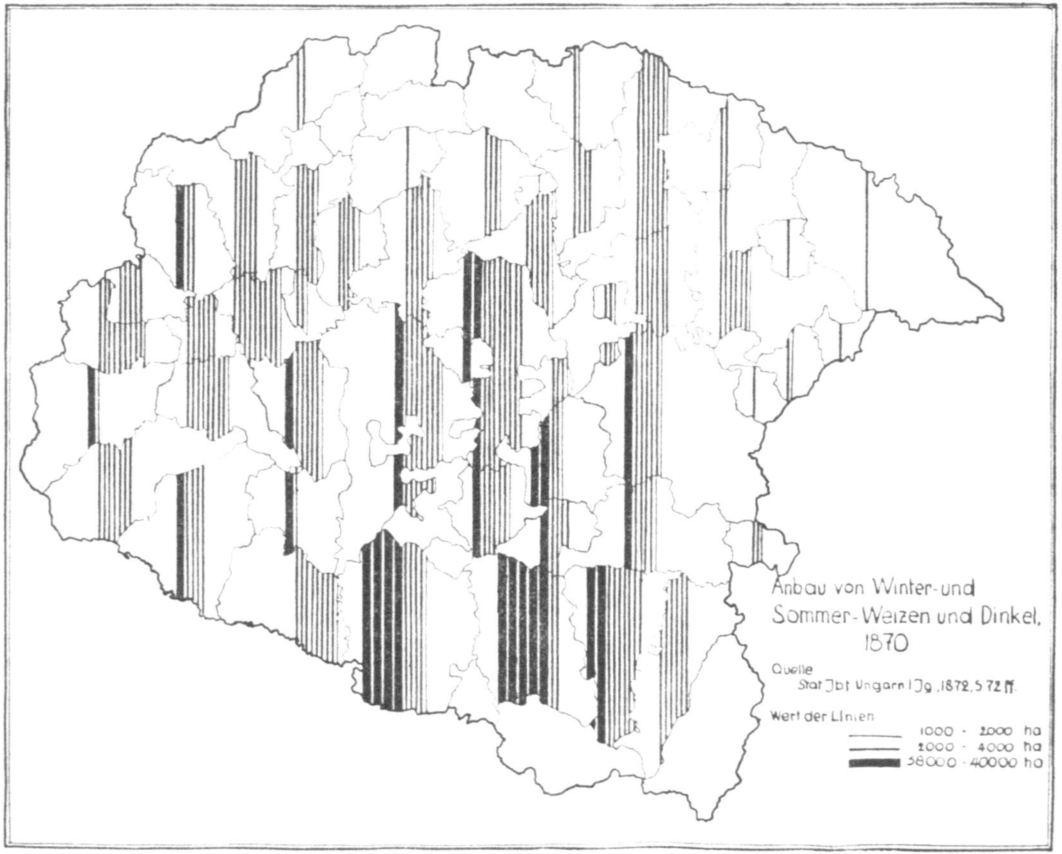
Anbau von Winter- und
Sommer-Weizen und Dinkel,
1870
Quelle
Stat Jbt Ungarn I Jg., 1872, S 72 ff.
Wert der Linien
1000 - 2000 ha
2000 - 4000 ha
38000 - 40000 ha

Karte 2

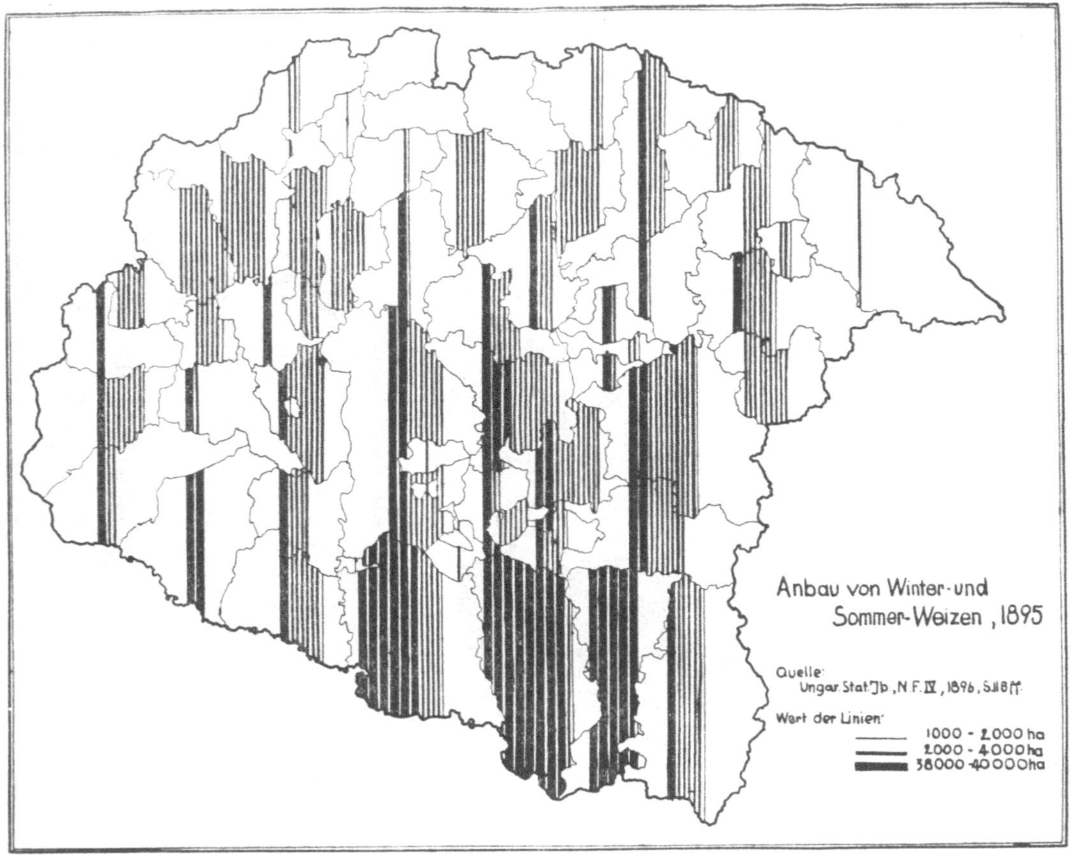
Anbau von Winter- und
Sommer-Weizen, 1895
Quelle:
Ungar. Stat. Jb., N. F. IV, 1896, S. 118 ff.
Wert der Linien:
1000 - 2000 ha
2000 - 4000 ha
38000 - 40000 ha

Karte 3

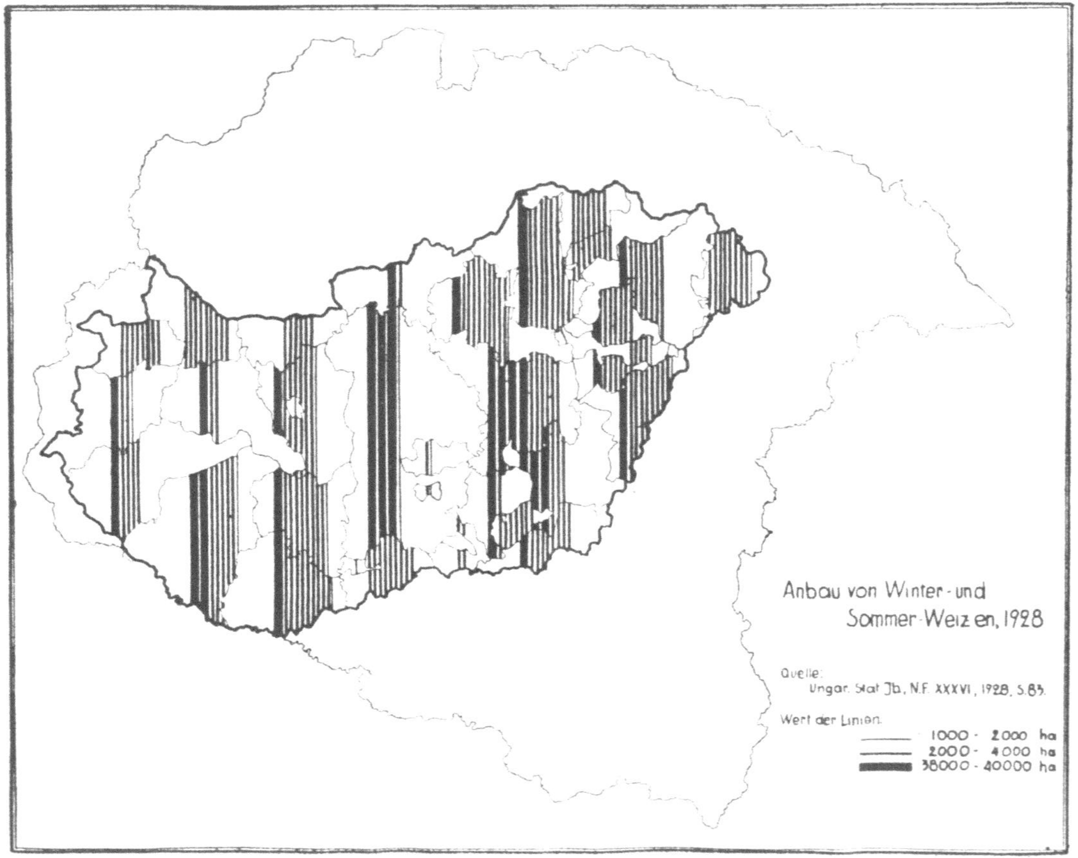
Anbau von Winter- und
Sommer-Weizen, 1928
Quelle:
Ungar. Stat. Jb., N.F. XXXVI, 1928, S. 83.
Wert der Linien:
1000 - 2000 ha
2000 - 4000 ha
38000 - 40000 ha

Karte 4

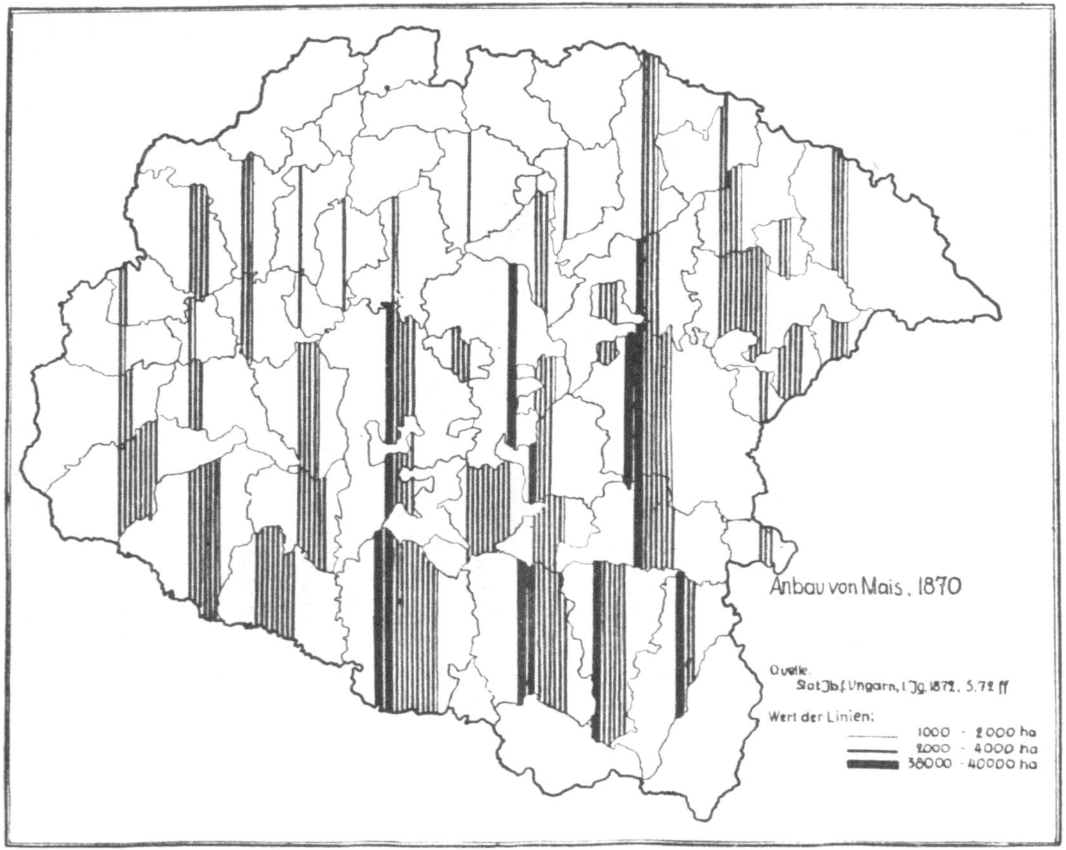
Anbau von Mais, 1870
Quelle:
Stat.Jb.f.Ungarn, I.Jg.1872, S.72 ff
Wert der Linien:
1000 - 2000 ha
2000 - 4000 ha
38000 - 40000 ha

Karte 5

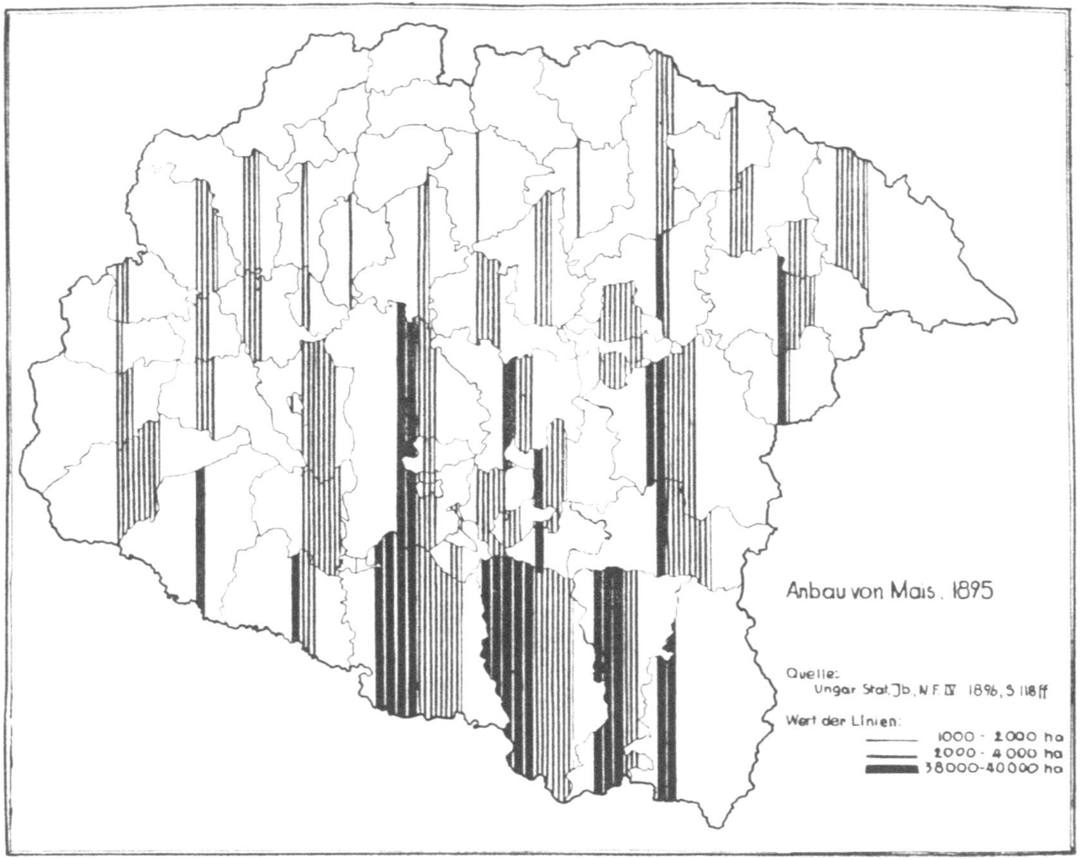
Anbau von Mais, 1895
Quelle:
Ungar. Stat. Jb., N.F. IV 1896, S. 118 ff
Wert der Linien:
1000 - 2000 ha
2000 - 4000 ha
38000-40000 ha

Karte 6

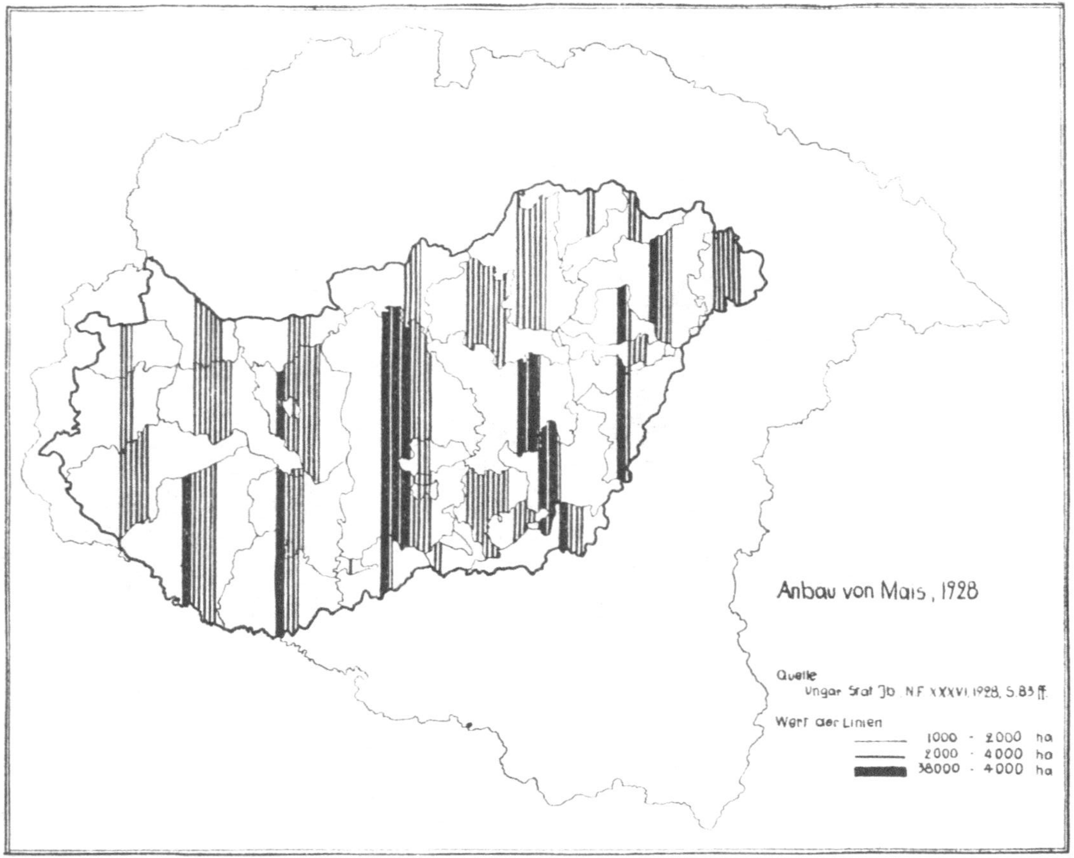
Anbau von Mais, 1928
Quelle
Ungar Stat Jb. N.F. XXXVI, 1928, S. 83 ff.
Wert der Linien
1000 - 2000 ha
2000 - 4000 ha
38000 - 4000 ha

Karte 7

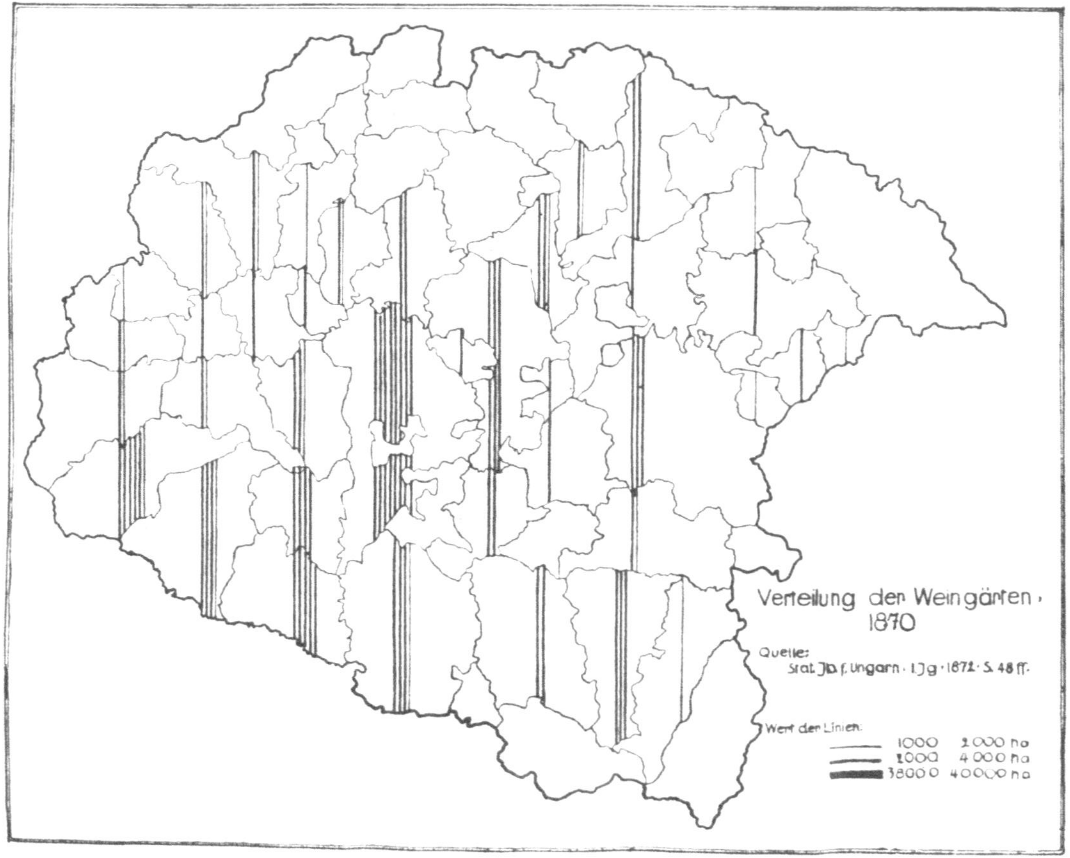
Verteilung der Weingärten, 1870
Quelle: Stat. Jb. f. Ungarn. I. Jg. 1872. S. 48 ff.
Wert der Linien:
1000 2000 ha
2000 4000 ha
38000 40000 ha

Karte 8

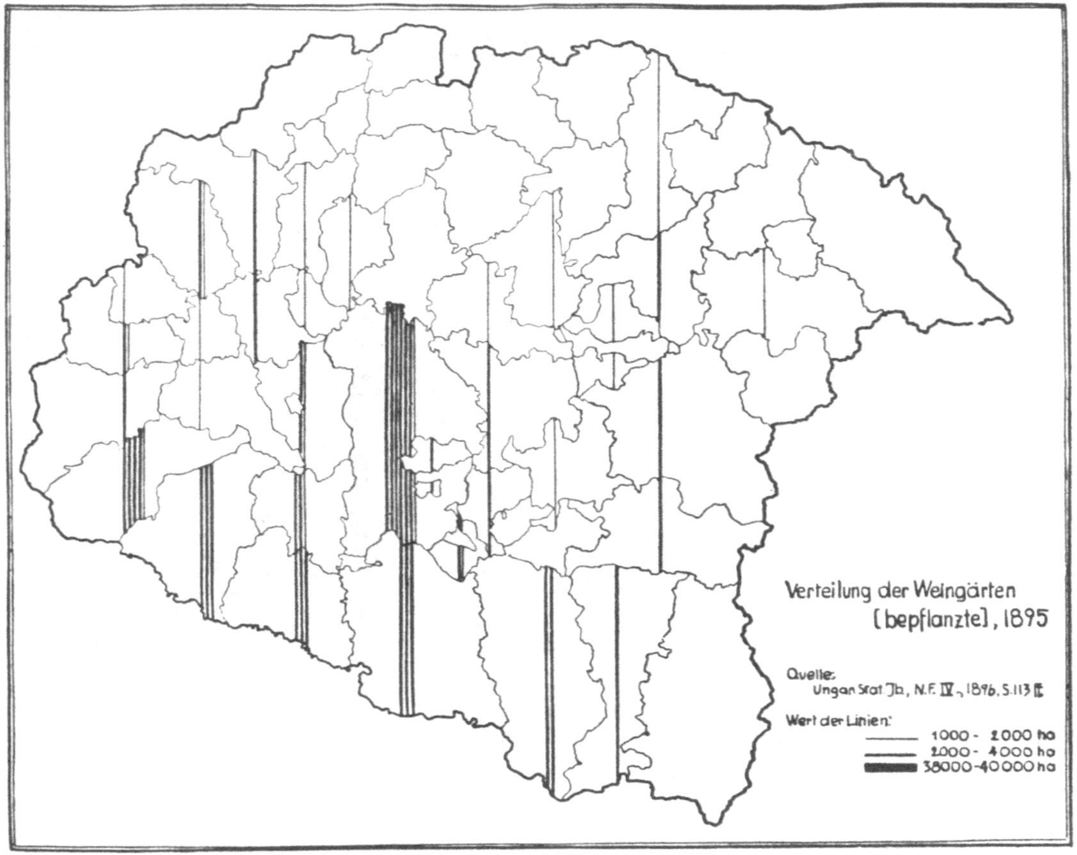
Verteilung der Weingärten
(bepflanzte), 1895
Quelle:
Ungar. Stat. Jb., N.F. IV., 1896, S. 113 ff.
Wert der Linien:
1000 - 2000 ha
2000 - 4000 ha
38000-40000 ha

Karte 9

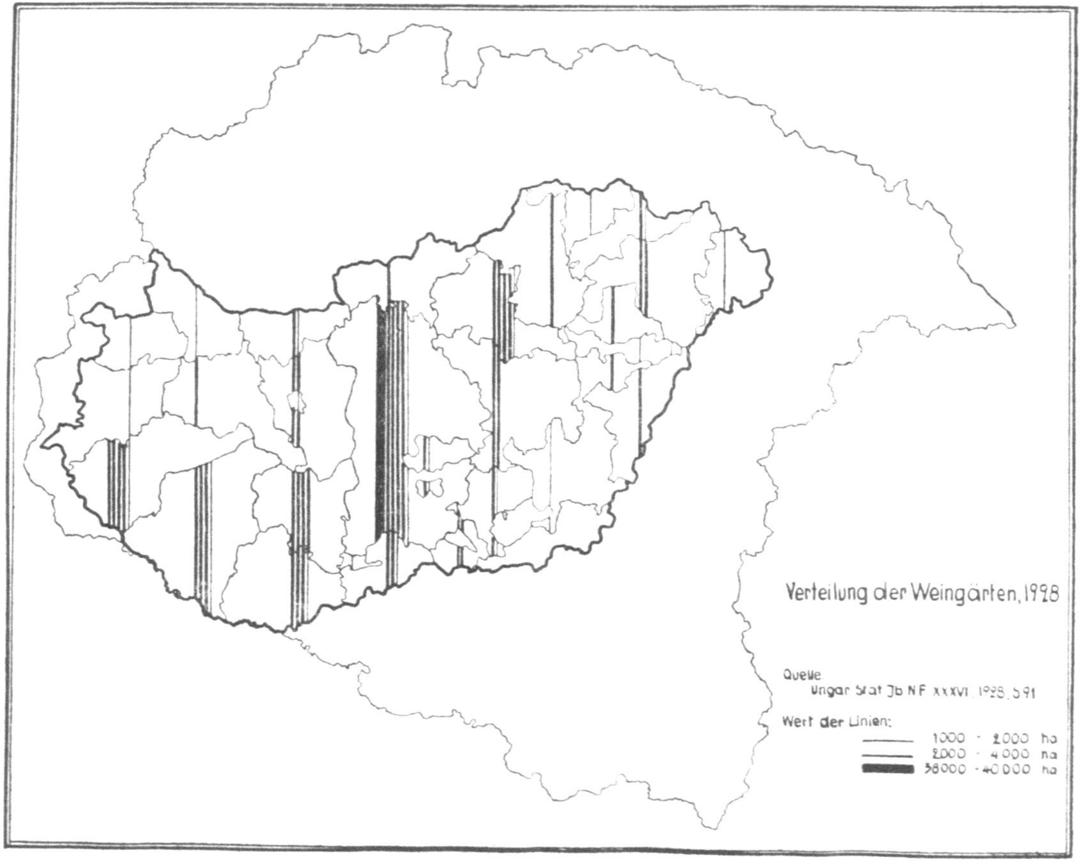
Verteilung der Weingärten, 1928
Quelle
Ungar. Stat. Jb. N.F. XXXVI. 1928, 591
Wert der Linien:
1000 - 2000 ha
2000 - 4000 ha
38000 - 40000 ha

Karte 10

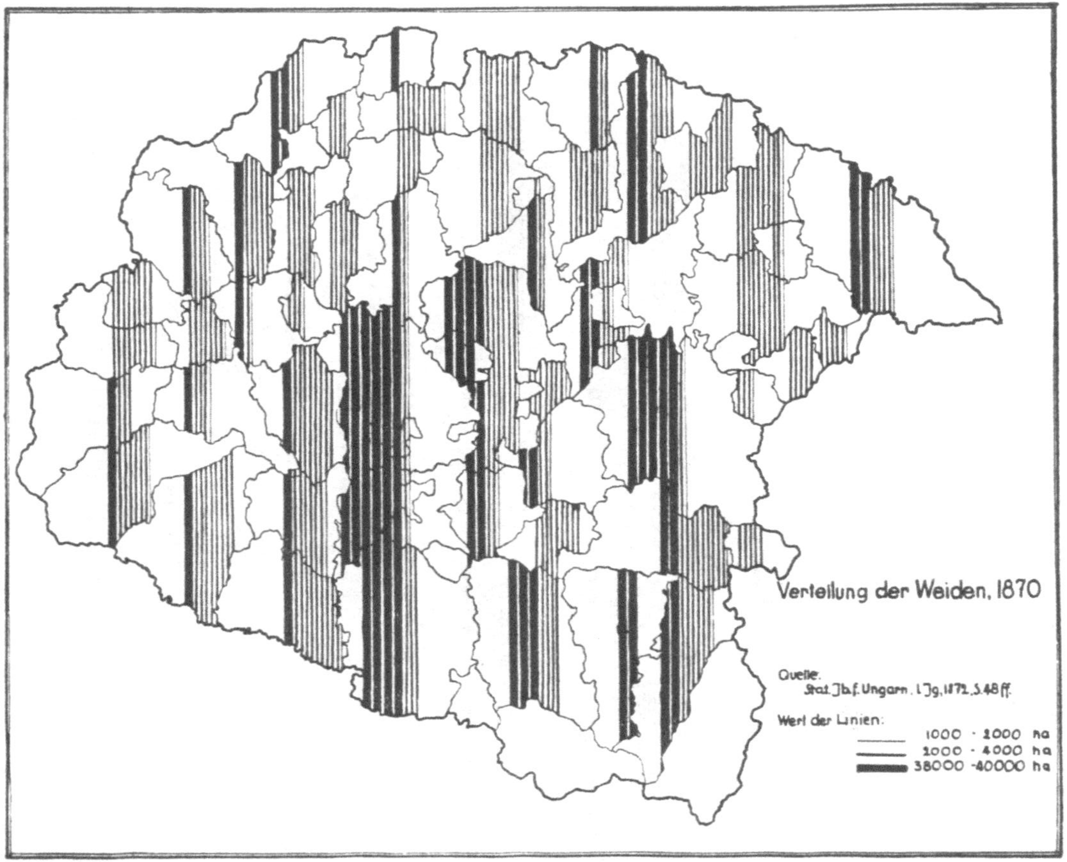
Verteilung der Weiden, 1870
Quelle:
Stat. Jb. f. Ungarn. I. Jg. 1872, S. 48 ff.
Wert der Linien:
1000 - 2000 ha
2000 - 4000 ha
38000 - 40000 ha

Karte 11

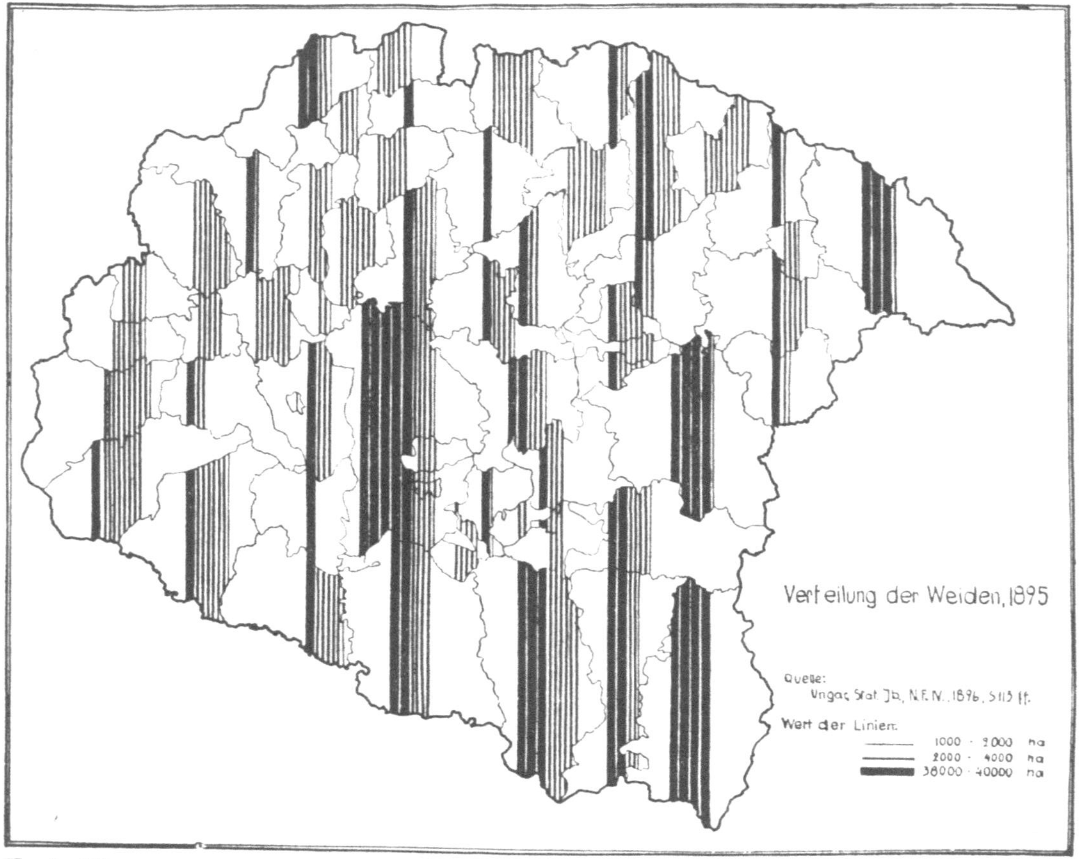
Verteilung der Weiden, 1895
Quelle:
Ungar. Stat. Jb., N.F. IV., 1896, S.113 ff.
Wert der Linien:
1000 - 2000 ha
2000 - 4000 ha
38000 - 40000 ha

Karte 12

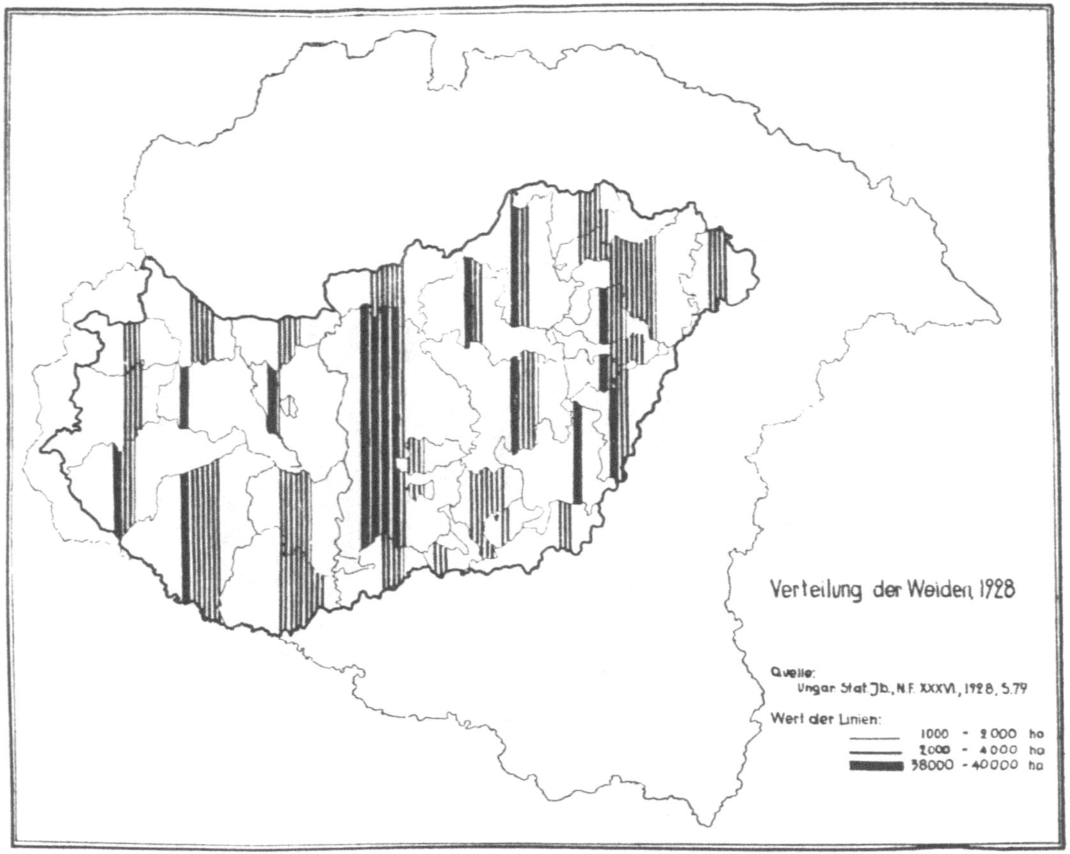
Verteilung der Weiden 1928
Quelle:
Ungar. Stat. Jb., N.F. XXXVI, 1928, S.79
Wert der Linien:
1000 - 2000 ha
2000 - 4000 ha
38000 - 40000 ha

Karte 13

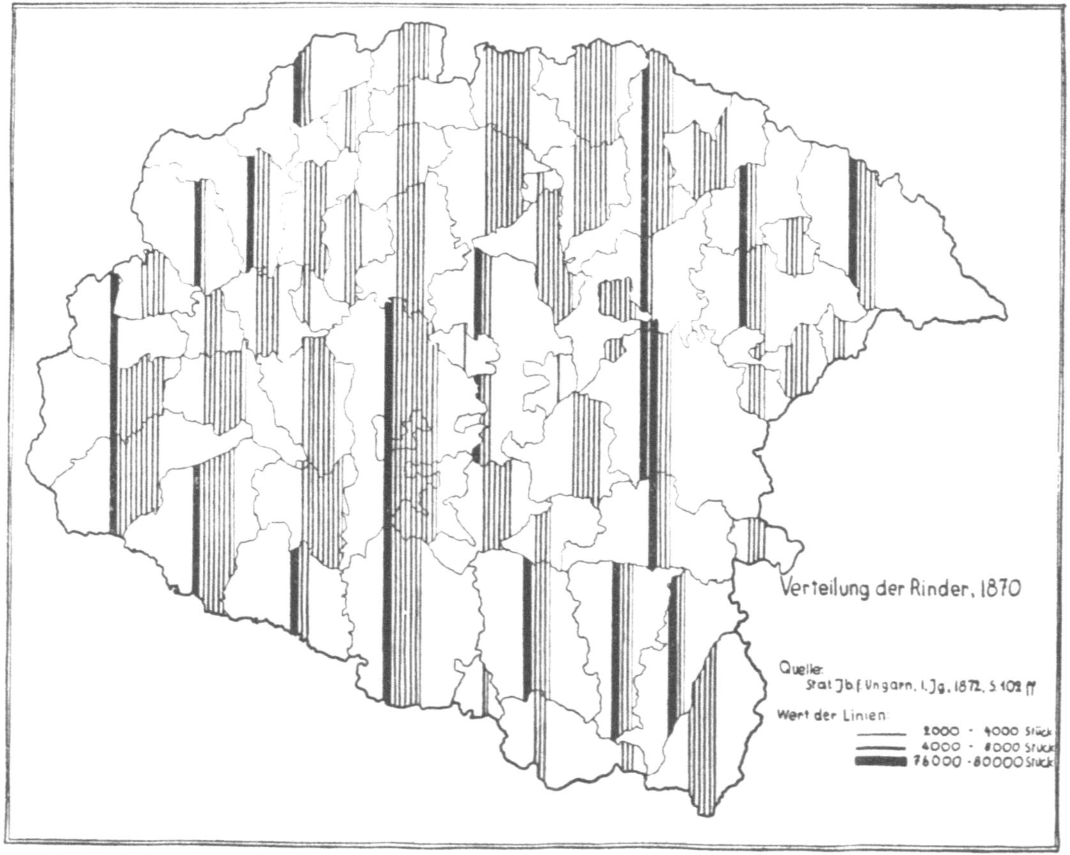
Verteilung der Rinder, 1870
Quelle:
Stat. Jb. f. Ungarn, I. Jg., 1872, S. 102 ff
Wert der Linien:
2000 - 4000 Stück
4000 - 8000 Stück
76000 - 80000 Stück

Karte 14

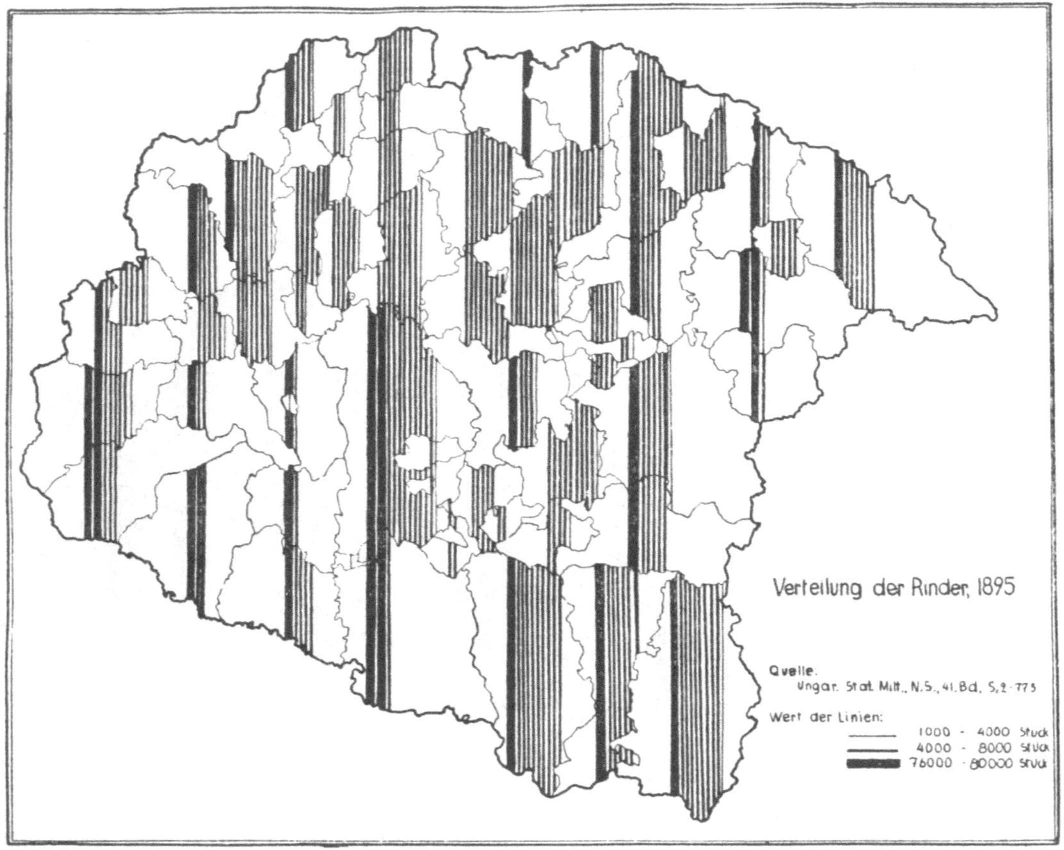
Verteilung der Rinder, 1895
Quelle:
Ungar. Stat. Mitt., N.S., 41.Bd., S.2-773
Wert der Linien:
1000 - 4000 Stück
4000 - 8000 Stück
76000 - 80000 Stück

Karte 15

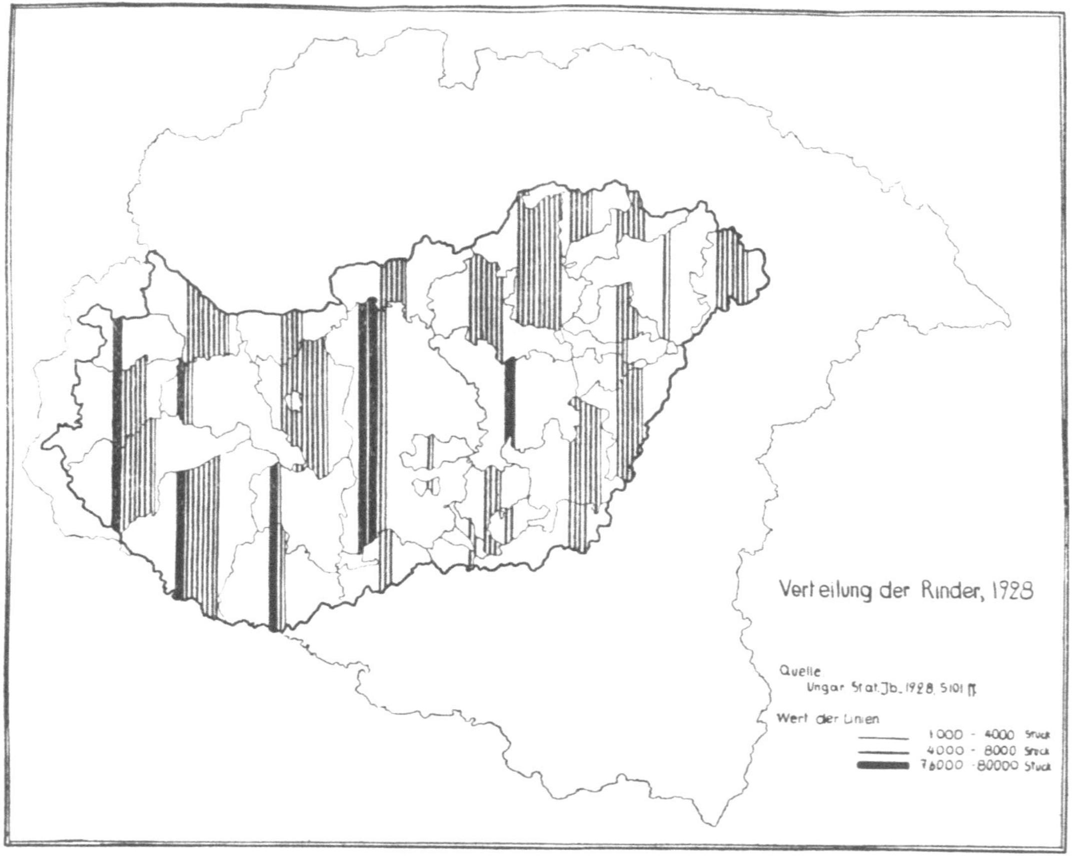
Verteilung der Rinder, 1928
Quelle
Ungar Stat. Jb. 1928, S 101 ff.
Wert der Linien
1000 - 4000 Stück
4000 - 8000 Stück
76000 - 80000 Stück

Karte 16

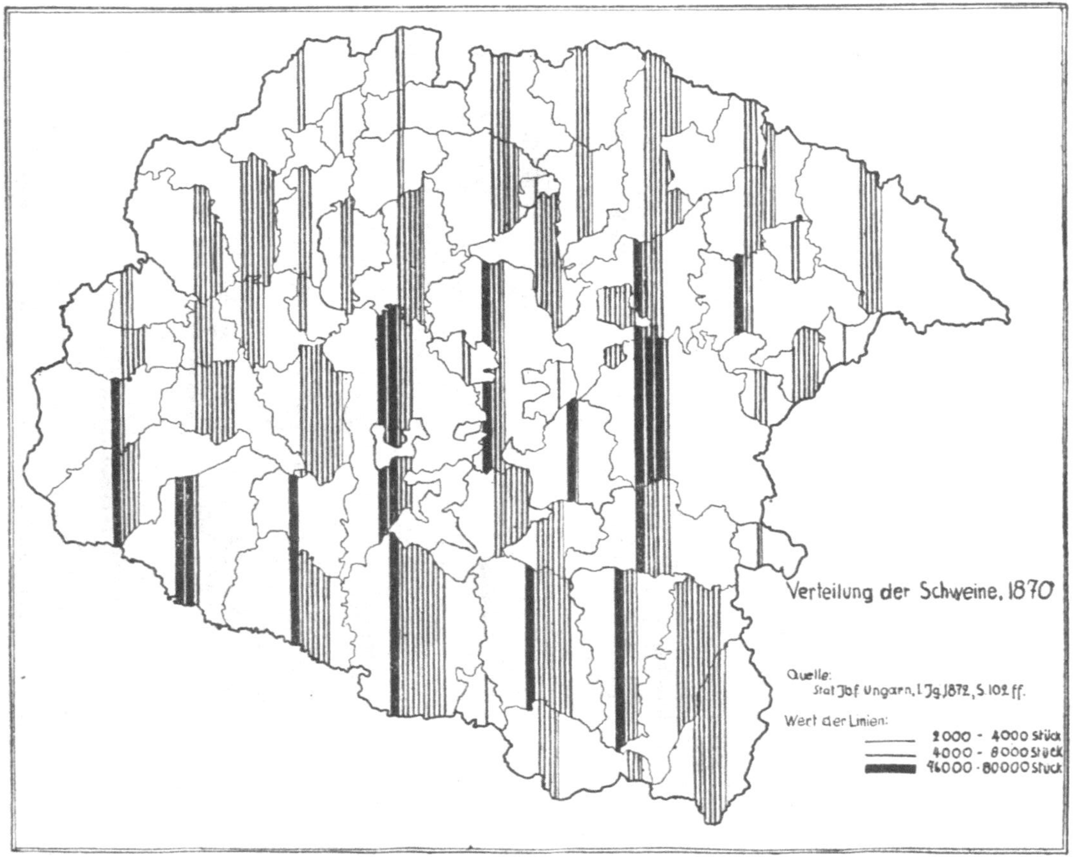
Verteilung der Schweine, 1870
Quelle:
Stat Jbf Ungarn, I Jg 1872, S. 102 ff.
Wert der Linien:
2000 - 4000 Stück
4000 - 8000 Stück
76000 - 80000 Stück

Karte 17

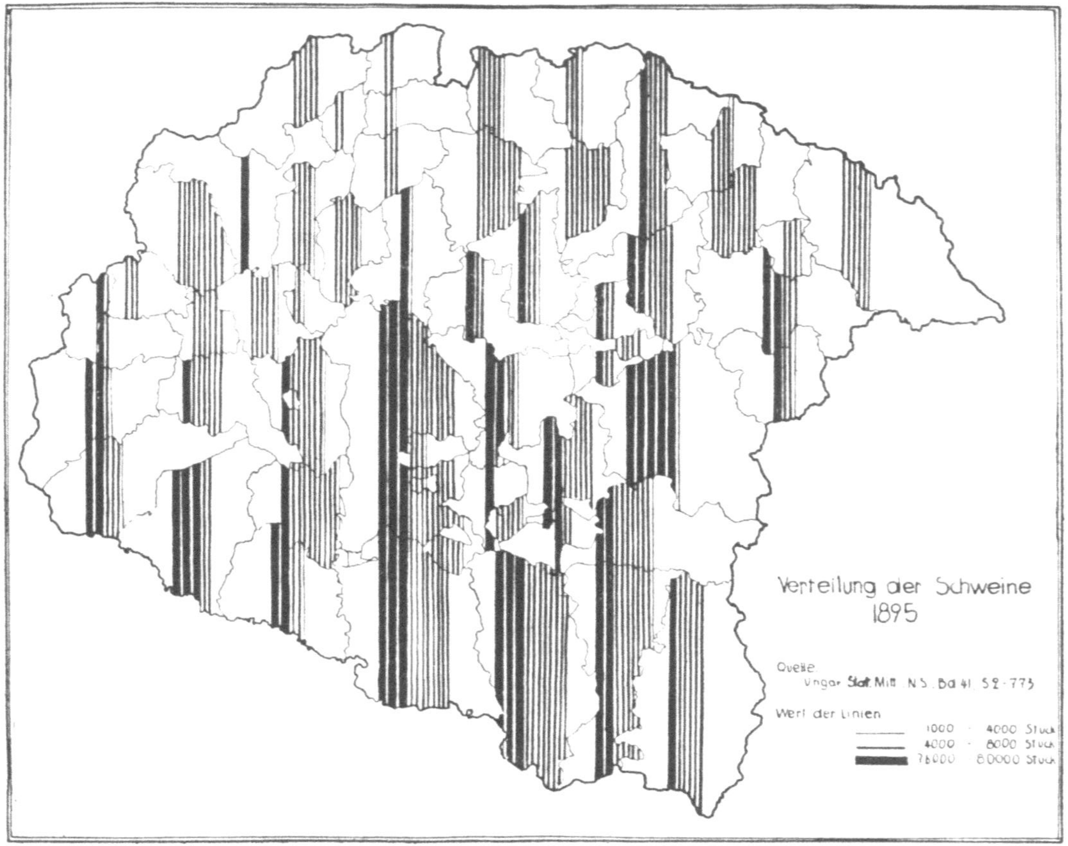
Verteilung der Schweine
1895
Quelle:
Ungar. Stat. Mitt. N.S. Bd 41. S2-773
Wert der Linien
1000 - 4000 Stuck
4000 - 8000 Stuck
76000 - 80000 Stuck

Karte 18

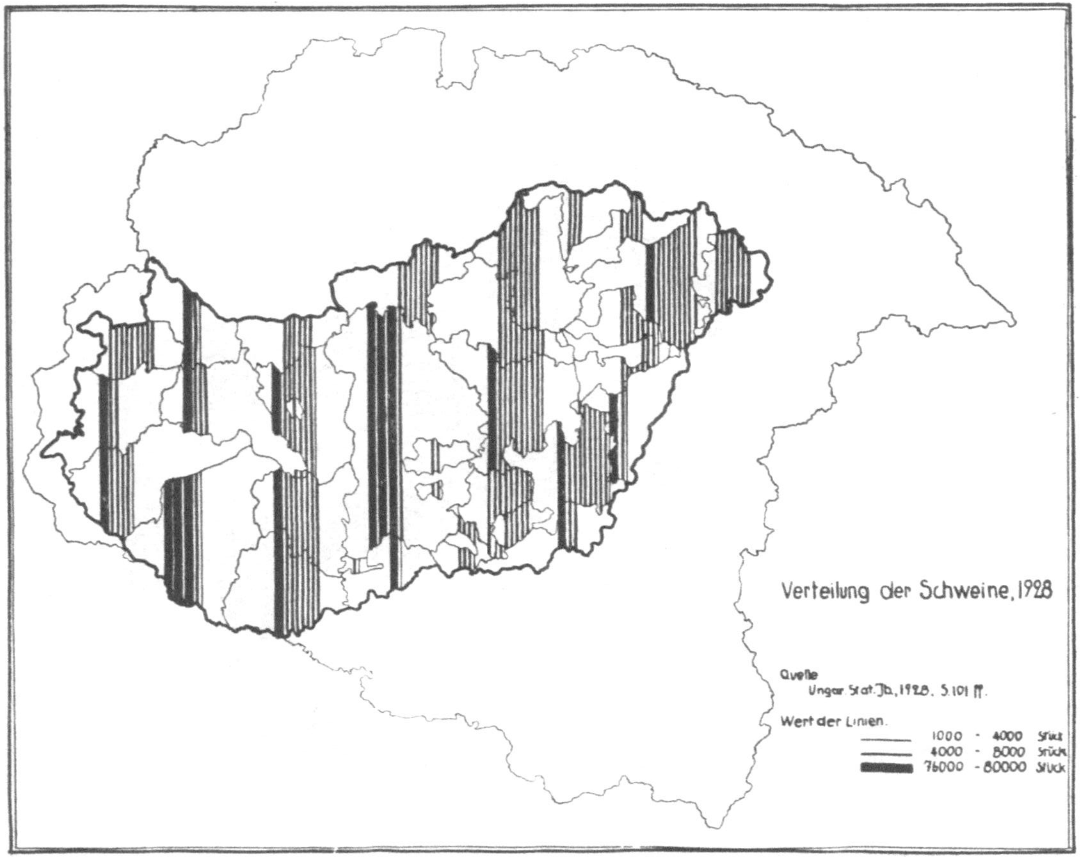
Verteilung der Schweine, 1928
Quelle
Ungar. Stat. Jb., 1928, S. 101 ff.
Wert der Linien.
1000 - 4000 Stück
4000 - 8000 Stück
76000 - 80000 Stück

Karte 19

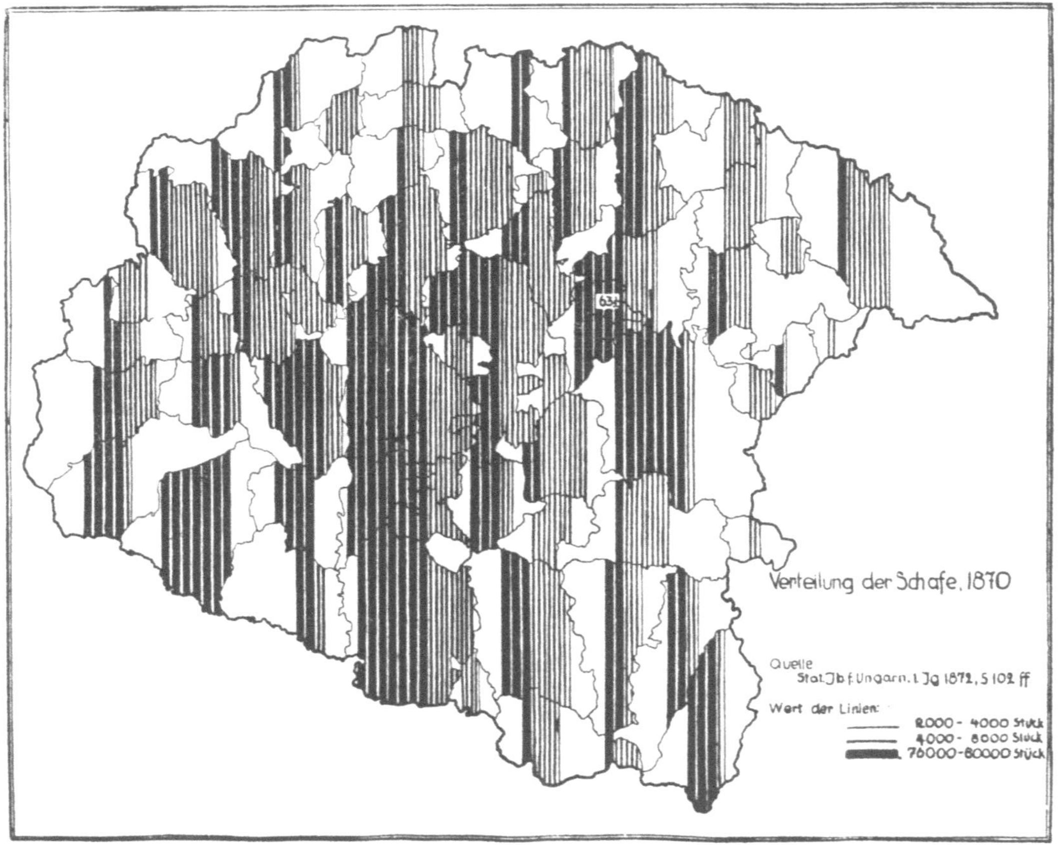
Verteilung der Schafe, 1870
Quelle
Stat. Jb. f. Ungarn. I. Jg 1872, S 102 ff
Wert der Linien:
2000 - 4000 Stück
4000 - 8000 Stück
76000-80000 Stück

Karte 20

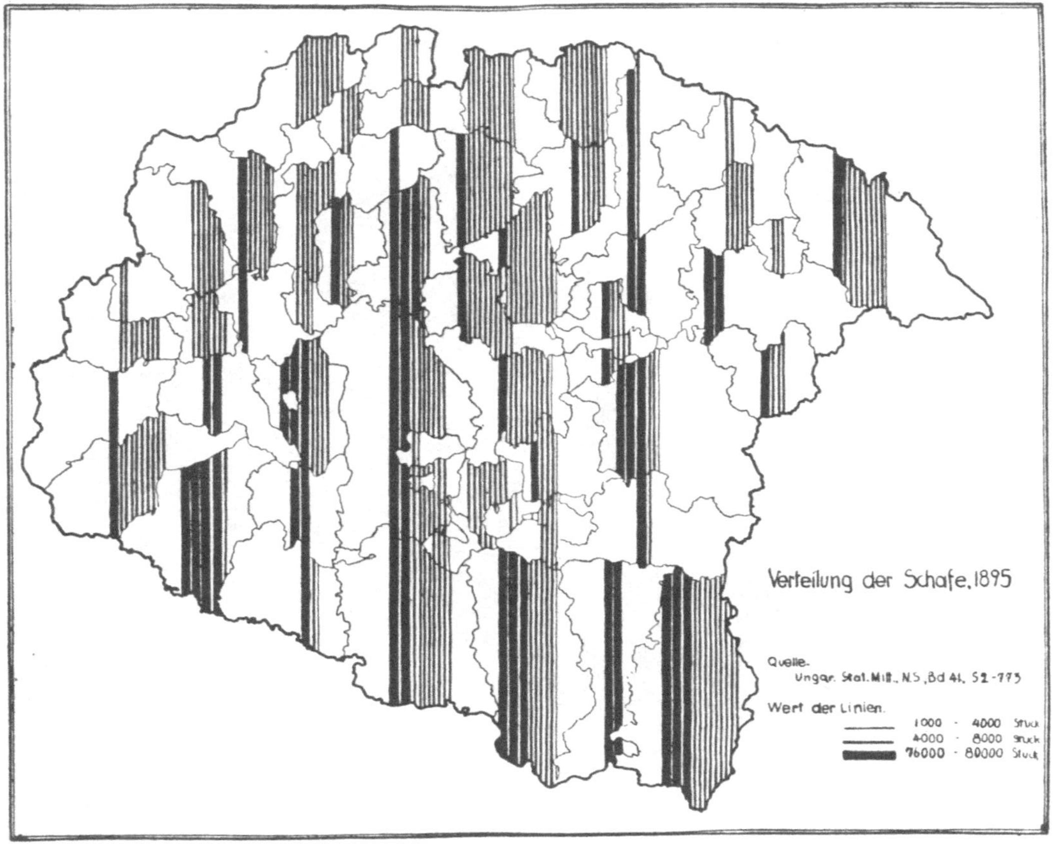
Verteilung der Schafe, 1895
Quelle.
Ungar. Stat. Mitt., N.S., Bd 41, S2-773
Wert der Linien.
1000 - 4000 Stück
4000 - 8000 Stück
76000 - 80000 Stück

Karte 21

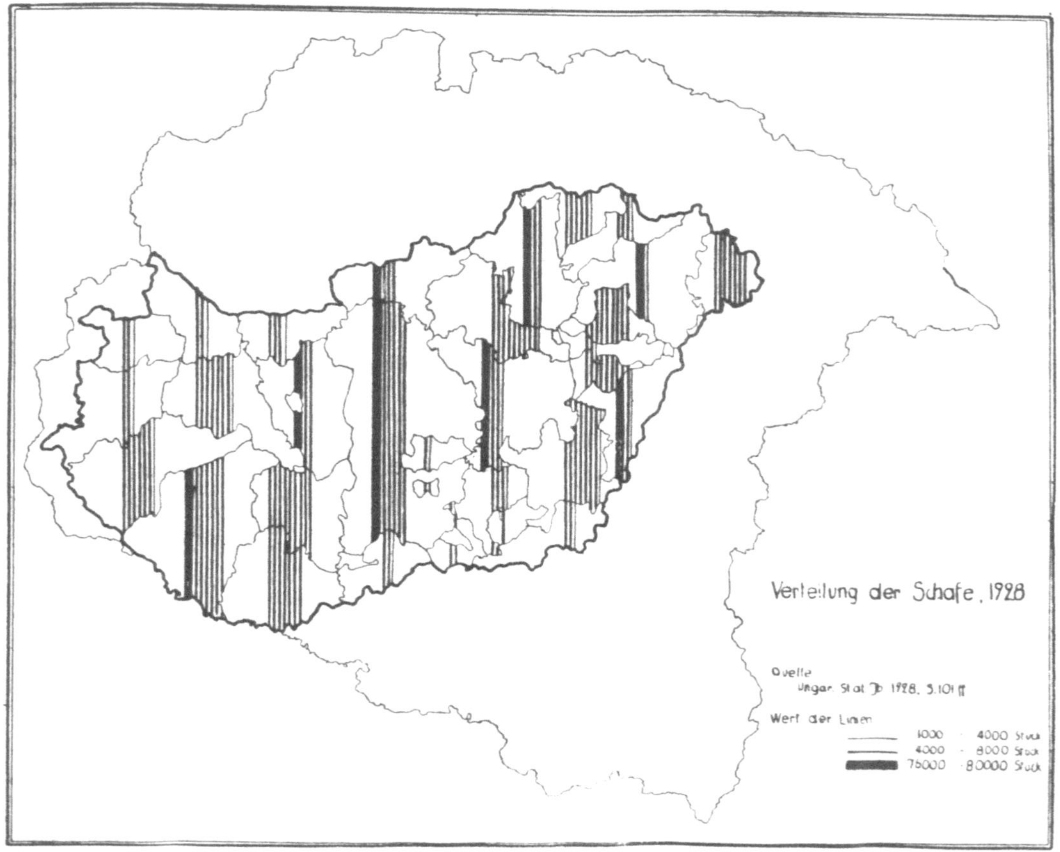
Verteilung der Schafe, 1928
Quelle
Ungar. Stat. Jb. 1928, S. 101 ff
Wert der Linien
1000 - 4000 Stück
4000 - 8000 Stück
75000 - 80000 Stück

Karte 22

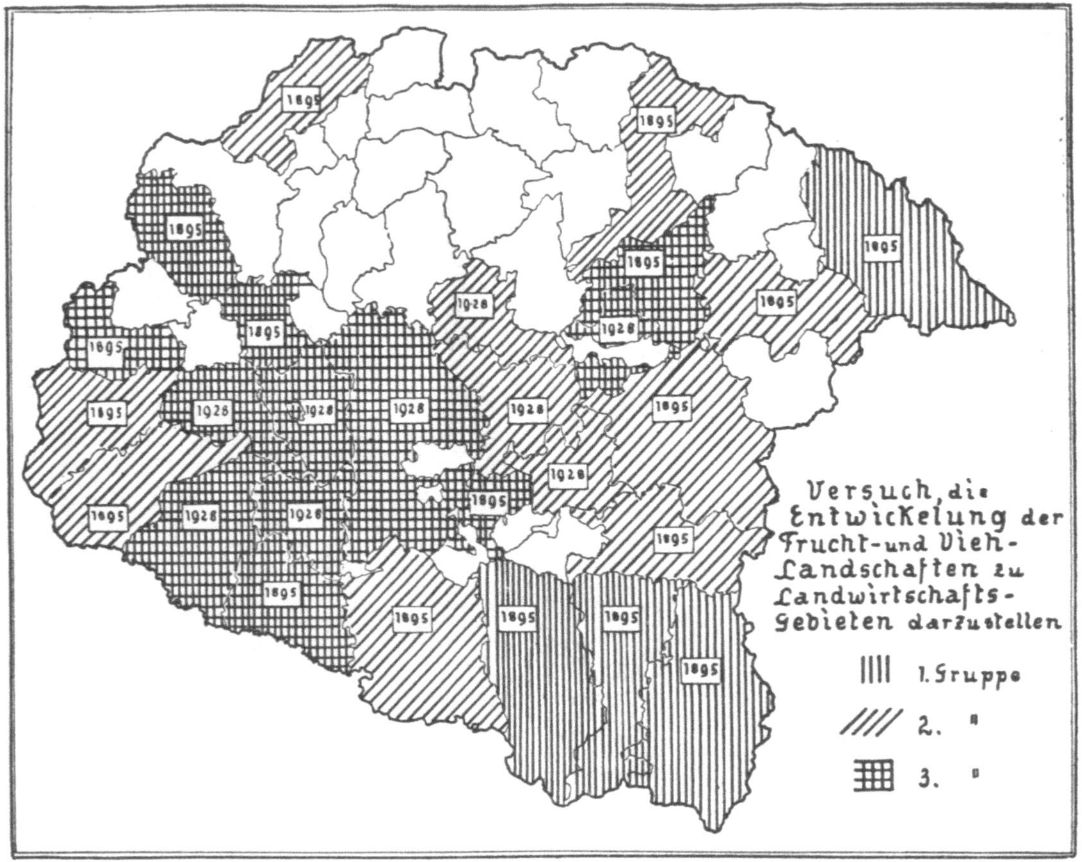
Versuch, die Entwickelung der Frucht- und Vieh-Landschaften zu Landwirtschafts-Gebieten darzustellen
1. Gruppe
2. "
3. "

Karte 23

MIX
Papier | Fördert gute Waldnutzung
FSC® C083411

Kolibri 360 GmbH
Ferdinand-Jühlke-Straße 7
99095 Erfurt, Deutschland
produktsicherheit@kolibri360.de